前端技术专家修炼系列

JavaScript核心原理
规范、逻辑与设计

周爱民 著

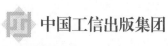
中国工信出版集团

人民邮电出版社
POSTS & TELECOM PRESS

图书在版编目（CIP）数据

JavaScript核心原理：规范、逻辑与设计 / 周爱民著. -- 北京 ：人民邮电出版社，2023.7
（前端技术专家修炼系列）
ISBN 978-7-115-60892-5

Ⅰ. ①J… Ⅱ. ①周… Ⅲ. ①JAVA语言－程序设计
Ⅳ. ①TP312.8

中国国家版本馆CIP数据核字(2023)第012662号

内 容 提 要

本书以解析 JavaScript 语言的核心原理为主要目标，深入分析 JavaScript 语言的核心语言概念和语言范式中的主要知识点。本书重在分析 JavaScript 语言的各种语言特性及其演化历程，并试图通过这个分析过程梳理出 JavaScript 语言的发展脉络，以帮助读者构建语言学习的完整知识体系。本书也是一本 ECMAScript 入门手册，讲解 ECMAScript 的关键概念、规范类型和内部过程，并独到而深入地解析语言的执行机制和设计原则。尤其难得的是，本书还介绍了大量处于早期阶段的规范提案，引领读者回顾这些提案的设计历程，并展望和探索相关的技术。

本书适合有一定编程基础的 JavaScript 开发人员与深度爱好者阅读。

◆ 著　　　　　周爱民
　 责任编辑　　刘雅思
　 责任印制　　王　郁　马振武
◆ 人民邮电出版社出版发行　　北京市丰台区成寿寺路 11 号
　 邮编　100164　　电子邮件　315@ptpress.com.cn
　 网址　https://www.ptpress.com.cn
　 北京市艺辉印刷有限公司印刷
◆ 开本：800×1000　1/16
　 印张：21　　　　　　　　　 2023 年 7 月第 1 版
　 字数：498 千字　　　　　　 2023 年 7 月北京第 1 次印刷

定价：99.80 元

读者服务热线：(010)81055410　印装质量热线：(010)81055316
反盗版热线：(010)81055315
广告经营许可证：京东市监广登字 20170147 号

致 Joy：

　　我会把对你更多的感谢与赞美留在下一本书里。

《JavaScript 核心原理解析》专栏精选

读者评论

这是一门价值被低估的课程。

——U***d

学一样东西，最好去了解它的本质，深入底层原理。周老师的这门课很好，让我知道了很多深层次、本质上的东西，改变了一些认知，让我越来越认识到从源头学知识的重要性。

——潇***歆

刚开始学习时觉得相当艰深……忽然间念头就通达了，静下心再回头细品前面的内容，碰到理解不了的，结合评论、上网搜索、真机实操以及自己的思考，终于有了量变引发质变的愉悦感，现今读来甘之如饴。

——W***森

授人以鱼不如授人以渔，"捡豆子"这件事就是教我们自己"钓鱼"。好的老师会教你如何独立思考，以便你能够独立找到考点中隐藏的秘密。这个课程进行未半已然令我终身受益，感谢周老师的辛勤付出。

——童***巴

一直想找类似的课程，终于找到了！这门课帮我从思想和认识层面去学一门语言。

——V***s

这个专栏主要是解决 JavaScript 是怎样的一门语言，以及它为什么是这样的一门语言的问题……我曾自以为对 JavaScript 这门语言有一定的了解，但跟着老师一路走来，我才发现自己只是懂点皮毛，还有更多深入的知识没有探究到。感谢周老师带我领会了更深刻的 JavaScript，我会持续学习，保持对 JavaScript 的敬畏之心，加油！

——许***童

还记得一年前读《你不知道的 JavaScript》（上卷和中卷）时我的感觉就是："哇！原来是这样，原来还可以这么操作。"学习周老师的课程后，我更多地会问自己："为什么是这样的？"豆子就在那里，要靠自己的努力捡起来。

——M***y

一路学习下来，有完全不懂，有闻所未闻，有犹疑困惑，有茅塞顿开……

——行***

这绝对是我看过最难的专栏，但也是让我顿悟最多的专栏。

——墨***

跟着老师的步伐一路走来，虽然艰辛，但收获很多。通过一行极简的代码去洞悉一门语言的核心原理，也是我一直梦想着能做到的事，致敬！

——独***雪

体会、深思、理解。如果没有周老师带领我层层分析 JavaScript 最核心的设计和概念，我可能真的无缘了解这门语言了。谢谢周老师给我带来思维上的提升，我也发现自己对这门语言的理解上了一个大大的台阶。

——晓***东

感谢老师的"加餐"，看专栏第一讲的时候，我一直受限于既有的知识范畴，看完前两讲还是似懂非懂，于是我把完整的专栏目录看了一遍，发现了"加餐"部分，直到看完这一部分我才认识到，在学习阶段就应该像张无忌学太极拳一样，抛却一些固有的知识体系，吸收并接纳新知识，对新技术、新想法、新概念保持好奇心，在不断学习中形成并不断完善自己的知识体系。一时不求甚解也没关系，在需要这些知识的时候，一些新想法与新的理解也许就能让我们豁然开朗了。希望我们能够一直保持这样的好奇心和驱动力，在这海洋中不断遨游。

——A***n

这个专栏虽然只有 20 多讲，但我学习了很久，很多地方反复看、反复试。可能我最终记住的内容不是很多，但对 JavaScript 以及它的语言规范都有了深刻的理解，收获颇多。

——大***肉

这门课让我有一种相见恨晚的感觉，我听了不下 5 遍，每次感觉都有新的收获，市面上的书基本都是讲解语法的，没有这种深度的解析。

——G***9

从前面几讲的疑惑，到后面几讲的承上启下，再到最后的浑然一体，这门课不仅让我学到了知识，也让我学到了体系，见识到了不一样的学习角度，大开眼界。

——亦***

最近两年，我在参加青训营活动，跟大二、大三的同学交流的时候，会聊到关于程序员职业成长的话题，我总会说有两点是最重要的。其一，你必须确认自己真的对编程感兴趣，这一点非常重要，因为当你选择将程序员作为自己的职业时，就意味着你的人生在未来的四五十年中，除非转行，否则很难离开编程。你需要保证自己真心喜爱写程序，让兴趣成为自己变强的驱动力，这样才能走到更高的高度。其二，你必须真正理解所谓的"职业程序员"，"职业"二字意味着你将从一名业余爱好者真正转变成一名软件工程师，从今往后，你需要认真对待自己的每一行代码，追求细节，不放过任何提升的机会，只有这样才能让你的事业走向辉煌。

我接触编程比较早，从业的时候又处于互联网发展的早期，因此有幸经历了 JavaScript 这门语言的发展历程，见证了它从简陋的脚本语言发展成目前这样一门复杂的、功能强大且性能优异的现代编程语言。我见证了 JavaScript 众多特性的诞生，看到或听到了 ECMA TC39 和社区内用户对 JavaScript 进行研究、讨论、争执并达成共识。可以说，在我的程序人生中，没有遇到任何一门语言像 JavaScript 这样开放，它自由地野蛮生长，它的一些特性饱受争议，而另一些特性却令人欣喜。我虽然不善于社交，也甚少参与对编程语言本身的讨论，但我作为观察者和见证者，依然从这门语言本身的发展中获益良多。

曾经我和许多人一样，以为作为普通的前端工程师，JavaScript 的一些高级特性离我甚远，我可以完全不理会这些"高端的玩意儿"。直到有一天，我作为可视化渲染框架的设计者，发现一些东西的存在有着不同寻常的意义。

譬如，某一天当我在设计向量对象的分量的时候，我发现我需要设计一个机制，让一个四维向量的分量能够很好地表达，例如 v.xy、v.yz、v.zx、v.xyz、v.yzw……这些分量都有明确的几何学意义并可以参与到后续的运算中。一个比较笨的方法自然是穷举 x、y、z、w 的全部组合（还有 rgba、stqp……），定义好这些属性作为对象成员。但我们不必这么做，JavaScript 的内在特性赋予我们更有想象力的实现方式，我相信有些比较了解 JavaScript 特性的读者也能认识到——在这个场景下，没有什么比使用 Proxy 更合适了！代码类似于下面这样：

```javascript
function Vector4(...scalars) {
  ...
  const v = new Vector(...scalars);
  const p = new Proxy(v, {
    get: function (oTarget, sKey) {
      if (typeof sKey === 'string' && /[xyzw]+/.test(sKey)) {
        const targets = [...sKey].map(c => oTarget.values['xyzw'.indexOf(c)]);
        return new Vector(...targets);
      }
      // 检测 rgba、stpq 等
      ...
    },
  });
```

```
...
  return p;
}
```

更有意思的是，对于有经验的程序员，解决问题从来不只有一种选择，使用 Proxy 是一种比较完美的运行时方案，但是考虑到性能等其他因素的时候，我们还可以通过预编译来解决这个问题。例如，我们可以实现一个 Babel 插件，把代码编译成 gl-matrix 库的执行代码。插件的关键部分代码如下：

```
// if (type === 'vec4') ...
if (/[xyzw]{2,4}/.test(property.name)) {
  ...
  const args = [...property.name]
    .map(c => t.identifier('xyzw'.indexOf(c).toString())
    .map(k => t.memberExpression(path.node.object, k, true));
  const member = t.memberExpression(t.identifier(`vec${property.name.length}`),
    t.identifier('fromValues'), false);
  path.replaceWith(t.callExpression(member, args));
} else if (/[rgba]{2,4}/.test(property.name)) {
  ...
} else if (/[stpq]{2,4}/.test(property.name)) {
...
```

可能有读者觉得，这样吹毛求疵有意义吗？v.xyz 和 new Vector3(v[0], v[1], v[2]) 的写法究竟有什么不同？也许在使用者的角度，单次编写代码时这两种方案的差别并不大，但在框架设计和架构层面上，显然前者能避免大量编写重复代码，节省时间，也能降低阅读和理解代码的成本，在现实中具有非凡的意义。

因此，当我们有时间和精力的时候，还是应该深入地钻研，理解语言的核心原理，这样当遇到困难的时候，我们才会有更多的选择，也会有更多的思路涌现。当我们从过往的学习中汲取灵感，优雅地解决了现实的问题时，毫无疑问也会获得快乐和满足，这就是作为程序设计者的人生乐趣。

我和爱民老师相识相知多年，他是一位非常有见地，既能把一些原理和本质看得清晰且透彻，又能用很浅显的话语把其中最关键的部分表达出来的优秀工程师。我们曾经有过技术上的讨论和争执，我也从他的著作和文章中获得过灵感，我非常喜欢并享受这种技术上的深入交流。希望读者能够享受这样的思维盛宴，通过这本书重新认识 JavaScript 这门语言，愿你们的职业生涯能够更加美好。

月影

稀土掘金社区负责人

2023 年 3 月于北京

单单讲一个"懂"字

（《JavaScript 核心原理解析》专栏结束语节选）

我常常讲一个譬喻。这个譬喻是说，有一座塔，塔门口有两尊石狮子，如果有人登塔，那么进塔之前他固然是会看到这两尊石狮子的。往上走，正好进塔后，就没有石狮子了，于是这个人说："就我一层之所见，没有石狮子。"绕到塔前一看，石狮子好好地在那儿，于是这个人又说："于我所见，有石狮子。"如此行至二层，他又会说："没有石狮子"，而后又否定说："真真切切是有石狮子在的"。

对旁人来说，只听这个人讲"有石狮子"或"没有石狮子"，会知道他在几层吗？又或者说，就算知道这个人在几层，又怎能知道他说的"有石狮子"或"没有石狮子"是综览事实之所见，还是未见事实全貌时的一时所言？我们只是要么相信了对方所在的高度，要么认可了对方所言的真假。而大多数时候，我们其实无从判断那个人说的是否正确，又或者无从判断他说的究竟是在几层上看见的石狮子。

每层可见的石狮子都是相同的石狮子，但每次的所见又不同。同样是真理，在初学者和大师的口中说出来，字面上是一样的，却包含着不同高度的理解。所谓大师，也不过是先行者，只是他处在的楼层决定了他看得见下面所有层次的真相，也辨得清每一层所见的石狮子的样子。

因此，所谓"懂"，其实不是一个结果，而是一种状态：知道自己所在之位置的，才是真的懂；知道自己所见之局限的，才是真的懂；知道自己所向之湮远的，才是真的懂。

周爱民
2022 年 1 月

前言

> 那些传统语言中的经验是我们的既得财富，闪烁着记忆的光芒、知识的火花，是自我价值和薪资的体现，所以它们是不可抛弃的、不可否认的、不可亵渎的……而这只不过是我们不愿意丢弃的旧代码而已。
>
> 引自《JavaScript 核心原理解析》专栏文章

我很少为自己的书写序，多是仅撰写前言，即使是《JavaScript 语言精髓与编程实践》一书的 3 个版本，也只是节选了以前的博客文章充作代序。而本书的代序，也是《JavaScript 核心原理解析》这个专栏的结束语节选。

本书大约有 70% 的内容出自《JavaScript 核心原理解析》这个专栏。我原来打算将它作为专栏的讲本来编写，但仅作为讲本不足以体现其价值。尽管"设计艺术"并非本书所论的主体，但它在一定程度上指出了本书的本质：借由 ECMAScript 规范[①]的设计来讨论 JavaScript 最核心的语言特性的演进与发展，并瞻见这门语言的未来。

设计风格

设计风格是一种体悟，它基于感受，而非基于学习。

《中国人的气质》一书[②]讲到过一头被拴在木桩上的驴子，"绳子勒住了它的脖子，让脑袋呈 45 度角昂着，脖子也这样拧着，眼看脊椎就要脱臼了"，然而最让我不解的是，为什么"它们的感觉还是比较舒服的"。我试图展示人们在面对种种不便时的极致隐忍，一旦这种隐忍让感知麻木，源自体悟感受的设计动力也就失去了。

ECMAScript 规范的设计动力也来自这种不舒适。例如，三元表达式（?:）的连用带来了极差的代码阅读体验，而新出现的 match 表达式就是针对它的改善设计[③]；又如，通过修改原型来实现的对象继承树不便于维护，于是就出现了类声明来提供更好的显式语法效果[④]。进一步地，当类声明被大众接受之后，它的私有的属性、类静态块（类初始化过程）等就成了"让代码写得更爽"

---

① ECMAScript 规范在第 6 版之前是几年发布一次，通常用其主要版本号来命名，如 ECMAScript 4（简称 ES3）、ECMAScript 5（简称 ES5）等；在第 6 版之后改为一年发布一次，用其发布年份来命名，如 ECMAScript 2016（简称 ES2016）、ECMAScript 2017（简称 ES2017）等。在本书正文中，ECMAScript 版本的描述使用的规则是：第 6 版之前的版本使用版本号对应的简称方式，如 ES5；第 6 版之后的版本使用发布年份对应的简称方式，如 ES2022；此外，尽管从第 6 版开始官方正式采用发布年份对应的简称方式，但是考虑到大部分开发人员对第 6 版及之后版本依然习惯交替使用以上两种命名方式，书中对第 6 版及之后的版本会根据上下文交替采用以上两种简称方式，如 ECMAScript 2015 会使用 ES2015 或 ES6、ECMAScript 2016 会使用 ES2016 或 ES7 等。

② 《中国人的气质》（汉译文库版），明恩溥著，刘文飞、刘晓畅译，北京联合出版公司 2013 年出版。

③ match 表达式是一个处于极早阶段的规范提案，第 31 章会讨论到它。

④ 类声明（class 声明）已经随 ES2015（ES6）规范发布，第三篇会着重讨论。

的需求了[①]。

著名的"异步回调地狱"让我们接受了在 JavaScript 中引入 Promise 并行，而 Promise 中超长且难以维护的 then 链又让我们考虑使用 async/await 来实现同步代码风格。由此观之，整个技术链条发展延续的原动力，并不是"异步回调解决不了什么"，而是"什么方法可以让异步更舒适"。

在 ECMAScript 规范的发展历史中，ECMAScript 5（简称 ES5）不但重塑了规范文本的书写方法，还从底层设计出发，重构了 JavaScript 语言的概念基础。这个全新而又完全兼容旧语言体系的设计，常常令我在反复研读它的某一瞬间心下凛然：这其中的设计理念会在多大程度上影响一门语言的未来？由此，我从 ECMAScript 2015（也称 ECMAScript 6，简称 ES2015 或 ES6）一直看到 ECMAScript 2022（简称 ES2022 或 ES13），既看到了语言的新特性与那些基础设施之间影影绰绰的牵系，也看到了诸多想法、约束与选择对渐显真相的未来的扰动和牵制。

设计是由最初的一点动念与无数的想法、约束和选择构成的。我们往往只是麻木于现状而无所动念，然后便如一头驴子一般毫无作为，注定与未来的每个可能擦肩而过。

核心原理

本书也许会让你感觉到不适。

这有 3 个原因：一是，本书可能总在不经意间挑战 JavaScript 这门语言中你已知的那些常识；二是，它似乎总是在讨论一些没用的东西；三是，它总是孜孜不倦地引领你深入未知。我们的"舒适"通常来自对已知的满足。正是所知的有用、够用，构建了自我认知的柱基，对自我的认知越是清晰坚定，这柱基越是牢不可摧。

在某种程度上，这是一个表象。一方面它容不得质疑，这使人们将那些不同的努力斥作"无用"；另一方面它也经不起质疑，因此一旦有异样的声音出现，便会让人跌入对未知的惊惶。面对这虚妄的表象，任何推动你直面真相的努力都会让你深感不适。

有读者在《JavaScript 核心原理解析》专栏的评论中谈及这种"无用"："可能道格拉斯（Douglas）都不知道这个专栏的内容，但他发明并布道了 JSON；丹·阿布拉莫夫（Dan Abramov）可能只懂 20%，但他创造了 Redux……"

其实，多数做这种谈论的人，并不是真的知道他所仰视的那些人知道些什么，或者不知道些什么，这才是真正的问题所在。道格拉斯、丹·阿布拉莫夫等先行者数十年的实践积累，或者一时的灵感，对他们本人来说，是一种"所得"，是体验感悟；而当他们把这些"所得"讲解、表达、创作出来之后，在别人看来，却是一种"所知"，是知识信息。就如"只手之声何所闻"一样，最初的那些"所得"总是无法像知识信息一样传授。

一切设计的核心都构建自这种个性化的感受与理念。如果编程语言是建筑，那么语句、表达式、函数和各种符号就是砖石垒土，它们并不是核心，设计师的观念、原则、体验与目标才最终决定这座建筑的根基与表现[②]。对 JavaScript 来说，这必须溯源至最初的 4 种语言特性，这也是本

---

① 在 ES2016 到 ES2022 的整个过程中，有关类的新特性都一直在不停地完善。第 31 章中对这些新特性和某些非最终阶段的提案有较多分析。

② "JavaScript 语言的根基与表现"是作者于华为 ICT 大会 2022 的演讲主题。

书前四篇总会谈及历史的原因；进一步地，也必须深入观察这门编程语言的演化过程，例如后来者"并行语言特性"（参见第五篇），又如那些尚在提案的早期阶段中孵化的"新的语言特性"（参见第六篇）。

就我所见，这些早期历程，以及其后不同阶段的选择与权衡，才是设计者思想的精华所在，是整个 ECMAScript 规范中最不可见又最不可或缺的推进力量，是隐于每个表面原理背后的核心动能与设计逻辑。

体系性

知道"是什么"，是用看的；知道"为什么"，是用想的。

所见所思，是一个体系的两个组成部分。本书中的知识（乃至所有的书本知识），是要用一个思见体系去承接的，并且也寄望于读者在这个过程中构造出自己的面向编程语言设计与应用的知识体系。

如果仅谈体系性本身，那么 ECMAScript 规范的目录可能会给你最大的启发。在历史中，这个目录有过几次非常重大的变化，而每次变化，其实都是背后的一众大师对 JavaScript 语言乃至对整个编程语言体系性的重新理解。

然而，如何得到（而不是知道）这种体系性呢？

在本书中，各章的章标题下会展示一些代码片断。我希望综合这些代码的特殊性、代码所涉问题的领域、代码的逐步分解解析，以及辨析与该代码相似的或同类的问题等，一方面发掘它们潜在的应用，另一方面帮你构建一个语言知识结构，让你看到曾经摸过的项目、写过的代码、填过的巨坑的影子，并且发掘暗影背后涌动的语言原力，找到属于自己的可规划的语言学习体系。

你不需要精通所有的编程语言，但如果你了解那些语言类型的核心的、本质的差异，建立起自己对语言的认识和辨析力，那么当你接触到一门新语言时，便可以在极快的时间内将它纳入自己的语言知识结构，并快速地映射到那些历史项目和研发经验中。你可以通过想象，将新语言在自己的经验中"回放一遍"，这相当于用新语言重写了一遍代码，也相当于将你自己的历史经验全部消化在这个新语言之中。

所谓"语言特性"，其实是对语言的核心抽象概念的语法表现。因此，"学习新语言"只不过是在玩"变换代码风格"的游戏而已。一旦你建立了自己的体系性，就相当于你创建了游戏规则，你就成了"编程游戏"的主宰，将会有一种切实的、万物如一的操控感。

JavaScript 语言的特性

在 JavaScript 诞生的时候，主流的应用开发语言大多是静态的、单一范式的。当时**面向对象编程**（object-oriented programming，OOP）大行其道，众多编程语言都以"我最面向对象编程"为宣传噱头，并将它想象成语言发展的必然方向。随着 Java/JVM 的成熟，使用中间指令集和虚拟机来运行的语言环境也变得流行起来，因此在一台虚拟机上运行很多种语言也就成了常态。但即便如此，具体到每一种语言，其主要特性还是单一的，并且通常以保持语言特性的纯净为己任。

JavaScript 是一个异类，它最开始是一门"简单"的小语言，没有丰富的语言特性，也没有大一统的野心，更没有包打天下的虚拟机引擎。为了维护这种"小而简洁"的特点[1]，它只实现了一些基础的语言特性，而没有从根本上陈述自己的设计原则与理念。

这门语言非常摇摆，在面向对象编程火的时候，它说："我是面向对象编程语言"；在函数式编程呼声渐高的时候，它又说："我是函数式编程语言"。另外，它还天生是一门动态的语言。它还包括一些静态的、结构化的语言成分。

支持 JavaScript 这门语言挣扎求生、一路走过来的，正是这门语言最初的、最精彩的设计：它是一门多范式语言，也称混合范式语言。JavaScript 的简单源于此，复杂也源于此；生存能力源于此，被抨击诟病也源于此。

如今，JavaScript 的诸多特性被 ECMAScript 规范熔于一炉，本书致力于解构所有这些特性，将其中的主干与精华展陈于读者面前。在本书中，ECMAScript 不再是混沌巨物。本书用六篇（共33 章）渐进地构建一个学习路径，带领读者绕开零碎枝节，直抵编程语言核心。这既有助于读者体会设计师的设计理念，也有助于读者围绕自身所需形成知识体系。

阅读方法

本书的目标读者是有一定经验的 JavaScript 开发人员。

本书每篇的开篇都会说明该篇主旨，并指明各篇在学习理解方式上的差异。在内容上，各篇之间是有递进关系的，其中尤以第一篇（前五章）的基础概念为重，希望读者能详以研习。

每章的章标题下都会有一段代码[2]，这段代码通常是一个引子。正文中抛出的背景、历史等相关知识点，以及各种各样的观点与设问，看起来零碎，但或多或少都与这个"章标题下的代码"有关。总之，简单来说：它们是"同一个系统"下的东西。

在所有篇章的学习中，对读者只有一个要求：寻求将这些知识纳入"同一个系统"的方法。这个体系性可以是本书篇章结构自然形成的显性的结果，也可以是读者对这个问题集合的自发求解。任何包含这些疑问与求解的系统都是可能的备选答案，也可以都是正确的。系统性可以有不同的归纳方法，就如同 3+7 与 4+6 都是 10 的解一样。

为此，我希望读者能勤于设问，甚至是精于设问。在《JavaScript 核心原理解析》专栏的讨论中，有非常多这样的问题，常在我后续编写本书时予我以新思。所以，好的设问、新的求解路径以及不同的答案等，都是阅读本书的可能收获，甚或是最重要的收获。

由于本书有许多内容都与 ECMAScript 规范相关，因此前五篇的各章前的"规范索引"中都列出了对应的 ECMAScript 规范[3]。但是，由于第六篇中讨论的是 TC39 的非最终提案，因此其中各章列出的是"提案索引"。

此外，考虑到内容的特殊性，本书较少引用其他参考书。我的《JavaScript 语言精髓与编程实践（第 3 版）》一书在部分内容上可略作参考，这已经在书中相应的位置列出。《程序原本》[4]可以

---

[1] 当然，另一部分原因在于它的创始者太过匆忙和随意。

[2] 第 19 章和第 20 章使用的是相同的代码，这并非排版错误，这两章是同一问题的两个讨论阶段。

[3] 第 27 章并没有章前的规范索引，这是因为该章讨论的是现实应用场景中的技术，与规范没什么关系。

[4] 《程序原本》是《大道至易》（人民邮电出版社 2012 年出版）一书的电子版，经授权以开放电子书形式发布，可自由下载。

用作语言概念和抽象思维方面的参考，建议读者重点阅读其前 10 章。

特定概念与规范版本的说明

首先，解释一下本书中声明、定义与语句这 3 个名词的使用。

在规范中存在较多的概念抽象层次，例如严格来说函数定义、类定义、导入/导出等都不算作语句。本书简化了这一概念，将它们与 var、let/const 等一起称为 6 种"有声明语义的"语句（参见第 3 章）。为了避免行文中的混乱，在正文中将其对应地称为函数声明、类声明和导入/导出语句（这在一定程度上也是符合惯例的）。

接下来，解释一下本书中内部操作或内部过程这两个名词的使用。

本书中并不明确地区分 ECMAScript 规范中的抽象方法、具体方法、抽象操作和语法制导操作等概念。为了行文方便，在正文中将其统一称为内部操作或内部过程（也简称为操作或过程）。此外，如果需要表明它们可以调用并携带参数，就统一使用函数调用的样式，例如 GetValue() 或 ForLoopEvaluation()。

在规范中，所谓**抽象操作**（Abstract Operation）是指被命名的算法过程，它在字面上表达为一个函数的样式，以便在其他过程中复用。对一个接口或类中的**抽象方法**（abstract method）（指与类绑定的抽象操作）来说，它在类或子类中的实现都称为**具体方法**（concrete method）或具**体规范方法**（concrete specification method）。例如，环境记录存在一个称为 HasBinding() 的抽象方法，那么声明环境、对象环境等具体的环境子类中的 HasBinding() 就称为具体方法。

在 ECMAScript 2020（简称 ES2020 或 ES11）及更早期版本中，具体方法在规范文本中以类似具**体环境记录方法**（concrete Environment Record method）的方式来指称，以显式说明**环境记录**（Environment Record）是它们的基类。但是，从 ECMAScript 2021（简称 ES2021 或 ES12）开始，由于规范中明确了环境记录和**模块记录**（Module Record）的抽象类语义，称之为"似类的规范抽象"（class-like specification abstraction），因此具体方法在规范文本中就直接写成"某环境记录的某具体方法"（*xxx* concrete method of XXX Environment Record）。

所谓**语法制导操作**（Syntax-Directed Operations）是从 ECMAScript 2018（简称 ES2018 或 ES9）开始出现的概念①，在规范里是指在**运行期语义**（Runtime Semantics，RS）和**静态语义**（Static Semantics，SS）的实现代码中命名过的算法过程。虽然在规范中使用时语法制导操作采用的是自然语言叙述的方式（而非函数风格），但它们也是抽象操作。

还需要指出的是，目前在规范中被明确描述为"接口"的只有**通用迭代接口**（Common Iteration Interfaces），但是**类数组对象**（array-like object）和包括 Thenable 对象在内的**类 Promise 对象**（promise-like object）其实也可以理解为是通过接口定义的。然而，ECMAScript 中还保留了 interface 这个关键字（通常是指与对象、类等概念对应的"接口"类型），因此，为了避免行文上的混淆，本书在讨论函数、方法等的参数以及某些确定规格时，会使用"界面"而不是使用传统的"接口"。

最后，解释一下本书中**函数**（function）与**方法**（method）这两个名词的使用。

---

① "语法制导"是指语法分析过程中归约到某个产生式（production）时触发的特定动作，对 JavaScript 这样的解释执行语言来说，它也指这些产生式语法在执行过程中影响或触发的行为。ECMAScript 规范中最常见的产生式就是用#prod-*xxx*形式定义的锚点所对应的主题。

在规范中，类静态方法如果不引用 `this` 实例会被称为**函数**，例如 `Array.isArray()`，而通常被称为**方法**的是实现中需要通过 `this` 来引用类自身的，例如 `Array.of()` 就需要引用构造器以创建实例。原型方法与此不同，它总是被称为方法，因为它总是要操作 `this`，例如 `Array.prototype.push()`。需要注意的是，这是一个不被严格遵守的规则（可能与规范在持续修订有关）。

本书的主要内容是基于 ECMAScript 2022 的，所有的规范条目、链接锚点和内部过程等均以该版本为基准。第六篇中的规范提案的项目状态与信息已更新至 2022 年 12 月。在本书中，如果使用低版本（如 ECMAScript 2018 或 ECMAScript 2019）中的概念、实现与操作，会在上下文另行指出。

体例

前五篇的"规范索引"对应的是 ECMAScript 规范文件中的锚点，读者可以在 URL 中添加它们，直接跳转到指定段落，如图 0-1 所示。

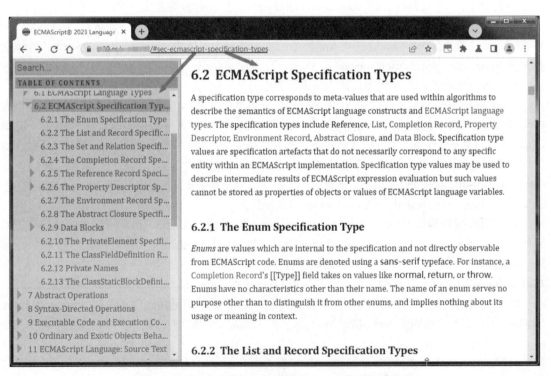

图 0-1　在 URL 中添加"规范索引"，跳转到指定段落

第六篇的"提案索引"中所列的是对应提案在 GitHub 代码仓库中的地址，可以在 GitHub 中查找或者直接用在 URL 中，如图 0-2 所示。

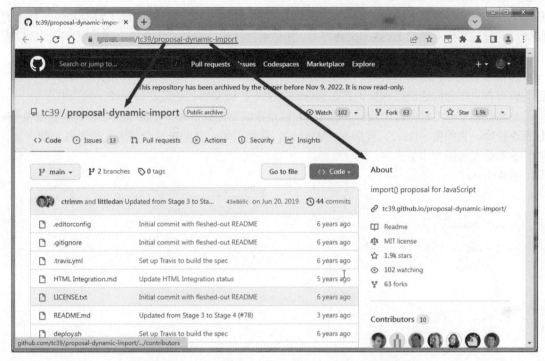

图 0-2　在 URL 中添加"提案索引"，跳转到指定页面

每章标题下的代码通常是可以执行的，因此它以 Node.js 交互界面上的">"提示符开始。如果结果有不确定性或不必要展示，就不会列出它的输出（或者表示为...）；如果是因为代码需要用特殊的方法执行，会在正文中予以详细解释。

按照惯例，格式[[Status]]用于表示一个 ECMAScript 规范记录结构的**字段**（field）。由于对象在 ECMAScript 内部也是由记录来实现的，因此对象的内部成员也使用相同的方式来表示，只是将其称为对象的**内部槽**（internal solt）①。在这些情况下，访问该成员的方法都记作代码 p.[[Status]]的格式。

致谢

首先感谢极客时间的李佳编辑，这本书的最初内容始于她在 2018 至 2019 年间坚持不懈的约稿与催稿，没有她的努力和执着，我应该没有耐心完成本书的前身——《JavaScript 核心原理解析》专栏。在此向李佳编辑在合作中的敬业与认真致以谢意。同时感谢安妍编辑对专栏稿件的编辑，以及在专栏制作与发布过程中的全程跟进，其过程波澜曲折而功苦少为人知。再次致谢。

本书得以顺利出版，要向人民邮电出版社的杨海玲老师致以深深的谢意。她在本书险折于中途之际，力挽而使其复起，在审稿过程中又提出了非常多的专业意见和建议（以至于我在每次通话中都感到惶恐不安），力助而推其新生。其辛劳甚也，用功深也，感佩于心。同时要向本书的责

---

① 在 Chrome 等浏览器的较高版本中，在开发人员工具中可以查看这些内部槽的值，使用的是相同的命名格式，但不可以在代码中访问它们，开发人员工具也不确保这些内部槽的使用是与规范完全一致的。

任编辑刘雅思老师致谢，为了审校每项规范和提案的译文与链接，我想她对 ECMAScript 规范的阅读已经超过了大多数的 JavaScript 程序员。两位老师细致认真的工作态度令我敬佩，在此致以衷心的谢意。

感谢本书及专栏的所有读者，专栏的所有的反馈我都一一阅读并尽我所能地回复了。我希望能与读者有更多的沟通交流，无论是在极客时间的专栏评论中，还是在异步社区的图书评论中。

感谢在本书和专栏中做出点评、推荐的，以及在编写出版过程中予我以无私襄助的老朋友们，包括李松峰、贺师俊（Hax）、程劭非（Winter）、周裕波等，并因未尽全列向大家深以致歉。

感谢好友月影为本书作序。

感谢 Joy。

资源与支持

本书由异步社区出品，社区（https://www.epubit.com）为您提供相关资源和后续服务。

提交勘误

作者和编辑尽最大努力来确保书中内容的准确性，但难免会存在疏漏。欢迎您将发现的问题反馈给我们，帮助我们提升图书的质量。

当您发现错误时，请登录异步社区，按书名搜索，进入本书页面，单击"提交勘误"，输入勘误信息，单击"提交"按钮即可。本书的作者和编辑会对您提交的勘误进行审核，确认并接受后，您将获赠异步社区的 100 积分。积分可用于在异步社区兑换优惠券、样书或奖品。

扫码关注本书

扫描下方二维码，您将会在异步社区微信服务号中看到本书信息及相关的服务提示。

与我们联系

我们的联系邮箱是 contact@epubit.com.cn。

如果您对本书有任何疑问或建议，请您发邮件给我们，并请在邮件标题中注明本书书名，以便我们更高效地做出反馈。

如果您有兴趣出版图书、录制教学视频，或者参与图书技术审校等工作，可以发邮件给本书的责任编辑（liuyasi@ptpress.com.cn）。

如果您来自学校、培训机构或企业，想批量购买本书或异步社区出版的其他图书，也可以发邮件给我们。

如果您在网上发现有针对异步社区出品图书的各种形式的盗版行为，包括对图书全部或部分内容的非授权传播，请您将怀疑有侵权行为的链接通过邮件发给我们。您的这一举动是对作者权益的保护，也是我们持续为您提供有价值的内容的动力之源。

关于异步社区和异步图书

  "异步社区"是人民邮电出版社旗下 IT 专业图书社区,致力于出版精品 IT 图书和相关学习产品,为作译者提供优质出版服务。异步社区创办于 2015 年 8 月,提供大量精品 IT 图书和电子书,以及高品质技术文章和视频课程。更多详情请访问异步社区官网 https://www.epubit.com。

  "异步图书"是由异步社区编辑团队策划出版的精品 IT 专业图书的品牌,依托于人民邮电出版社的计算机图书出版积累和专业编辑团队,相关图书在封面上印有异步图书的 LOGO。异步图书的出版领域包括软件开发、大数据、AI、测试、前端、网络技术等。

异步社区

微信服务号

目录

第一篇　从零开始：重新认识 JavaScript 语言的基础概念

第二篇　从表达式到执行引擎：运行代码的核心机制

第四篇　从粗通到精通的进阶之路：唯一不变的是变化本身

第五篇　从有序中抽离时间：并行的本质不是有序而是重复

第六篇　致未来：新的语言特性

第一篇

从零开始：
重新认识 JavaScript 语言的基础概念

编程语言是如何被构建的？

如何设计一门编程语言，或者理解编程语言创造者为什么这样设计，这两个问题是同一个问题的不同表现。这涉及语法的结构性及其在语义层面上的一致性，几乎所有对语言设计的权衡都盘桓其中[①]。

本篇主要讲解 JavaScript 在语言设计方面的基础概念，以及如何由这些概念构建语言规则。需要注意的是，许多编程语言的基础概念是从更为传统的、早期的结构化编程理念发展而来的，例如声明（declaration）、语句（statement）和表达式（expression），又如语法分块（语法中常说的"块"及其对应的"块级作用域"），还有形式分块（包括逻辑分块和物理分块）等。

本篇包含两个方面的内容，一是"JavaScript 语言为什么这样设计"，二是"这样的设计对写代码有什么影响"。希望读者能在这两个方面都进行探索。

---

① 《JavaScript 语言精髓与编程实践（第 3 版）》将之解释为"组织原则之三：语法在形式上的清晰与语言一致性"。其他两条组织原则的目标都偏向应用性，惟这条第三原则是以可用性为核心的。

第 1 章

生存周期：JavaScript 变量与引用的销毁

```
> delete 0
true
```

　　JavaScript 是一门面向对象编程语言，很早就支持 delete 运算。delete 是一个元老级的语言特性，是从 JavaScript 1.2 开始有的，与它一同出现的还有对象和数组的字面量语法。有趣的是，JavaScript 中最具恶名的 typeof 运算符出现得比 delete 运算符还要早，是在 JavaScript 1.1 中提供的。[①]

　　本章从 JavaScript 中最不起眼、使用率最低的一个 delete 运算讲起。让我们一起来解析 JavaScript 中最不为人知的技术细节。

规范索引

规范类型[②]

- #sec-ecmascript-specification-types：ECMAScript 规范类型。
- #sec-reference-record-specification-type：引用记录（Reference Record）规范类型。它的实例在本书中也称作"引用（规范类型）"。

概念或一般主题

- #sec-tokens：记号（词法记号）。

[①] 关于 typeof 这个声名狼藉的运算符，在第 18 章中讲解类型系统时会详细讲解，这里提及这一点，主要是因为 delete 运算与类型的识别是相关的。

[②] 尽管本书一开始就提到了"规范类型"，但对这个概念的出处与释义却到 17.1 节才会详细说明，并且，与此有关的"语言类型"中的原始值类型要到第四篇才开始讲述。这里仅略做提示。

- #sec-identifier-names：标识符名。
- #sec-abstract-operations：抽象操作，也称为内部抽象操作或者内部过程。
- #sec-context-free-grammars：上下文无关文法。

实现

- #sec-getvalue：`GetValue()`抽象操作。
- #sec-resolvebinding：`ResolveBinding()`抽象操作。
- #sec-delete-operator：`delete`运算符。

其他参考

- 《JavaScript 语言精髓与编程实践（第 3 版）》的 4.7.2.3 节"变量隐式声明（全局属性）"。

1.1 习惯中用"引用"来区别数据类型的操作方式

早期的 JavaScript 在推广时仍然采用传统数据类型的分类方法，也就是说，它宣称自己同时支持"值类型"和"引用类型"的数据，并且所谓"值类型"中的字符串是按照引用来赋值和传递引用（而不是传递值）的。这种分类方法以及具体有几种值类型等，在当时的开发人员的概念集中都是既有的，是容易理解的知识，不需要特别地解释。

但是什么是引用类型呢？

在这件事上，JavaScript 偷了个懒，它没有定义什么是引用类型，而是强行规定了**对象**（object）和**函数**（function）就是引用类型。这样一来，引用类型和值类型就给开发人员讲清楚了，对象和函数也可以理解了：它们按引用来传递和使用。

绝大多数情况下这样解释听起来是行得通的，但是到了 `delete` 运算就行不通了，因为这样一来就有了下面两个问题：

- `delete 0` 显然就是删除一个值，但"删除值"在概念上是说不通的；
- `delete x` 既可能是删除一个值，也可能是删除一个引用，这是有二义性的。

但当时 JavaScript 又同时约定：在 `global` 对象上声明的属性就"等同于"全局变量。于是，这就带来了第三个问题：

- `delete x` 还可能是删除一个 `global` 对象上的属性，这在语法上是不清晰的。它在执行时，看起来像是在操作一个全局变量（的名字）。

这中间有哪些细节上的区别呢？`delete` 运算的表面意思是该运算试图销毁某种东西。但 `delete 0` 中的 `0` 是一个具体的字面量表示的"值"。一个字面量值 `0` 如何在现实世界中销毁呢？假定它被销毁了，那是不是说在这门语言的当前运行环境中，就不能使用 `0` 这个值了呢？显然，这不合理。所以 JavaScript 认为"所有删除值的 `delete` 就直接返回 `true`"，表明该行为过程中没有异常。但是，JavaScript 1.2 时代并没有结构化异常处理（即 `try..catch` 语句），所以通过函数调用中返回 `true` 来表明"没有异常"其实是很常规的做法。

然而，返回值只表明执行过程中"没有异常"，实际的执行行为是"什么也没发生"。显然，不可能真的将 `0` 从执行系统中清理出去。

那么，接下来就剩下删除变量和删除属性了。由于全局变量也是通过全局对象的属性来实现的，因此删除变量也就存在识别这两种行为的必要性。例如，下面这行代码究竟是在删除什么呢？

```
delete x
```

因为 JavaScript 是动态语言这项特性，所以从根本上说是无法在语法分析期判断 x 的性质的。因此，现在需要有一种方法在运行期来标识 x 的性质，以便进一步地处理它。

这就导致了一种新的"引用"类型呼之欲出。不过，在讨论它之前，需要先说说与此相关的两个要点[1]：一是 delete 0 到底是在删除什么，二是表达式计算的结果到底是什么。

1.1.1 删除运算到底在试图销毁什么

对一门编译型语言来说，所谓"0"就是上面所述的一个值，它可以是**原始值**（primitive value），也可以是**数值类型**。但是，如果将这个问题上升到编译之前的所谓"语法分析"的阶段，那么 0 就会被称为一个**记号**（token）。一个记号是没有语义的，记号既可以是语言能识别的，也可以是语言不能识别的。唯有把这二者同时纳入语言范畴，这门语言才能识别所谓的"语法错误"。

Delete 运算不仅仅是要操作 0 或 x 这样的单个记号或标识符（如变量），因为这个语法实际起作用的是一个对象的属性，也就是"删除对象的成员"。那么，它真正需要的语法应该是

```
delete obj.x
```

只不过因为全局对象的成员可以用全局变量的形式来存取，所以它才有了下面这样的语法语义而已：

```
delete x
```

所以，这正好将之前的认识扭转过来，delete x 是删除 x 这个成员，而不是删除 x 这个值。不过，终归有一点是没错的：既然没办法表达异常，而 delete 0 又不产生异常，那么它自然就应该返回 true。

然而，如果读者理解了 delete obj.x 就一定会想到：obj.x 既不是之前说过的引用类型，也不是之前说过的值类型，它与 typeof(x) 识别的所有类型都无关，因为它是一个表达式。

所以，delete 运算的正式语法设计并不是"删除某样东西"，而是"删除一个表达式的结果"：

```
delete UnaryExpression
```

1.1.2 表达式的结果是什么

在 JavaScript 中表达式是一个很独特的东西，所有表达式运算的终极目的都是要得到一个**值**（value）[2]，例如字符串，然后用另外一些运算输出这个值，例如变成网页中的一个**元素**（element）。这是 JavaScript 语言的基础设计，正因为有了这种设计，JavaScript 才变得既像面向对象编程语言，又像函数式编程语言。对"delete UnaryExpression"这个语法来说，表达式求值的结果正是 delete 运算要删除的东西。

---

[1] 探索工作往往如此，是所谓"进五退一"，甚至是"进五退四"。在本书中，在碰触到一种新东西的时候，你往往会被推动着竭力向前，但随后又后退好几步，去讨论一些更基础层面的东西。这是因为如果不把这些基础概念弄清楚，那么往前冲的那几步常常就被带偏了方向。这种探索过程也是本书极力保持的特色之一。

[2] 需要强调的是，这里的值指的是后文中所说结果（Result）的值类型。

在 JavaScript 中，有两样东西（包括语句和表达式）是可以执行并存在结果（Result）①的。例如，如果用 eval() 执行一个字符串，那么事实上执行的是一个语句，并返回语句执行的结果（Result），也称为**语句的值**；如果用一对括号来强制一个表达式执行，那么这个括号运算得到的就是这个表达式求值的结果（Result），也称为**表达式的值**。②

```
> let a = 100, b = 200;

# 语句的值
> eval('{a, b}');
200

# 表达式的值
> ({a, b})
{a: 100, b: 200}
```

1.2　深入理解"引用（规范类型）"

"引用"作为表达式的值③，在 ECMAScript 规范中是一种"规范类型"。为了区别于习惯中的"引用"，在本书中记作"引用（规范类型）"。

相关概念出现得也很早。从 JavaScript 1.3 开始，ECMAScript 规范就在语言定义层面正式将上述的天坑补起来，推出了"引用记录"这种规范类型。所谓"引用（规范类型）"就是引用记录的一个具体实例。但是，因为这个时候规范的影响力在开发人员中并不那么大，所以开发人员还是习惯性地将对象和函数称为引用，而将其他类型称为值，并且继续按照传统的理解来解释 JavaScript 对数据的处理。

在 ECMAScript 规范的概念下④，一个引用只是在语法层面上表达"它是对某种语法元素的引用"，而与在执行层面的值处理或引用处理（也就是具体引擎依旧传统概念来如何处理）没关系。于是，下面这行简短的语句事实上是在语法与语义的层面说明 JavaScript 将 0 视为一个表达式，并尝试删除它的求值结果⑤：

```
delete 0
```

所以，这里的 0 并不是**值类型**（value type）的数据，而是一个表达式。在做进一步的删除操作之前，JavaScript 需要检测这个表达式求值的结果（Result）的类型：

- 如果它是**值**（value），则按照传统的 JavaScript 的约定返回 true；
- 如果它是一个**引用**（reference），则对该引用进行分析，以决定如何操作。

这个检测过程说明，ECMAScript 约定：任何表达式求值的结果（Result）要么是一个引用，要么是一个值（非引用）。在这个描述中，所谓对象其实也是值，也就是"非引用类型"。例如，

---

① 本书中使用"结果（Result）"时都有这样的特定含义：它是执行结果的"未决状态"——执行出结果但还没确定后续操作（例如作为左运算数或右运算数）的时候是未决的。对表达式来说，如果确定一个结果（Result）用作左手端（lhs），它就是引用；如果确定一个结果（Result）用作右手端（rhs），它就是值（这也意味着引擎会隐式地调用一次 GetValue()）。
② 关于这里的两种执行方式，以及它们的执行结果在 ECMAScript 中的表达方法，参见图 6-1。
③ 事实上，表达式的求值结果可以是值或引用，在这里只先强调引用类型，晚一点会对二者进一步说明。
④ 后续章节中若非特别说明，行文中的"引用"都是指"引用（规范类型）"。
⑤ 本书很少会在规范之外谈语法语义的问题（以确保符合 ECMAScript 规范）。但是，如果在字面上强调了这一点，则说明它可能存在不一致的、有歧义的语义解释，因此有必要强调后续行文是"在规范中被明确统一过的"。

下例看起来是要删除一对大括号表示的字面量对象：

```
delete {}
```

但是，在这个字面量对象被作为表达式执行的时候，结果也是一个值，而并没有所谓的引用。因此这样的表达式也习惯性地被称作"单值表达式"。确切地说，先是返回了"对象字面量形式的"单值，然后 delete 运算发现它的运算数是"值"，也就是非引用类型，于是就直接返回了 true。

所以，什么也没有发生。

1.3　引用在引擎内部的主要行为

那么，到底还会发生什么呢？

在 JavaScript 的内部，所谓"引用"是可以转换为"值"，以便参与值运算的。表达式的本质是求值运算，而引用是不能直接作为最终求值的运算数的。这依赖于一个非常核心的称为 GetValue() 的内部抽象操作。所谓内部抽象操作也称为内部过程，ECMAScript 用以描述一个符合规范的引擎在具体实现时应当处理的行为。

GetValue() 是从一个引用中取出值来的行为。这有什么用呢？例如，下面这行代码：

```
x = x
```

其中 x 是一个引用，那么这个赋值表达式的表面意思就是"引用 x 赋值给引用 x"。但这样的代码有什么意义呢？

这在语法层面可以有比较直接、明确的解释：**所有赋值运算的含义是，将右边的"值"赋给左边用于包含该值的"引用"。**

因此，上面的 x = x 是被翻译成 x = GetValue(x) 来执行的，而 JavaScript 识别两个不同 x 的方法就称为"手性"，即所谓的"左手端"（left hand side，lhs）和"右手端"（right hand side，rhs）。这个概念本来是用来描述自然语言的语法中一个修饰词应该是放在它的主体的前面还是后面的，但在编程语言中它用来说明一个记号是放在赋值符号（=）的左边还是右边。

作为一个简单的结论，区别上例中的两个 x 的方法就是：**如果 x 放在左边作为"左手端"，它就是引用；如果 x 放在右边作为"右手端"，它就是值**[①]。

因此，x = x 的语义并不是"把 x 赋给 x"，而是"把值 x 赋给引用 x"。

delete x 归根到底说起来，是**在删除一个表达式的引用类型的结果（Result）**。JavaScript 中的 delete 是一个很罕见的能直接操作"引用"的语法元素。由于这里的"引用"是在 ECMAScript 规范层面的概念，因此在 JavaScript 语言中能操作它的语法元素非常少，但 delete 就是其中之一。

1.4　从引用的发现到销毁

显然不会真的有人去执行 delete 0 这样的操作，但这并不能作为要对值与引用加以区别讨

---

① 这是以赋值运算符为（左/右）参考对象的，也是"左手端/右手端"（lhs/rhs）最自然的解释。但是在实际应用中，不同的运算符对运算数的"引用/值"的约定是有差异的，因此便会出现手性与结果值含义不一致的情况，例如，在 delete x 中，x 是处于 delete 运算符的右边，却仍然是以引用（lhs）来参与运算的。

论的理由。因为即使是"对象属性存取"这样的基础操作，在 JavaScript 最终也是表达为一个引用的，例如 obj.x。所以本质上我们早就在使用"引用"这样东西了，只不过它习以为常，所以大家都视而不见。

更进一步地来看，正是因为"属性存取（.运算符）"返回一个关于 x 的引用，然后它可以作为下一个运算符（例如函数调用运算符()）的左手端来使用，这才有了著名的"对象方法调用"运算：

```
obj.x()
```

因为在对象方法调用这个语法中，函数 x() 是来自 obj.x 这个引用的，所以这个引用将 obj 这个对象传递给 x()，这才会让函数 x() 内部通过 this 来访问到 obj。从根本上说，如果 obj.x 只是值，或者它作为右手端，那么它就不能"携带"obj 这个对象，也就完成不了后续的方法调用操作。

像"对象存取 + 函数调用 = 方法调用"这样的语法组成模式，是 JavaScript 通过连续表达式运算来实现新语义/语法的经典示例。而所谓"连续运算"原本就是函数式运算范式的基本原则。也就是说，obj.x() 是在 JavaScript 语言中集引用规范类型操作、函数式、面向对象和动态语言等多种特性于一体的一个简单语法。

它对语言的基础特性的依赖就在于：
- delete 0 中的 0 是一个表达式求值；
- delete x 中的 x 是一个引用；
- delete obj.x 中 obj.x 是一组表达式连续运算的结果（Result），也是一个引用。

因此，对 delete x 操作来说，当 x 是全局对象 global 的属性时，运算数 x 只需要返回 global.x 这个引用就可以了，而当 x 不是全局对象 global 的属性时，就需要从当前环境中找到一个名为 x 的引用。找到这两种不同的引用的过程称为"发现绑定"（ResolveBinding），而这两种不同的 x 称为不同环境（environment）下绑定（bind）的标识符/名字。

第 2 章将讲解这个名字从"声明"到"发现"的全过程。

1.5　小结

delete 运算并不能销毁任何东西，它并不删除任何的变量或者变量所关联的对象实体（内存、存储等分配给这个变量的任何东西）。Delete 运算与变量生存周期等基础概念也完全无关，它只能做到"删除属性"。只不过，在特定情况下——当全局变量是作为全局对象的属性创建的时候，它的表现像是在"销毁变量"而已。

- delete 运算尝试删除值数据时，会返回 true，用于表示没有错误（Error）。
- 有两样东西是可以执行并存在执行结果的，这两样东西就是语句和表达式。
  - delete 0 本质上是删除一个表达式求值的结果（Result），这个结果（Result）是一个值。
  - delete x 与 delete 0 的区别在于表达式 x 求值的结果（Result）是一个引用。
- delete 只能删除一种引用，即对象的属性。对 delete x 来说，
  - 只有 x 等值于 obj.x 时 delete 才会有执行意义。例如，with (obj) ...语句

中的 `delete x`，以及对全局属性 `global.x` 执行 `delete` 运算；

◆ 存在一种特例，如果变量 `x` 是使用 `eval('var x = ...')` 的方式在全局中动态创建的，那么这个变量 `x` 同时具有"声明变量 `x`"和"作为 `global.x` 属性"两种存在形式[①]，并且是可以删除的。这是 JavaScript 针对它的动态语言特性而做的设计。

● JavaScript 的某些语法是由连续运算的表达式组合而成的：

◆ 方法调用 `obj.x()` 其实是属性存取和函数调用的组合；

◆ 函数调用 `f()` 其实是单值操作和调用操作的组合。

---

① "声明变量 `x`"存在于一个名为 *varNames* 的内部结构中，属性 `global.x` 则创建于 `global` 对象的属性表中。静态声明的 `x` 与动态创建的 `x` 在这两处的处理方式有微小的差异，主要表现之一就是能否用 `delete` 运算删除。

第 2 章

赋值：赋值过程中出现变量泄露的原因

```
> var x = y =100;
> x
100
> y
100
```

引用规范类型对编程有什么实际的影响呢？

本章标题下的第一行代码就是与此相关的。我大概是从 JavaScript 1.2 开始接触到 JavaScript 这门语言的，在我写的早期的一些代码中就这样使用过。

会有很多的原因促使开发人员在 JavaScript 中写出表达式连等这样的代码——C/C++程序员对这样的代码是不会陌生的,并且结果也可能恰如预期,例如上述代码中的 x 与 y 值都是 100。所以它很好用。

不过，这行代码可能是 JavaScript 中最复杂和最容易错用的了。

规范索引

规范类型

- #sec-environment-records：环境记录（Environment Record）规范类型。

概念或一般主题

- #sec-names-and-keywords：名字与关键字，包括标识符名、关键字和保留字等。
- #sec-identifiers：标识符。在规范中涉及标识符引用（IdentifierReference）、绑定标识符（BindingIdentifier）、标签标识符（LabelIdentifier）、标识符（Identifier）等概念。
- #sec-declarations-and-the-variable-statement：声明和变量语句，包括变量声明（*Variable Declaration*）和词法声明（*LexicalDeclaration*），例如 var、let 和 const 等语句。

> **实现**
>
> - #sec-putvalue：PutValue() 抽象操作，包括"向一个不存在的变量赋值"所涉及问题的更多实现细节。
> - #sec-assignment-operators：赋值运算符实现，涉及赋值表达式（*AssignmentExpression*）和赋值运算符（*AssignmentOperator*）等的具体实现。
> - #sec-isunresolvablereference：IsUnresolvableReference() 抽象操作。
> - #sec-createglobalvarbinding：CreateGlobalVarBinding() 抽象操作，包括添加全局变量时导致内部结构 *varNames* 发生变化的一些实现细节。
> - #sec-getidentifierreference：GetIdentifierReference() 抽象操作，展示环境与名字的唯一关系。

2.1 从变量声明到赋值绑定的全程解析

迄今为止，除了标签声明，JavaScript 中一共有 6 种声明用的语句。注意，所有真正被定义为"声明"的语法结构都一定是语句，并且都用于声明一个或多个**标识符**[1]。

从严格意义上说，JavaScript 只有变量和常量两种标识符，并通过下面 6 种语句来声明。

- let x ...：声明变量 x，不可在赋值之前读。
- const x ...：声明常量 x，不可写。
- var x ...：声明变量 x，在赋值之前可读取到 undefined。
- function x ...：声明变量 x，该变量指向一个函数。
- class x ...：声明变量 x，该变量指向一个类（该类的作用域内部是处理严格模式的）。
- import ...：导入标识符并作为常量（可以有多种声明标识符的模式和方法）。

除这 6 种语句之外，还有如下 2 种语句有潜在声明标识符的能力，不过它们并不是严格意义上的声明语句（声明只是它们的语法效果）。

- for (var|let|const x ...) ...：for 语句有多种语法声明一个或多个标识符，将其用作循环变量。
- try ... catch (x) ...：catch 子句可以声明一个或多个标识符，用作异常对象变量。

总的来说，除了上述语法，用户是没有其他方式在当前的代码上下文中声明一个标识符的[2]。这里之所以要严格强调这一汇总性的结果，是因为下面的基本论断[3]。

---

[1] 在 Tokens 这个层次上，用户代码能书写/声明"名字和值"，其中所谓的名字就是标识符。（引自《JavaScript 语言精髓与编程实践（第 3 版）》的 4.2.1 节"标识符"。）

[2] 当然，函数的形式参数也可以声明标识符，但这里强调是"当前（的代码上下文）"环境，而函数参数声明的是在函数的上下文中的标识符。函数与函数环境是在第 8 章才会讲的内容，此处先略过。

[3] 注意，这里的"可以"和"一定会"两个关键词同时阐述了静态语言的精髓部分：正是"一定会"提前创建，才保证了它是"可以"静态语法分析的。不过，静态语言特性与动态语言特性并存也是 JavaScript 中语法歧义的灾难之源。

- 所有的声明都意味着 JavaScript 将"可以"通过静态语法分析发现那些声明的标识符。
- 标识符对应的变量/常量"一定会"在用户代码执行前就已创建在作用域中。

本章标题下的代码 var x = ...就是一个声明。这个声明的后半部分是以"="开始的一个初始化语法，通常情况下可以将这个语法的效果理解为一个赋值运算。

2.1.1 赋值在语言设计中称为绑定

声明是在语法分析阶段就处理的，因此它会使当前代码上下文在正式执行之前就拥有了被声明的标识符，例如 x。这非常有趣，因为这表明 JavaScript 虽然被称为"动态语言"，但确实是拥有静态语义的。而在 JavaScript 的早期，这个静态语义并没有处理得太好，一个典型的问题就是所谓的变量"提升"。也就是说，可以在变量声明之前访问该变量[1]。例如：

```
console.log(x); // undefined
var x = 100;
console.log(x); // 100
```

那么，关于读取值，这些声明之间又有什么不同呢？

上面已经说过，由于标识符是在用户代码执行之前就已经由静态分析得到，并且创建在环境中，因此 let 声明的变量和 var 声明的变量在这一点上没有不同：它们都是在读取一个已经存在的标识符名。例如：

```
var y = "outer";
function f() {
  console.log(y); // undefined
  console.log(x); // 抛出异常
  let x = 100;
  var y = 100;
  ...
}
```

正是因为 var y 声明的标识符在函数 f() 创建（它自己的闭包）时就已经存在，所以才阻止了 console.log(y) 访问全局环境中的 y。类似地，let x 声明的 x 也已经存在于 f() 函数的上下文环境中，之所以访问它会抛出异常，不是因为它不存在，而是因为这个标识符被拒绝访问了。在 ES6 之后出现的 let/const 变量在"声明（和创建）一个标识符"这件事上，与 var 并没有什么不同，只是 JavaScript 拒绝访问还没有绑定值的 let/const 标识符而已。

在 ES6 之前，JavaScript 是允许访问还没有绑定值的 var 声明的标识符的。这种标识符后来统一约定称为变量声明(*VariableDeclaration*)，而 let/const 则称为词法声明(*LexicalDeclaration*)。一旦 JavaScript 创建一个变量，就会为它初始化绑定一个 undefined，而词法名字在创建之后就没有这项待遇，所以词法名字在缺省情况下就是"还没有绑定值"的标识符。

所以，本章标题下的代码 var x = ...在语义上就是为变量 x 绑定一个初值。在具体的语言环境中，它将被实现为一个赋值运算。

> **注意** 前述 6 种声明语句中的函数是按变量声明的规则声明的，尽管类的内部是处于严格模式的，但它的名字仍然是按变量声明来处理的，用 import 导入的名字是按 const 的规则处理的。所以，所有的声明本质上只有 3 种处理模式：var 变量声明、let 变量声明和 const 常量声明。

---

[1] 变量提升（hosit）还有其他的含义与定义，这将在 5.2.2 节中详细讨论。在本章中只需要留意变量的读写过程。

2.1.2 用赋值语法实现绑定导致的问题

如果是在其他编程语言（如编译型编程语言）中，"为变量 x 绑定一个初值"就可能实现为"在创建环境时将变量 x 指向一个特定的初始值"。这通常是静态编程语言的处理方法，但前面说过，JavaScript 是一门动态编程语言，所以它的"绑定初值"的行为是通过动态的执行过程（也就是赋值运算）来实现的。

那么，仔细想想，赋值运算在语法上怎么表达呢？例如：

```
变量名 = 值
```

在 JavaScript 中，这样的说法是非常不正确的，正确的说法是：

```
lRef = rValue
```

也就是，将右运算数（的值）赋给左运算数（的引用）。它的严格语法表达是[①]：

```
LeftHandSideExpression = AssignmentExpression
```

也就是说，在 JavaScript 中，一个赋值表达式的左边和右边其实都是表达式！这就是 JavaScript 在"静态声明"与"动态执行"两个语言特性中平衡时面临的核心问题：**声明一个标识符是静态的，而给这个标识符绑定值是动态的**。既然绑定值是动态的、表达式化的、运行期的，那么它在运行期就需要把赋值表达式左边的 *LeftHandSideExpression* 理解为运算数。1.3 节中说过"左边的是引用"，这样，它作为静态语法声明的标识符，与用作动态执行过程中的运算数，就被 ECMAScript 用"引用（规范类型）"这个概念给统一起来了[②]。

2.2 变量泄露：向一个不存在的变量赋值

将赋值符号的左边理解为运算数存在两个可能的问题[③]：第一个问题是，如果这个运算数是值，会怎样；第二个问题是，如果这个运算数（被作为引用）取出来是无效的、不存在的，又会怎样。第二个问题是从 JavaScript 1.0 开始就遗留下来的，也就是所谓的"变量泄露"问题。

变量泄露在早期的 JavaScript 中是一个受欢迎的特性：如果向一个不存在的变量赋值，那么 JavaScript 会在全局范围内创建它。也就是说，代码中不需要显式地声明一个变量了，变量可以随用随声明，也不用像后来的 let 语句一样还要考虑在声明语句之前能不能访问的问题了。例如：

```
# 之前未声明过变量 x
> x = 200;

# x 被隐式地在全局环境中声明了（泄露到了全局）
> x
200
```

---

① 中间等号 "=" 的完整语法记法是 "= | *AssignmentOperator*"，表明除了等号还有其他赋值运算符，例如 +=、-= 等。

② const 声明是"静态声明+静态绑定"，let/var 声明是"静态声明+动态绑定"。尽管表面上看起来 let/var 声明是一个静态的、声明性的语法，但它存在动态绑定的过程，因此它是有"运行期语义"的。这就是 ECMAScript 规范对绝大多数操作总是有静态语义（Static Semantics，SS）和运行期语义（Runtime Semantics，RS）两种解释的原因。

③ "值"是非引用（non-reference）类型，而"无效的引用"被称为未发现的引用（unresolvable reference），参见 ECMAScript 中 PutValue() 的实现。虽然在 GetValue() 中有相同的概念，但是采用的处理逻辑不同。

　　这非常简单，在少量的代码中也相当易用。但是，如果代码规模扩大，变成百千万行代码，那么"一个全局变量是在哪里声明和创建的"就变成一个非常要紧的问题。如果随时都可能泄露一个代码给全局，或者随时都可能因为忘记本地的声明而读写了全局变量，那对调试将是一场灾难。另外，晚一些出现的运行期优化技术也不能很好地处理这种情况。所以从 ES5 开始的严格模式就禁止了这种特性，试图避免用户将变量泄露到全局环境。

　　然而现实中，即使在严格模式下这种泄露也未能避免，因为还存在间接执行的问题。所谓"间接执行"，是另一个巨大的议题，并且是 ES6 之后的一种新机制，这会在 19.3 节、第 20 章和 21.3 节中详细讲解。这里发生的"向一个不存在的变量赋值"，是从 JavaScript 1.0 时代遗留下来的问题，也是 ECMAScript 为 JavaScript 语言填补的最大的设计漏洞之一。

　　那么，具体从技术细节上来讲，这个变量声明是如何发生的呢？

　　事实上，在早期设计中，JavaScript 的全局环境是引擎使用一个称为"全局对象"的东西管理起来的。这个全局对象几乎类似或完全等同于一个普通对象，只不过 JavaScript 引擎将全局的一些缺省对象、运行期环境的原生对象等都映射成了这个全局对象的属性，并使用这个对象创建了一个称为"全局对象闭包"的东西，从而得到了 JavaScript 的全局环境。早期的 JavaScript 的引擎实现非常简洁，许多基础的技术组件都是直接复用的，例如这里的所谓全局环境、全局闭包或者全局对象的实现方法，就与"with 语句"的效果完全相同——它们是相互复用的。

```
# 变量 a
> var a = 100;

# 映射为全局属性
> global.a
100

# 与 with 语句的对象闭包效果是一致的
> with (global) console.log(a);
100
```

　　当向一个不存在的变量赋值的时候，全局对象的属性表是可以动态添加的，因此 JavaScript 将变量名作为属性名添加给全局对象，而访问所谓全局变量就是访问这个全局对象的属性。因此，实际效果就变成了"可以动态地向全局环境中添加一个变量"。显然，我们总是可以删除这个动态添加的变量，因为本质上这就是在删除全局对象的属性（在第 1 章已经讲过这个结果）。

　　那么，在 ES6 之后的 JavaScript 的全局环境中又有什么不同吗？为了兼容旧的 JavaScript 语言设计，现在的 JavaScript 全局环境仍然是通过将全局对象初始化为这样的一个全局闭包来实现的。但是为了得到与其他变量环境相似的声明效果，ECMAScript 规定在这个全局对象之外再维护一个称为 *varNames* 的变量名列表，并将所有静态声明的、泄露的和动态创建的变量名都放在这个列表中。于是就得到了这样的一种效果：

```
> var a = 100;
> x = 200;

# a 和 x 都是 global 的属性
> Object.getOwnPropertyDescriptor(global, 'a');
{ value: 100, writable: true, enumerable: true, configurable: false }
> Object.getOwnPropertyDescriptor(global, 'x');
{ value: 200, writable: true, enumerable: true, configurable: true }
```

```
# a 不能删除，x 可以被删除
> delete a
false
> delete x
true

# 检查
> a
100
> x
ReferenceError: x is not defined
```

所以，表面看起来泄露到全局的变量与使用 var 声明的变量都是全局变量，并且都实现为 global 的属性，但二者又是不同的。所有静态声明的标识符都不可删除，因为它们在程序运行前就创建好了。但当 var 声明是通过 eval() 动态创建的时候，这一特性又有所不同，例如:

```
# 使用 eval 声明
> eval('var b = 300');

# 其属性描述符的性质已置为可删除的
> Object.getOwnPropertyDescriptor(global, 'b').configurable;
true

# 检测与删除
> b
300
> delete b
true
> b
ReferenceError: b is not defined
```

在这种情况下使用 var 声明的变量名尽管也会添加到 *varNames*，但它可以从中移除。(这是唯一一种能从 *varNames* 中移除项的特例，而其他词法名字列表中的项始终是不可移除的。)

2.3 在连续赋值过程中发生的行为细节

现在回到本章标题下的代码:

```
var x = y = 100;
```

在这行代码中，等号的右边是一个表达式 y = 100，它发生了一次"向不存在的变量赋值"，所以它隐式地声明了一个全局变量 y 并赋值为 100。而一个赋值表达式运算本身也是有结果(Result)的，它是右运算数的值。然后它被赋给了左边的运算数 x，这是一个使用 var 声明创建的变量(的引用)。

需要注意的是，右边赋值表达式 y = 100 的结果是值而非引用。例如，在下面的测试中 a 将是一个函数(的值)而不是一个引用，因此它不会带着 this 对象信息，也就不能作为对象方法使用:

```
# 调用 obj.f() 时将检测 this 是不是原始的 obj
> obj = { f: function() { return this === obj } };

# false，表明赋值表达式的结果只是右运算数的值，即函数 f
> (a = obj.f)();
false
```

这就是整个语句的过程。也就是说，由于 y = 100 的结果值是 100，因此该值将作为初始值赋值给变量 x。并且，从语义上讲，这是变量 x 的初始绑定。之所以强调这一点是因为相同的分析过程也可以用在 const 声明上，而 const 声明是只有一次绑定的，即常量的初始绑定也是通过"执行赋值过程"来实现的。

2.4　在应用中使用"赋值语句魔法"的技巧

下面先举一个代码优化的例子。Narcissus 是一个在 JavaScript 中运行的 JavaScript 引擎，所以它有大量的代码用于实现语法分析器。在早期的 Narcissus 项目中，用于提取代码文本的每个词法记号的写法是下面这样的：

```
//分析全部代码文本
for (;;) {
 var input = this.input();  // 每次从代码文本中截出"未被语法分析"的部分
 var firstChar = input.charCodeAt(0); // 从最开始位置扫描

 // 从最开始位置匹配有效的行
 if (firstChar == 32 || (firstChar >= 9 && firstChar <= 13)) {
  var match = input.match(this.scanNewlines ? /^[ \t]+/ : /^\s+/);
  ...

 // 后续是大量的关键字语法分析，用于查找语句行、表达式或名字等
 ...
```

这个示例中的 this.input() 方法用 substring() 来截取子串，以便后面的 input.match() 每次都能从头开始。所以无论 this.scanNewlines 为何值，input.match() 使用的正则表达式都是以^字符开始的，即总是从行首开始匹配。这个写法显然效率低下，因此这个引擎处理大概几十KB 的代码就卡死了。我后来对此提出过一个修正，用在当时的 Qomo 项目中，我是这样写的：

```
// 提前声明了 match 变量，r1 和 r2 简化不再使用^行首匹配
var match, r, r1 = /[ \t]+/g, r2 = /\s+/g;
for (;;) {
 // this.cursor 原本用于 this.input()中截取子串，即上次匹配的结束位置
 var firstChar = input.charCodeAt(this.cursor);
 if ((firstChar == 32 || (firstChar >= 9 && firstChar <= 13)) &&
    (match = ((r=(this.scanNewlines ? r1 : r2)).lastIndex=this.cursor, r.exec(input)))){
  ...
```

这个修正极大提升了性能，处理多几十倍的代码（10 MB 级别）都很轻松。此外，由于没有调整原有代码的逻辑结构（包括后续所有词法记号都类似处理），因此修正后的代码还能很方便地与原始代码做同步更新。那么，在"没有修改逻辑结构"的情况下，是如何避免字符串截取的呢？答案是，每次匹配变量 r.lastIndex 都更新成 this.cursor 值，然后调用 r.exec()——这就相当于在字符串的行首位置检索了。观察下面的代码：

```
// （仅分析用）部分代码暂用 x 替代
(match = ((r = x).lastIndex=this.cursor, r.exec(input))) {
```

可见，这就是把一个赋值表达式的结果直接取出来，然后将结果的 .lastIndex 属性置为this.cursor。这个结果和变量 r 是同一样东西，所以后面的 r.exec() 也就使用了 lastIndex 作为开始匹配的位置。这就相当于用"在指定位置检索"换取了"必须从头检索"，从而避免了字

符串截取。

在同一行代码中，相同的技巧其实重复用了多次，如(match = ...)就是将 match 赋值的结果作为 if 条件来检查的。类似这样的用法非常普遍，在实际项目中也是随处可见的。

导致它成为"标准用法"的一个更常见的理由是，这个范式还特别适合在高版本 JavaScript 中处理生成器函数的调用。这是因为生成器函数有一个实用中的麻烦：它的 done 与 value 是两个属性，因此通常需要两次运算来完成逻辑。如下：

```
function* Gen() { ... }

let tor = Gen();
while (true) {
  // 因为 result 总是有效值，所以它无法用于 while 条件
  let result = tor.next();

  if (result.done) {
    break;
  }
  else {
    console.log(result.value);
  }
}
```

这通常是正确的写法，总之需要处理 result.done 并主动中断循环。而使用赋值魔法的方法是：

```
function* Gen() { ... }

let result, tor = Gen();
while (! (result = tor.next()).done) {
  console.log(result.value);
}
```

也就是在循环条件中直接使用了 result.done。此外，配合解构赋值，还可以进一步简化处理逻辑。例如，下面的示例就连 result 对象也不需要了：

```
function* Gen() { ... }

let value, tor = Gen();
while (! ({value} = tor.next()).done) {
  console.log(value);
}
```

2.5 小结

- 声明语句总是在变量作用域或词法作用域中静态地声明一个或多个标识符。
- 全局变量的管理方式决定了"向一个不存在的变量赋值"导致的变量泄露是不可避免的。
- 动态添加的 var 声明是可以删除的，这是唯一能操作内部结构 *varNames* 的方式（不过它并没有多大实用意义）。
- 变量声明在引擎的处理上被分成两个部分：一部分是静态的、基于标识符的词法分析和管理，它总是在为相应上下文构建执行环境时作为名字创建；另一部分是表达式执行过程，就是对上述名字的赋值，这个过程也称为绑定。
- 在本章标题下的代码中，x 和 y 是两个不同的声明。

## 第 3 章

表达式：对运算过程的观察与分析

```
> var a = {n: 1};

> a.x = a = {n: 2}
{ n: 2 }
> a.x
undefined
```

　　在前端的历史中，有很多人都曾经因为同一道面试题而彻夜不眠。这道题出现在 10 年前，它的提出者蔡美纯（"蔡 mc"）曾是 jQuery 的提交者之一，如今已经隐身多年，不在前端圈现身。但这道经典面试题却多年长挂于各大论坛，被众多后来者一遍又一遍地分析。

　　早在 2010 年 10 月，在 Snandy 在 ITeye 和博客园上发起对这个话题的讨论之后，淘宝的玉伯（lifesinger）随即成为这个问题早期的讨论者之一，并写了一篇"a.x = a = { }，深入理解赋值表达式"专门讨论它。再后来，随着这个问题在各种面试题集中频繁出现，也就顺利登上了知乎，成为一桩很有历史的"悬案"。

　　本章主要应用前两章的知识来回顾与分析这一案例，综合讲解数据类型、表达式、语句等概念，并在此基础上对运算符优先级等知识点加以补充。

规范索引

概念或一般主题

- #sec-ecmascript-language-types：语言的类型。这里的"语言"是指被 ECMAScript 规范约定的具体语言，而 JavaScript 是这种具体语言的一种实现[①]。

- #sec-ecmascript-language-expressions：语言的表达式。

- #sec-ecmascript-language-statements-and-declarations：语言的语句和声明。

---

① 在 ECMAScript 规范中，所谓"实现"总是用"An implementation"来指代，这也是 ECMAScript 不能被直接称为"JavaScript 规范"的原因。

其他参考

- 《JavaScript 语言精髓与编程实践（第 3 版）》的 4.3 节 "声明"。
- 《JavaScript 语言精髓与编程实践（第 3 版）》的 4.2.2 节 "表达式"。
- 《程序原本》的 4.5 节 "你真的理解这行代码吗"。
- 在 MDN 中对关键词 "Operator Precedence"（运算符优先级）和 "Associativity"（结合性）的讲解。

3.1 在运算过程中丢失的数据的难解之谜

蔡美纯最初提出这个问题时的示例代码如下：

```
var c = {};
c.a = c = [];
alert(c.a); //c.a 是什么
```

蔡美纯是在阅读 jQuery 代码的过程中发现这一使用模式的：

```
elemData = {}
...
elemData.events = elemData = function(){};
elemData.events = {};
```

并且，蔡美纯质疑，为什么 elemData.events 需要连续两次赋值。Snandy 在转述的时候，换了一个更经典和更有迷惑性的示例：

```
var a = {n:1};
a.x = a = {n:2};
alert(a.x); // --> undefined
```

这就是本章标题下的代码了。问题的焦点在于：为什么在第二行代码之后 a.x 就成了 undefined？

3.1.1 深度解析声明语句与赋值表达式的语义差别

出问题的为什么不是第一行代码？

第 2 章中说，声明语句也可以是一个连等式。例如：

```
var x = y = 100;
```

其中，var 关键字声明的有且仅有 x 一个变量。在可能的情况下，变量 y 会因为赋值运算而导致 JavaScript 引擎意外创建一个全局变量。

所以，声明语句 var/let/const 的一个关键点在于：**语句的关键字 var/let/const 只是用来声明变量名 x 的**。去掉 var x 之后剩下的部分并不是一个严格意义上的赋值运算，而是称为初始器（*Initializer*）的语法组件，它的词法描述为：

Initializer:
    = *AssignmentExpression*

也就是说，在这个描述中等号（=）并不是运算符，而是一个语法分隔符号。之前总是强调它 "被实现为一个赋值运算"，而不是直接说它是一个赋值运算，原因就在这里。如果说在语法 var x = 100 中，= 100 是向 x 绑定值，那么 var x 就是单纯的标识符声明。

这意味着非常重要的一点——var x 中的 x 将只是一个表达名字的、静态语法分析期作为标识符来理解的字面文本，而不是一个表达式。

但是，从相同的代码中去掉 var 关键字之后，代码 x = y = 100;中的 x 却是一个表达式了，它被严格地称为"赋值表达式的左运算数"，其中最关键的区别在于：赋值表达式左边的运算数可以是另一个表达式，而 var 声明语句中的等号左边绝不可能是一个表达式！

也许有人会质疑：难道 ES6 之后的解构赋值的左边也不是表达式？确实，答案是：如果它用在声明语句中，就不是。对声明语句来说，紧随 var/let/const 之后的一定是变量名（标识符），且无论是一个还是多个，都是在 JavaScript 语法分析阶段必须能够识别的。因此，如果这里是赋值模式，那么 var/let/const 语句也只会解析那些用来声明的变量名，并在运行期使用"初始器"来为这些名字绑定值。例如：

```
// 注意这里等号左边只用于解析变量名
let { x, y } = obj;
```

这样"变量声明语句"的语义才是确定的，不至于与赋值行为混淆在一起。因此，从根本上说，在 var 声明语法中，在变量名位置上就是写不成 a.x 的。例如：

```
var a.x = ...    // 这里将导致语法出错
```

所以，在最初蔡美纯提出这个问题时，以及其后 Sanady 和玉伯的转述中，都不约而同地在代码中绕过了第一行的声明，而将问题指向了第二行的连续赋值运算。

```
var a = {n:1};   // 第一行
a.x = a = {n:2}; // 第二行
...
```

3.1.2 来自《JavaScript 权威指南》的解释

有人曾经引述《JavaScript 权威指南》中的一段文字（4.7.7 节）来解释第二行的执行过程：

> JavaScript 总是严格按照从左至右的顺序做表达式运算。

还举了一个例子：

> 例如，在表达式 w = x + y * z 中，将先计算子表达式 w，再计算 x、y 和 z；然后，y 的值和 z 的值相乘，再加上 x 的值；最后将其赋值给表达式 w 指代的变量或属性。

《JavaScript 权威指南》中的解释是没有问题的。首先，在这个赋值表达式的右边 x + y * z 中，x 与 y * z 是求和运算的两个运算数，任何运算的运算数都是严格从左至右计算的，因此 x 先被处理，然后才会尝试对 y 和 z 求乘积。这里的所谓"x 先被处理"是 JavaScript 中的一个特异现象——**一切都是表达式，一切都是运算**。

这一现象在语言中是函数式的特性，类似"一切被运算的对象都是函数求值的结果，一切运算都是函数"。这对以过程式编程语言或编译型编程语言为基础的学习者来说是很难理解的，因为在这些传统的模式或语言范式中，所谓"标识符/变量"就是一个计算对象，它可能直接表达为某个内存地址、指针或者一个编译器处理的东西。对程序员来说，将这个变量直接理解为"运算对象"就可以了，没有其他附加的知识概念。例如：

```
a = 100
b * c
```

在这两个例子中，a、b、c 都是确定的运算数，只需要将第一行理解为"a 有了值 100"，将第二行理解为"b 与 c 的乘积"，就可以了，至于引擎怎么处理这 3 个变量暂可不论。然而，在 JavaScript 中，上面的代码会被理解为非常多的内部操作[①]，以第二行为例，包括[②]：

- 将 b 理解为单值表达式，求值并得到 GetValue(evaluate('b'))；
- 将 c 理解为单值表达式，求值并得到 GetValue(evaluate('c'))；
- 将上述两个值理解为求积表达式（*）的两个运算数，计算 evaluate('*', GetValue(evaluate('b')), GetValue(evaluate('c')))。

所以，关键在于 b 和 c 在表达式求值过程中都并不简单地是"一个变量"，而是"一个单值表达式的求值结果"。这意味着，开发人员需要随时关注"变量作为表达式是什么，以及这样的表达式如何求值（以得到变量）"。

那么，现在再比较一下本章和第 2 章的示例：

```
var x = y = 100;
a.x = a = {n:2}
```

在这两个例子中：

- x 是一个标识符（而不是表达式），而 y 和 100 都是表达式，且 y = 100 是一个赋值表达式；
- a.x 是一个表达式，而 a = {n:2}也是表达式，并且后者的每个运算数本质上都是表达式。

这就是语句与表达式的不同。正如第 2 章中强调的：var x 从来都不进行求值，所以也就不能写成 var a.x ...。[③]

3.2 表达式连续运算过程中的变量、值与引用

再回到本章标题下的代码的第二行：

```
a.x = a = {n: 2}
```

它是真正的两个连续赋值的表达式，并且按照之前的理解，a.x 总是先被求值的（从左至右）。且依据第 1 章所论，a.x 也是一个表达式，其结果是一个"引用（规范类型）"。表达式 a.x 本身也要再计算它的左运算数，也就是 a。完整地讲，这个表达式的语义是：

- 计算单值表达式 a，得到 a 的引用；
- 将右边的名字 x 理解为一个标识符，并作为.运算的右运算数；
- 计算 a.x 表达式的结果。

[①] 下面明确列出了 evaluate()和 GetValue()操作的次数，但实际的操作在 ECMAScript 规范或具体引擎中是难于确数的。

[②] 例如，示例中的 evaluate()用以代指"一切都是运算"的求值过程。事实上，在 ECMAScript 规范描述中，或者在具体实现的引擎中，evaluate/evaluating 都用于启动语句或表达式的求值过程，这个名词在语言/编译器领域中是专用的。

[③] 严格来说，在第 2 章的例子 var x = y = 100;中只存在一个赋值运算（即 y = 100），而不存在所谓的连续赋值运算，因为 var x = ...是值绑定操作，而不是"将……赋值给 x"。

表达式 a.x 的计算结果是一个引用，因此通过这个引用保存了一些计算过程中的信息（例如它保存了 a 这个对象），以备后续运算中可能会作为 this 来使用。所以，现在在整行代码的前三个表达式计算过程中，a 是作为一个引用被暂存下来了的。

那么这个 a 现在是什么呢？

从下面的代码中可见，保存在 a.x 这个引用中的 a 是当前的 {n:1} 这个对象：

```
var a = {n:1};
a.x = ...
```

接下来，继续往下执行：

```
var a = {n:1};
a.x =    // a是{n:1}
    a = // a是{n:1}
...
```

这里的 a = ... 中的 a 仍然是当前环境中的变量，与上一次暂存的值是相同的。这里仍然没有问题。但接下来，发生了赋值：

```
...
a.x =           // <- a is {n:1}
    a =         // <- a is {n:1}
      {n:2};    // 赋值，覆盖当前的左运算数（变量a）
```

于是，左运算数 a 作为一个引用被覆盖了，这个引用仍然是当前上下文中的那个变量 a。因此这里真实地发生了一次 a = {n:2}。那么现在，表达式开始被保留在一个结果中的引用 a 会更新吗？不会。这是因为那是一个运算结果，这个结果有且仅有引擎知道，它现在是一个引擎才理解的引用，对它的可能操作只有取值（GetValue()）或置值（PutValue()），以及向别的地方传递这个引用，被后续 typeof 和 delete 等运算符使用。但就 JavaScript 中的用户代码来说，在多数时候对它的操作还是取值和置值。

现在，在整个语句行的最左边"空悬"了一个已经求值过的 a.x。当它作为赋值表达式的左运算数时，它是一个被赋值的引用（这里是指将 a.x 的整体作为一个引用）。而它作为结果所保留的 a 是在被第一次赋值运算覆盖之前的那个原始的变量 a。也就是说，如果访问它的 a.n，那么应该是值 1。

这个被赋值的引用 a.x 是尚未创建的属性，赋值运算将使原始的变量 a 具有一个新属性，于是它变成了下面这样：

```
// a.x中的原始的变量a
{
  x: {n: 2},  // 第一次赋值a = {n:2}的结果值
  n: 1
}
```

这就是第二次赋值运算的结果。

3.3　用代码重现引用覆盖的现场

上面发生了两次赋值，第一次赋值发生于 a = {n: 2}，它覆盖了原始的变量 a；第二次赋值发生于被 a.x 引用暂存的原始的变量 a。下面的代码可以重现这个现场，以便读者看清这个结果：

```
// 声明原始的变量 a
var a = {n:1};

// 使它的属性表冻结 (不能再添加属性)
Object.freeze(a);

try {
  // 本节的示例代码
  a.x = a = {n:2};
}
catch (x) {
  // 异常发生, 说明第二次赋值 a.x = ...中操作的 a 正是原始的变量 a
  console.log('第二次赋值导致异常.');
}

// 第一次赋值是成功的
console.log(a.n); // 2
```

第二次赋值运算中将尝试向原始的变量 a 添加一个属性 a.x, 并且, 如果它没有被冻结, 属性 a.x 会指向第一次赋值的结果。

3.4 技术的取巧之处

本章标题下的代码的最终结果是什么呢？答案是：

- 有一个新的 a 产生, 它覆盖了原始的变量 a, 它的值是 {n:2};
- 最左边的 a.x 的求值结果中的原始的变量 a 在引用传递的过程中丢失了, 且 a.x 被同时丢弃。

所以, 第二次赋值运算 a.x = ...实际是无意义的, 因为它所操作的对象, 也就是原始的变量 a, 被丢弃了。但是, 如果有其他东西——变量、属性或者闭包等——持有了这个原始的变量 a, 那么上面的代码的影响仍然是可见的[①]。例如：

```
var a = {n:1}, ref = a;
a.x = a = {n:2};
console.log(a.x); // --> undefined
console.log(ref.x); // {n:2}
```

这也解释了最初蔡美纯的疑问：连续两次赋值 elemData.events 有什么用？如果 a (或 elemData) 总是被重写的旧的变量, 那么如下代码意味着给旧的变量添加一个指向新变量的属性：

```
a.x = a = {n:2}
```

因此, 一个链表是可以像下面这样创建的：

```
var i = 10, root = {index: "NONE"}, node = root;

// 创建链表
while (i > 0) {
  node.next = node = new Object;
  node.index = i--;  // 这里可以开始给新 node 添加成员
}
```

---

① 由于 JavaScript 中支持属性读写器, 因此向 a.x 置值的行为总是可能存在 "某种执行效果", 而与 a 对象是否被覆盖或丢弃无关。

```
// 测试
node = root;
while (node = node.next) {
  console.log(node.index);
}
```

最后做一点点细节上的补充：

- 这道面试题与运算符优先级无关；
- 这里的运算过程与栈操作无关；
- 这里的引用与传统语言中的指针没有可比性；
- 这里没有变量泄露；
- 这行代码与第 2 章的示例有本质的不同；
- 第 2 章的示例 `var x = y = 100` 严格来说并不是连续赋值。

3.5 小结

前三章的内容主要是希望通过对几行特殊代码的分析，帮助读者理解"引用（规范类型）"在 JavaScript 引擎内部的基本运作原理，包括：

- 引用在语言中出现的历史；
- 引用与值的创建与使用，以及使用 `delete` 运算来尝试它的销毁；
- 表达式（求值）和引用之间的关系；
- 引用如何在表达式连续运算中传递求值过程的信息；
- 仔细观察每个表达式（及其运算数）求值的顺序；
- 所有声明，以及声明语句的共性。

第 4 章

名字与导出："有名字"是构建逻辑的基础

```
> export default function() {}
```

从 ES6 开始出现的模块技术对许多 JavaScript 开发人员来说都是比较陌生的，一方面是因为它出现得较晚，另一方面是因为在普遍使用的 Node.js 环境中带有自己内置的模块加载技术。因此，ES6 模块需要通过特定的命令行参数才能开启，它的应用也就一直不够广泛。

导致这种现象的根本原因在于 ES6 模块是静态装配的，而传统的 Node.js 模块却是动态加载的。因为两种模块的实现效果与处理逻辑大相径庭，所以 Node.js 无法在短期内提供有效的手段帮助开发人员将既有代码迁移到新的模块规范下。这阻碍了 ES6 模块技术的推广，而与 ES6 模块是否成熟或者设计好坏没有什么关系。

即使如此，ES6 模块仍然在 JavaScript 的一些大型应用库、包或者新规范友好的项目中得到了不错的运用和不俗的反响，尤其是在使用转译器（如 Babel）的项目中，开发人员通常是首选 ES6 模块语法的，因此 ES6 模块也有着非常好的应用环境与前景。

本章将讲解模块组织的核心——名字。

规范索引

概念或一般主题

- #table-export-forms-mapping-to-exportentry-records：导出语句的不同语法形式与导出记录项的映射表。
- #prod-FunctionExpression：函数表达式，对匿名与具名函数表达式的定义与说明。
- #prod-FunctionDeclaration：函数声明，对具名函数静态声明的定义。

实现

- #sec-exports：export 语句，有关 export 语句的语法定义与实现。
- #sec-imports：import 语句，有关 import 语句的语法定义与实现。
- #sec-isanonymousfunctiondefinition：IsAnonymousFunctionDefinition()抽象操作，用于在静态词法阶段对匿名函数定义的检查。
- #sec-exports-runtime-semantics-evaluation：导出语句的运行期语义操作（Evaluation）。
- #sec-source-text-module-record-execute-module：源文本模块记录的 ExecuteModule()抽象操作，该函数包括模块顶层代码的执行过程。
- #sec-moduleevaluation：模块实现的 Evaluate()抽象操作，用于每个模块在上述"模块顶层代码的执行过程"中的具体执行。

4.1 能导出的只有名字和值

第 2 章中曾指出，有且仅有 6 种声明语法，而本质上 export 只能导出这 6 种声明语法声明的标识符，并且在导出时将它们统一称为"名字"。在编程语言设计中，所谓"标识符"与"名字"是有语义差别的，export 将之称为"名字"，就意味着这是一个标识符的子集。类似的其他子集也是存在的，例如"保留字是标识符名，但不能用作标识符"。

在 JavaScript 语言的设计上，除了那些预设的标点符号（大括号、运算符之类），以及部分保留字和关键字，用户代码可以书写的就只有以下 3 种东西。

- **标识符**：（通常是）一个名字。
- **字面量**：表明由它的字面含义决定的一个值。
- **模板**：一个可计算结果的字符串值。

所以，如果在这个层面上解构一份 JavaScript 代码，那么其中所有能书写和声明的就一定只有名字和值。

这个结论是非常关键的。为什么呢？因为 export 就只能导出名字和值。一旦它能导出名字和值，也就意味着它能导出一个模块中的全部内容：名字和值正是一份代码文本的全部。

4.1.1 代码就是文本

从编程语言设计层面上讲，代码就是文本，是没有应用逻辑的。但用户代码绝大多数都是应用逻辑，当去掉这些应用逻辑之后，那些死气沉沉的、纯粹的符号，才是语言层面的所谓"代码文本"。

去掉了执行逻辑所表达的行为、动作、结果和用户操作的代码，就是静态代码了。ES6 中的模块就是用来理解静态代码的，也就是那些没有任何生气的字符和符号。因此，它也就只能理解上面提到的 6 种声明，以及它们声明的那些名字和值，再无其他。

4.1.2 详解 export 的语法与语义

所有 export 语法只有两个大的分类。如下：

```
// 导出声明的名字
export <let/const/var> x ...;
export function x() ...
export class x ...
export {x, y, z, ...};

// 导出重命名的名字
export { x as y, ...};
export { x as default, ... };

// 导出其他模块的名字
export ... from ...;

// 导出值
export default <expression>;
```

导出声明的名字、重命名的名字和其他模块的名字这 3 种情况都比较容易理解，就是形成一个名字表，让外部模块能够查看就可以了。但是最后这种形式，也就是"导出值"的形式，是非常特殊的。因为要导出一个模块的全部内容就必须导出（全部的）名字和值，而纯粹是值而没有名字就无法访问，所以这就与"导出点什么东西"的概念矛盾了，原因是这样东西要是没名字也就连自己是什么都说不清楚，也就什么也不是了。

所以，ES6 模块约定了一个称为 default 的名字，用于导出当前模块中的（一个）值。显然，因为所谓"值"是表达式的求值结果，所以这里的语法形式是：

```
export default <expression>;
```

其中的 *expression* 就是用于求值的，以便得到一个结果并导出成为缺省的名字 default。

这里有两种便利的情况。第一种便利的情况是，在 JavaScript 中，一般的字面量是值，也是单值表达式，因此导出这样一个字面量是合法的：

```
export default 2; // 将数值导出，可以用作模块的状态等
export default "some messages"; // 将字符串值导出，可以用作一般数据或信息传出
...
```

第二种便利的情况是，在 JavaScript 中，对象是字面量，也是值，也是单值表达式，而对象成员可以组合其他任何数据，因此通过上述语法几乎可以导出当前模块中全部的值（也就是任何可以导出的数据）。例如：

```
var varName = 100;
export default {
 varName, // 直接导出名字
 propName: 123, // 导出值
 funcName: function() { }, // 导出函数
 foo() { // 或导出与主对象相关联的方法
  // ...
 }
}
```

所以，尽管 export default...非常简单，只能导出（一个）值，但却是对导出名字非常必要的补充。这样一来，用户既可以导出那些有名字的数据，也可以导出那些没有名字的数据，也就是一个模块中所有的数据都可以被导出了。

接下来就要讲到本章标题下的语法了：

```
export default function() {}
```

你知道在这个语法中 export 到底导出了什么吗？是名字还是值？

4.2　export 导出名字的具体逻辑

在讨论这个问题之前，需要先思考一个更关键的问题："export 如何导出名字？"这个问题的关键在于，如果只是导出一个名字，那么它在"某个名字表"中做一个登记项就可以了——JavaScript 中也的确是这样处理的。但是实际使用的时候，这个名字还是要绑定一个具体的值才是可以使用的。因此，一个 export 必须理解为下面两个步骤。

（1）导出一个名字。

（2）为上述名字绑定一个值。

这两个步骤与使用 var x = 100 声明一个变量的过程是一致的。因此，以下代码为例（注意 6 种声明在名字处理上是类似的），在导出的时候先在"某个名字表"中登记一个"名字 x"就可以了：

```
export var x = 100;
```

这就是 JavaScript 在模块加载之前对 export 所做的全部工作。

不过，如果是从 import 语句的角度看，就会多出一个步骤。例如，在语句

```
import {x} from ...
```

中，import 语句会：

（1）（与 export 类似）按照语法在当前模块中声明名字，例如上面语句中的 x；

（2）添加一个当前模块对目标模块的依赖项。

有了第二步操作，JavaScript 就可以依据所有它能在静态文本中发现的 import 语句来生成模块依赖树，最后就可以找到这个模块依赖树最顶端的根模块并尝试加载之。

所以，关键是，在模块 export/import 语法中 JavaScript 是依赖 import 来生成依赖树的，与 export 无关。但是直到目前为止[①]，没有任何一行用户的 JavaScript 代码是被执行过的，因为这个阶段的源代码只被理解为静态的、没有逻辑的代码文本。

既然没有逻辑，又怎么可能执行类似于

```
export default <expression>;
```

中的 *expression* 呢？要知道，所谓表达式，就是程序的计算逻辑。接下来，在进一步讲解这个问题之前，还需要强调本章中的第一个关键结论：**在处理 export/import 语句的整个过程中，没有表达式被执行！**

4.2.1　导出：同化名字与值的处理逻辑

现在，假如

```
export default <expression>;
```

中的 *expression* 在导入/导出中完全不起作用（不执行），那么这行语句又能做什么呢？事实上，这行语句与直接"导出一个名字"并没有任何区别。它与下面的语法相同：

---

① 这里的意思是，直到"找到所有导入和导出的名字，并完成所有模块的装配"为止。

```
export var x = 100;
```

都只是导出一个名字，只是前者导出的是 default 这个特殊名字[①]，后者导出的是一个变量名 x。它们都是确定的、符合语法规则的标识符[②]，也可以表示为一个字符串的字面文本。它们的作用也完全一致，就是在前面所说的"某个名字表"中添加"一个登记项"而已。

　　所以，导出名字与导出值本质上并没有差别，在静态装配阶段，它们都只是表达为一个名字而已（也就是说，如果给"导出值"一个假定名字，它们就完全一样了）。

4.2.2　绑定：通过执行顶层代码实现的装配过程

　　正如同 var x = 100;在执行阶段需要有一个将"值 100"绑定给"变量 x（的引用）"的过程一样，这个 export default <*expression*>;语句也需要有完全相同的一个过程来将它后面的表达式（*expression*）的结果值绑定给 default 这个名字。如果不这么做，export default ... 在语义上的就无法实现导出名字 default 了——在静态装配阶段，名字 default 只是被初始化为一个"单次绑定的、未初始化的标识符"。

　　现在就可以在语义上模拟这样一个过程：

```
export default function() {}

// 类似于如下代码
// （但并不在当前模块中声明名字 default）
export var default = function() {}
```

并且可以进一步模拟 JavaScript 后续的装配过程。这个过程非常简单：

　　（1）找到并遍历模块依赖树的所有模块（这个树是已排序的）；

　　（2）执行这些模块最顶层的代码。

　　在执行到 var default ...（或类似对应的 export default ...）时，执行后面的表达式，并将执行结果绑定给左边的变量就可以了。如此，到所有模块的顶层代码都执行完，所有的导出名字和它们的值也都必然是绑定完成了的。

　　同样，因为导入的名字与导出的名字只是一个映射关系，所以以导入的名字（所对应的值）也就初始化完成了。

　　再确切地说（这是第二个关键结论），**所谓模块的装配过程，就是执行一次顶层代码而已。**

4.2.3　问题：函数表达式执行中不绑定名字

　　接下来讨论本章标题下的代码中的... function() {}这个匿名函数。

　　按照 JavaScript 的约定，匿名函数表达式可以理解为一个函数的"字面量（值）"。理解"字面量（值）"这个说法是很有意义的——因为这意味着它没有名字（这绝不是废话）。

　　"字面量（值）没有名字"就意味着执行这个"单值表达式"不会在当前作用域中产生一个名字，即使这个函数是具名的，也必然如此。这带来了 JavaScript 中的经典示例——具名函数作为表达式时名字在块级作用域中无意义。例如：

[①] 这里先用 default 这个名字，后文会介绍它在规范中的特殊处理。

[②] 注意，这里说的是标识符（*Identifier*），而不是标识符名（*IdentifierName*）。后者是名字（*Names*），是标识符的子集，是符合变量命名规则的。

```
// 具名函数作为表达式
var x1 = function x2() {
  ...
}

// 具名函数 (声明)
function x3() {
  ...
}
```

在上面的示例中，x1 ~ x3 是具有不同语义的，其中，x2 是不会在当前作用域（示例中是全局）中登记为名字的。而现在，就本章的主题来说，在使用语法

```
export default function() { }
export default function x() { }
```

来分别导出一个匿名函数或者一个具名函数的时候，情况是不同的。它们都是不可能在当前作用域中绑定给 default 这个名字，作为这个名字对应的值的。既然如此，它们又是如何"将执行结果"绑定给 default 作为值的呢？

4.3 匿名函数定义及其名字处理

下面这段处理逻辑被添加在语法的执行过程中：

ExportDeclaration:
    export default *AssignmentExpression*;

也就是说，当执行这行声明时，如果后面的表达式是匿名函数，那么它将强制在当前作用域中登记为*default*这样一个特殊的名字，并且在执行时绑定该匿名函数。所以，综合之前的讲解来说，在语义上需要将它登记为类似 var default ...声明的名字 default，而实际处理时为它创建了一个不可访问的中间名字，然后映射给该模块的某个名字表。究其原因是 import/export 的处理逻辑需要一个运行期的名字绑定操作。

需要注意的是，这里的匿名函数将是一个匿名函数定义[①]，而不是一个匿名函数表达式。所谓"匿名函数定义"，其本身是可以表述为下面的语法或类似于此的语法风格的：

AnonymousFunctionDefinition:
    aName = <*FunctionExpression*>

也就是说，它可以用在一般的赋值表达式、变量声明的右运算数和对象声明的成员初始值等位置。如下例所示（可以使用下面的代码得到这个名字 default）：

```
var obj = {
  default: function() {}
};
console.log(obj.default.name); // "default"
```

在这些位置上，该函数表达式总是被关联给一个名字。一方面，这种关联不是严格意义上的"名字→值"的绑定语义；另一方面，当该函数关联给名字（*aName*）时，JavaScript 又会反向地处理该函数（作为对象 f）的属性 f.name，使该名字指向 *aName*。

所以，在严格意义上讲（这是第三个关键结论），本章中的 export default function() {}并不是导出了一个匿名函数表达式，而是导出了一个匿名函数定义。

---

① 一般函数的字面量声明语法则称为函数声明（或更严谨地称为宣告或定义）。

　　因此，该匿名函数初始化时才会绑定给它左边的名字 default。同样，与上一个示例相似，这个初始化过程也会导致 import f from ... 之后访问 f.name 值会得到 default 这个名字。

　　不过，这只解释了 export 如何处理"匿名函数没有名字"的问题。

　　在 export 语句中，需要用"匿名函数定义"来替代"匿名函数表达式"还存在更深层面的原因。简单说来，对于任何表达式，export 导出的都是这个表达式的值——以它在装配过程中的执行结果为准。但在语义上，导出一个函数是指将它形式声明与代码作为模块的接口导出，但是，在匿名函数作为表达式的时候它的执行值会是一个闭包，因此不能被导出。这才是在 ECMAScript 需要专门的规范来处理匿名函数定义的原因。

4.4　有关导出语句的一些补充

　　关于 export 语句，还有一些补充的知识点。

　　语句 export ... 通常是按它的词法声明创建标识符的，例如 export var x = ... 就意味着在当前模块环境（Module Environment）中创建的是一个变量，并可以修改等。但是，当它被导入时，在 import 语句所在的模块中它却是一个常量，因此总是不可写的。

　　导出项（的名字）总是作为词法声明被声明在当前模块作用域中的，这意味着它不可删除，且不可重复导出。也就是说，即使是用 var x... 声明，这个 x 也是在词法名字列表中，而不是在变量名列表中。

　　由于 export default ... 没有显式地约定名字 default（或 *default*）应该按 let/const/var 的哪一种创建，因此 JavaScript 默认将它创建成一个普通的变量（var），但即使是在当前模块环境中它也是不可写的，因为代码中无法访问一个命名为 *default* 的变量——它不是一个合法的标识符。

　　"匿名函数定义"并不是真正匿名的。首先，在使用 export 语句导出时，它确实会以 *default* 作为名字创建在导出表中，但是很显然这个名字不能被导出也不能写入 *aFunction*.name 属性。接下来，当它被 import 语句导入时，就会被绑定给某个变量（这是 import 语句语法所支持的），这时 *aFunction*.name 属性就会被赋以一个有效的变量名。与此不同，所谓"匿名函数"是真正匿名的，它直接作为运算数时就是如此，例如：

```
console.log((function(){}).name))
```

其输出结果为空字符串。由于类表达式（包括匿名类表达式）在本质上就是函数，因此它作为 default 导出时也是这样。

　　4.2 节中所谓的"某个名字表"，对 export 来说是模块的导出表，对 import 来说就是名字空间（名字空间是用户代码可以操作的组件，它映射自内部的模块导入名字表）。不过，如果用户代码不使用 import * as ... 的语法创建这个名字空间，该名字表就只存在于 JavaScript 的词法分析过程中，而不会（或不必要）创建它在运行期的实例。这也是本书中一直用"某个名字表"来称呼它的原因，它并不总是以实体形式存在的。这个"名字表"的概念简化了 ECMAScript 中对导入项列表（ImportEntries）和导出项列表（ExportEntries）相关字段的理解。读者想了解更多，可以继续阅读本书的第 28 章。

4.5 小结

本章讨论导出语句的语法意义及其实现，其核心要点在于"只要能导出名字和值，模块中的任何数据就都能被外部访问"。回顾第 1 章中说过的：一个表达式能计算和返回的，也就只有"名字（的引用）和值"。显然，名字和值构成了可计算系统将处理的"目标的全集"。

所有的东西都需要命名之后才能被导出，所以就有了通过 `export default ...` 来导出"值"。这无疑是为值添加了一个中间名字（即 `*default*`），以便它在被导入之后能够映射到当前模块中的变量名上。"中间名字"这一技巧在 ECMAScript 中用得并不多，因为大量管理"中间名字"对引擎来说是负担很高的。

匿名函数之所以特殊，是因为执行匿名函数的结果会是一个（动态的）闭包。然而，在生成模块树时，引擎仍然处于静态语义处理阶段，因此对于字面文本上与匿名函数相同的声明，规范避开了"匿名函数"的处理方式，而以作为"匿名函数定义"在静态语义处理阶段绑定给导出表中的中间名字 `*default*`。

同样是为了维护模块的静态语义，ECMAScript 把执行过程及其入口的定义丢回给了引擎或宿主本身，因此没有模块会导出（传统意义上的）`main()`。

第 5 章

作用域：循环计算成本高昂的原因

```
> for (let x of [1,2,3]) x;
3
```

  语句是 JavaScript 中组织代码的基础语法组件。包括函数、常量和变量等在内的 6 种声明，都被归为"语句"的范畴。如果将一份 JavaScript 代码中的所有语句抽离，那么大概就只剩下为数不多的在全局范围内执行的表达式了。

  因此，在 JavaScript 中理解语句的语义是重中之重。尽管如此，读者也只需了解顺序、分支和循环这 3 种执行逻辑。相较于这 3 种执行逻辑，其他语句在语义上的复杂性通常不值一提。在这 3 种执行逻辑中，循环的语义尤为复杂，本章要讲解的就是这一逻辑。

规范索引

规范类型

- #sec-lexical-environment-and-environment-record-specification-types：词法环境与环境记录（Environment Record）规范类型。在数据结构上，环境是环境记录的可回溯链表。

概念或一般主题

- #sec-execution-contexts：执行上下文，包括它的词法环境（LexicalEnvironment）和变量环境（VariableEnvironment）组件，以及在较新规范版本中出现的私有环境（PrivateEnvironment）。另外，在早期的 JavaScript 中，环境也被称为作用域。
- #prod-LetOrConst：let/const 声明，显式的词法声明。
- #sec-syntax-directed-operations-scope-analysis：作用域分析，侧重讲解静态语法分析阶段的语法制导操作。
- #sec-static-semantics-lexicallydeclarednames：词法声明名字操作（LexicallyDeclaredNames），该主题讲述如何列举词法作用域中的名字。

- #sec-static-semantics-vardeclarednames：变量声明名字操作（VarDeclaredNames），该主题讲述如何列举变量作用域中的名字。

实现

- #sec-getidentifierreference：`GetIdentifierReference()`抽象操作，在环境记录中查找名字。
- #sec-runtime-semantics-forloopevaluation：`for`循环语句的运行期语义操作（ForLoopEvaluation），是`for (let/const ...)`语句的实现过程，与循环环境（*loopEnv*）和`for`语句环境（*forEnv*）相关。
- #sec-forbodyevaluation：`ForBodyEvaluation()`抽象操作，循环体（*forBody*）执行过程的实现，与迭代环境（*iterationEnv*）相关。

其他参考

- 《JavaScript 语言精髓与编程实践（第 3 版）》的 4.4 节"语句与代码分块"。

5.1 代码分块与块级作用域

在 ES6 之后，JavaScript 实现了块级作用域，现在绝大多数语句都基于这一作用域的概念来实现。几乎所有开发人员都想当然地认为每个 JavaScript 语句就有自己的块级作用域。这看起来很好理解，因为这样处理是典型的、显而易见的代码分块的结果。

真正的状况正好相反，绝大多数 JavaScript 语句都没有自己的块级作用域，因为从编程语言设计的原则上看，执行环境中的作用域越少，它的调度效率也就越高，执行时的性能也就越好。

基于这个原则，`switch` 语句被设计为有且仅有一个作用域，无论它有多少个 `case` 语句，其实都是执行在同一个块级作用域中的。例如：

```
var x = 100, c = 'a';
switch (c) {
  case 'a':
    console.log(x); // ReferenceError
    break;
  case 'b':
    let x = 200;
    break;
}
```

在这个例子中，即便声明变量 x 的分支 `case 'b'` 永远都执行不到，在 `switch` 语句内也是无法访问到外部变量 x 的。这是因为所有分支都处在同一个块级作用域中，任意分支的声明都会给该作用域添加标识符，从而覆盖全局变量 x。

一些简单的、显而易见的块级作用域如下：

```
// 示例1
try {
  // 作用域1
}
catch (e) { // 表达式e位于作用域2
  // 作用域2
```

```
}
finally {
  // 作用域 3
}

// 示例 2（注意：没有使用大括号）
with (x) /* 作用域 1（这里存在一个块级作用域）*/;

// 示例 3：块语句
{
  // 作用域 1
}
```

除这 3 个语句和"一个特例"之外，所有其他语句都没有块级作用域。例如，if 条件语句的几种常见书写形式：

```
if (x) {
  ...
}

// or
if (x) {
  ...
}
else {
  ...
}
```

这些语法中的块级作用域都是由一对大括号表示的块语句自带的，与上面的示例 3 是一样的，而与 if 语句本身无关。

那么，所谓的"一个特例"是什么呢？这个特例就是本章标题下的 for 循环。

5.2 循环语句中的块

不是所有的循环语句都有自己的块级作用域，例如 while 和 do..while 语句就没有。而且即使是 for 语句，也不是它的所有语法形式都有块级作用域，其中有且仅有自己的块级作用域的语法是：[1]

```
for (<let/const> x ... ) ...
```

当然，这也包括相同设计的 for await... 和 for...of/in...。例如：

```
for await (<let/const> x ... of ...) ...
for (<let/const> x ... in ...) ...
for (<let/const> x ... of ...) ...
```

注意，这里并没有按照惯例列出 var 关键字，关于这一点，5.2.2 节会特别提及。现在读者可能需要关心的问题是为什么 for 语句的这个语法会是一个特例，以及如果它是拥有自己的块级作用域的特例，那么它有多少个块级作用域呢？[2]

接下来先解释一下为什么这里需要一个特例。

---

[1] 这个语法元素在 ECMAScript 中称为 *LetOrConst*，它总是被特殊处理的。
[2] 后面这个问题的答案是"说不准"，在 5.3 节中会详细解释它。

5.2.1 特例

先问一个问题：除了语句的关键字和语法结构，语句中还可以包含什么呢？归纳一下语句中可以包含的全部内容，可以看到一个简单的结果，在语句内可以存在的东西只有以下 4 种：

- 标识符声明（例如声明语句或其他的隐式声明的方式）；
- 标签（例如标签化语句或 `break` 语句指向的目标位置）；
- 表达式；
- 其他语句。

块级作用域本质上只包括一组标识符，只在存在潜在标识符冲突的时候，才有必要新添加一个作用域来管理标识符[①]。以函数为例，由于函数存在"重新进入"的问题，因此必须有一个作用域来管理"重新进入之前"的那些标识符。函数的这个作用域被称为"闭包"。

标签、表达式和其他语句这 3 种东西都不需要使用一个"独立作用域"管理。当然，其他语句也存在标识符冲突，显然它们也应该自己管理这个作用域。因此，只需要考虑剩下的唯一一种情况，即在语句中包含标识符声明的情况下需要创建块级作用域来管理声明出来的标识符。

在所有 6 种声明语句之外，只剩下下面这种语句能在其语法中进行这样的标识符声明：

```
for ( <let/const> ... ) ...
```

因此，它就成了块级作用域的唯一特例。

这个语法中为什么单单排除了 `var` 声明呢？

5.2.2 特例中的特例

`var` 声明是特例中的特例。

在 `for` 语句中使用 `var` 声明这一特性，来自 JavaScript "远古时代"的作用域设计。在早期的 JavaScript 中并没有所谓的块级作用域，那时候的作用域设计只有"函数内"和"函数外"两种，如果一个标识符不在任何（可以多层嵌套的）函数内，那么它就一定在"全局作用域"里。

在"函数内到全局"之间的作用域，就只有概念上无限层级的"函数内"。

而在那个时代，变量也就只有"var 声明"的变量。由于作用域只有"函数内"和"全局"两种，所以任何一个"var 声明"的标识符，要么是在函数内的，要么是在全局的，没有例外。因此，按照这个早期设计，语句

```
for (var x = ...)
    ...
```

中的变量 x 是不应该出现在 `for` 语句所在的块级作用域中的，它应该出现在其外层的某个函数作用域或者全局作用域中。这种越过当前语法范围在更外围的作用域中登记名字的行为就称为**提升**（hoisting）[②]。

---

① 在进行编程语言设计时，有 3 种需求会促使语句构建自己的作用域，标识符管理只是其中之一，另外两种情况分别是因为在语法上支持多语句（例如 `try..catch..finally` 语句）和语句所表达的语义要求有一个块（例如 "块语句{}"在语义上就要求它自己是一个块级作用域）。

② 我通常会将"在变量声明语句前使用该变量"也称为一种提升效果（hoisting effect），但这种说法不见于 ECMAScript 规范。ECMAScript 规范将这种提前使用称为"访问一个未初始化绑定"。所谓"var 声明能被提前使用"的效果，事实上是"var 变量总是被引擎预先初始化为 `undefined`"的后果。

自 ES6 开始的 JavaScript 在添加块级作用域特性时充分考虑了对旧语法的兼容，因此当上述语法中出现 var 声明时，它声明的标识符是与该语句的块级作用域无关的。在 ECMAScript 中，这是两套标识符体系，也是使用两套作用域来管理的。确切地说：

- 所有 var 声明和函数声明[①]的标识符都登记到 *varNames*，使用变量作用域管理；
- 其他情况下的标识符/变量声明都登记到 *lexicalNames*，使用词法作用域管理。

所以，语句

```
for (<const/let> x ...) ...
```

中的标识符 x 是一个词法名字，应该由 for 语句为它创建一个（块级的）词法作用域来管理。

然而进一步的问题是：一个词法作用域是足够的吗？

5.3　第二个作用域的必要性

首先，必须拥有至少一个块级作用域。如之前讲到的，这是出于管理标识符的必要性。下面的示例简单说明这个块级作用域的影响：

```
var x = 100;
for (let x = 102; x < 105; x++)
  console.log('value:', x);  // 显示 "value: 102~104"
console.log('outer:', x); // 显示 "outer: 100"
```

在这个例子中，for 语句的这个块级作用域的存在，导致循环体内访问了一个局部的 x 值（循环变量），而外部的变量 x 是不受影响的。

那么，在循环体内是否需要一个新的块级作用域呢？这取决于在语言设计上是否支持如下代码：

```
for (let x = 102; x < 105; x++)
  let x = 200;
```

也就是说，如果循环体（单个语句）允许支持新的变量声明，那么为了避免它影响到循环变量，就必须为它再提供另一个块级作用域。有趣的是，在这里，JavaScript 是不允许声明新的变量的。上述示例会抛出一个语法异常，提示单语句上下文中不能出现词法声明：

```
> for (let x = 102; x < 105; x++) let x = 200;
SyntaxError: Lexical declaration cannot appear in a single-statement context
```

这个语法错误并不常见，因为很少有人会尝试构建这样的特殊代码，但它是一个普遍存在的语法禁例，例如：

```
// if 语句中的禁例
if (false) let x = 100;

// while 语句中的禁例
while (false) let x = 200;

// with 语句中的禁例
with (0) let x = 300;
```

现在可以确定：对那些支持 let/const 的 for 循环语句来说，它们在通常情况下只支持一个块级作用域。更进一步说，上面的代码并没有机会覆盖 for 语句中的 let/const 声明（也因此被设计为语法禁例）。

---

① 考虑到对传统 JavaScript 的兼容，函数内部的顶层函数名是提升到变量作用域中来管理的。

但是，在 `for` 语句支持了 `let/const` 的情况下，仅有一个块级作用域是不方便的。例如：

```
for (let i=0; i<100; i++) /* 用户代码 */;
```

在这个例子中，"只有一个块级作用域"的设计，将会导致用户代码直接执行在与 `let` 声明相同的词法作用域中。对这个例子来说，一切还好，因为 `let i = 0` 是 `for` 语句的初始化表达式，它只执行了一次。但是，对下面这个例子来说，"只有一个块级作用域"就不够了：

```
for (let i in x) ...;
```

原因是在这个例子中 `let i ...` 在语义上需要被执行多次——因为在静态结构中它的多次迭代都作用于同一个语法元素。但是，`let` 语句的变量不能重复声明。这里就又存在了一个冲突：**`let/const` 语句的单次声明（不可覆盖）的设计，与迭代多次执行的现实逻辑是矛盾的**。这个矛盾的起点就是"只有一个块级作用域"。所以，JavaScript 引擎在执行支持 `let/const` 的 `for` 语句时，就在这个地方做了特殊处理——为循环体增加一个作用域。

这样一来，`let i` 就可以只执行一次，而后续的 `i in x` 将放在每个迭代中执行，这就避免了与 `let/const` 的设计冲突。但这个设计并不像它表面上看起来那样优秀，它为这种循环语句带来了不确定数量的块级作用域。要知道，"块级作用域"有两种形式，一种是静态的词法作用域，对上面的 `for` 语句来说，它们都只有两个块级作用域；另一种是动态的块级作用域，这答案就真的说不准了。

可能面临无法计数的块级作用域，就是这类循环的代价。

5.4　for 循环在运行时需要更多作用域

上面讲的是 JavaScript 在语法设计上的处理，也就是在语法设计上需要为使用 `let/const` 声明循环变量的 `for` 语句多添加一个作用域。然而，这个问题到了具体场景下又变得有些不同了。

在 JavaScript 的执行过程中，作用域是被作为上下文的环境创建的[①]。如果将 `for` 语句的块级作用域称为 `for` 语句环境（*forEnv*），并将上述为循环体增加的作用域称为循环环境（*loopEnv*），那么 *loopEnv* 的外部环境就指向 *forEnv*。

于是，在 *loopEnv* 看来，变量 `i` 其实是登记在父级作用域 *forEnv* 中，并且 *loopEnv* 只能使用它作为名字 `i` 的一个引用，更准确地说，在 *loopEnv* 中访问变量 `i`，本质上就是通过环境链回溯来发现标识符。

上面的矛盾貌似被解决了，但是想想程序员可以在每次迭代中做的事情，这个解决方案的结果就显得并不那么乐观了。下面这个例子创建了一些定时器：

```
for (let i in x)
 setTimeout(()=>console.log(i), 1000);
```

当定时器被触发时，函数会通过它的闭包（这些闭包处于 *loopEnv* 的子级环境中）来回溯，并试图再次找到那个标识符 `i`。然而，当定时器被触发时，整个 `for` 迭代有可能都已经结束了。这种情况下，要么上面的 *forEnv* 已经不存在，被销毁了，要么它即使存在，那个 `i` 的值也已经变

---

① 从这里开始，本书才正式讲到"环境"（environment）这个概念，它是作用域在运行期的映射。引擎在运行期的主要工作就是调度执行上下文，并用执行上下文中包含或引用的环境记录来访问数据（的名字）。环境和执行上下文的具体应用，将是第二篇的要点。

成了最后一次迭代的终值。

　　所以，要想使上面的代码符合预期，这个 *loopEnv* 就必须是随每次迭代变化的。也就是说，需要为每次迭代都创建一个新的作用域副本，这称为迭代环境（*iterationEnv*）。每次迭代都不是运行在 *loopEnv* 中，而是运行在该次迭代自有的 *iterationEnv* 中。

　　也就是说，在 for 语句中使用 let/const 这种块级作用域声明时，在语法上只需要两个块级作用域，而实际运行时却需要为其中的第二个块级作用创建无数个副本！

5.5　小结

　　本章讲解了 for 循环为了支持局部的标识符声明而付出的代价。在传统的 JavaScript 中是不存在这个问题的，因为"var 声明"是将变量直接提升到函数的作用域中登记的，不存在上面的矛盾。这里讲的 for 语句的特例，是在 ES6 支持了块级作用域之后才出现的特殊语法现象。当然，它也带来了便利，也就是可以在每个 for 迭代中使用独立的循环变量了。

　　当在这样的 for 循环中添加块语句时（这是很常见的），块语句是作为迭代环境（*iterationEnv*）的子级作用域的，因此块语句在每个迭代中都会创建一次它自己的块级作用域副本。这个循环体越大，支持的层次越多，这个环境的创建也就越频繁，代价也就越高昂。再加上可以使用函数闭包将环境传递出去或交给别的上下文引用，这就更是雪上加霜了。注意，无论用户代码是否直接引用循环环境（*loopEnv*）中的循环变量，这个过程都是会发生的。这是因为 JavaScript 允许动态的 eval()。因此，引擎并不能依据代码文本静态地分析出循环体（*forBody*）中是否引用哪些循环变量。

　　存在一种理论上的观点，也就是所谓"循环与函数递归在语义上等价"。所以使用上述这种 for 循环并不比使用函数递归节省开销。在函数调用中，循环变量通常都是通过函数参数传递来处理的。因此，那些支持 let/const 的 for 语句，本质上也就与"在函数参数中传递循环控制变量的递归过程"完全等价，并且在开销上也是完全一样的。这是因为每次函数调用都会创建一个新的闭包——函数的作用域的一个副本。

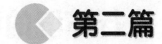

第二篇

从表达式到执行引擎：
运行代码的核心机制

第一篇主要讲解的是标识符与代码块，代码中的标识符在引擎级别是通过引用来操作的，而代码块则映射为作用域。进一步地，ECMAScript 规范要求引擎通过"环境"（Environment）来管理它们。

标识符与作用域是代码文本与引擎之间相互参照的基础要件，只有当人与计算机对它们有着完全相同的、无歧义的理解时，程序才能正确执行。换言之，"JavaScript 是如何执行的？"这个问题本质上就是在问这两个要件是如何被管理起来并且最终成为可执行的逻辑的。

本篇主要讲的是 JavaScript 的执行现场和可执行结构，包括函数、表达式、语句和模块 4 种主要的可执行结构在引擎级别的实现方法，以及它们在语义等价性层面的关系。本篇着力于揭开执行系统的面纱，让读者了解环境、执行上下文（execution context）、闭包（closure）或块（block）与块级作用域（block scope），了解它们到底有什么用，以及它们之间又是如何相互作用的。

第6章

执行环境的秘密：语句的执行与完成的视角

```
> x: break x;
```

在 Basic 语言还很流行的年代，许多编程语言的设计中都会让代码支持"带地址的语句"。例如，Basic 就为每行代码提供一个标号，我们可以把它叫作"行号"，但它又不是绝对的物理行号，通常为了增减代码的方便，会使用"1, 10, 20, …"这样的间隔，如果想在第 10 行后追加 1 行，就可以将它的行号命名为"11"。

行号是一种很有历史的程序逻辑控制技术，可以追溯到汇编语言或手写机器代码的时代（确实存在这样的时代），因为程序装入位置被标定成内存的指定位置，所以这个位置也通常就是一个地址偏移量，可以用数字或符号的形式来表达。

然而，所有这些"为代码语句标示一个位置"的做法的根本目的都是要实现"GOTO 跳转"，通过"**GOTO** <标号>"语法在任何时候转移执行流程。不过，这种"随意跳转"的黑科技现在已经不复存在了。取而代之的是 break 这样的"流程控制语句"。

规范索引

规范类型

- #sec-completion-record-specification-type：完成记录（Completion Record）规范类型，用于记录和传递语句执行的状态与结果。

概念或一般主题

- #sec-executable-code-and-execution-contexts：可执行代码与执行上下文。
- #execution-context-stack：执行上下文栈。

- #running-execution-context：运行中的执行上下文，或称为当前（活动的）执行上下文。
- #active-function-object：活动函数对象（即运行中的执行上下文的 `Function` 字段的值）。
- #sec-labelled-statements：标签化语句。
- #sec-break-statement：`break` 语句。
- #sec-runtime-semantics-evaluatebody：函数的运行期语义操作（EvaluateBody）。

实现

- #sec-getactivescriptormodule：`GetActiveScriptOrModule()` 抽象操作，取当前（活动的）脚本或模块。
- #sec-updateempty：`UpdateEmpty()` 抽象操作，将完成记录中的值置为 `empty`。

6.1　用中断代替跳转

"随意跳转"在 20 世纪 60～70 年代就已经被先辈们批判过了，这样的编程方式只会大大地降低程序的可维护性，其正确性或正确性验证都难以保障。这场在半个多世纪之前开始的"结构化"运动一直影响至今，包括 JavaScript 在内的绝大多数编程语言都是"结构化编程"思想的产物。

这一思想中颇为有名的一个观点就是"`GOTO` 语句被认为有害的"[①]。简单地说：JavaScript 中没有 `GOTO` 语句了，取而代之的是对代码加以分块的技术，以及基于代码分块的流程控制技术。这些控制逻辑基于一个简单而明了的原则：**如果代码分块中需要 `GOTO` 的逻辑，就为它设计一个自己的 `GOTO`**。

这样一来，所有的 `GOTO` 都是"块（或块所在语句）自己知道的"。这使得程序可以在自己知情的前提下自由地跳转。整体看起来，这还不错，但问题是，"标号"或者"程序地址"之类的已经被先辈们废掉了，因此就算设计了 `GOTO` 也找不到跳转的去处，那该怎么办呢？

6.1.1　跳转到语句结束的位置

第一种处理方法最简洁，就是约定可以"通过 `GOTO` 到达的位置"。在这种情况下，JavaScript 将 `GOTO` 的"离开某个语句"这一行为理解为"中断该语句的执行"。由于这个中断行为是明确针对该语句的，所以"`GOTO` 到达的位置"也就可以毫无分歧地约定为该语句（作为代码块）的结束位置。这就是 `break` 作为子句的由来。这使得它被用在某些可中断语句（`BreakableStatement`）的内部，用于中断并将程序流程跳转到语句的结束位置。

在语法上，这表示为（该语法只作用于对可中断语句的中断）：

```
break;
```

"可中断语句"只有两种，即所有的循环语句和 `switch` 语句。在这两种语句内部使用的 `break` 采用的就是这种处理机制——中断当前语句，将执行逻辑交给下一语句。

---

① Dijkstra 提出的这一观点经常会让我想到 JavaScript 中的"`with` 语句是有害的"这一论断。但多数引用这些言论的人，都并不真正理解其阐释的意义与论述的背景。

6.1.2　跳转到标签约定的位置

　　与第一种处理方法的限制不同，第二种中断语句可以中断任意的标签化语句。所谓"标签化语句"（*LabelledStatement*），就是在一般语句之前加上 *xxx*:这样的标签，用以指示该语句。例如：

```
// 示例1: 标签 aaa
aaa: {
  ...
}

//示例2: 标签 bbb
bbb: if (true) {
  ...
}
```

　　对比这两段示例代码：在标签 aaa 中，显然 aaa 指示的是后续的块语句的块级作用域；而在标签 bbb 中，if 语句是没有块级作用域的。那么，bbb 到底指示的是 if 语句，还是其后的 then 分支中的"块语句"呢？

　　这个问题本质上是在块级作用域与标签作用的（语句）范围之间撕开了一条鸿沟。标签 bbb 在语义上只是要标识其后的一行语句，这种指示是与块级作用域（或词法环境①）没有关系的。简单地说，标签化语句理解的是位置而不是（语句在执行环境中的）范围。

　　因此，中断这种标签化语句的 break 语法，也是显式地用标签来标示位置的。例如：

```
break labelName;
```

所以，下面的两种语句都是可行的：

```
// 在 if 语句的两个分支中都可以使用 break
// （在分支中深层嵌套的语句中也可以使用 break）
aaa: if (true) {
  ...
}
else {
...
  break bbb;
}

// 在 try..catch..finally 中也可以使用 break
bbb: try {
  ...
}
finally {
  break bbb;
}
```

　　对于在 finally 块中使用标签 bbb 的这个示例，需要特别说明的是：如果在 try 或 try..except 块中使用了 return，那么这个 break 将发生在最后一行语句之后（但在 return 语句之前）。例如：

```
var i = 100;
function foo() {
```

---

　　① 自 ES5 开始，ECMAScript 规范中采用词法环境（lexical environment）的概念来替代传统的作用域。但在 ES2021 及之后的版本中，由于这一目标已经基本实现，所以不再在概念层面上强调它，转而（主要）描述它的具体实现，也就是环境记录。

```
bbb: try {
  console.log("Hi");
  return i++; // 位置1: i++表达式将被执行
}
finally {
  break bbb;
}
console.log("Here");
return i; // 位置2
}
```

测试运行效果如下：

```
> foo()
Hi
Here
101
```

在这个例子中，可能会预期在位置 1 返回 100，但事实上会执行到输出 Here 并通过位置 2 返回 101。这也很好地说明了：break 语句本质上就是作用于其后的一条语句，而与它有多少个块级作用域无关。

6.2　执行现场的回收

break 将语句的代码块理解为位置，而不是理解为作用域或环境，这是非常重要的前设。然而此前，程序代码中的"位置"已经被先辈们废掉了。他们用了半个世纪来证明了一件事情：想要更好、更稳定和更可读的代码，就应忘掉"位置"这样东西！

通过作用域来管理代码的确很好，但是作用域与"语句的位置"以及"跳转到新的程序执行"这样的理念并不在同一个语义系统内，这也是标签与变量可以重名而不相互影响的根本原因。出于这个原因，在使用标签的代码上下文中，执行现场的回收与传统的块以及块级作用域有着根本的不同。

JavaScript 的执行机制包括"执行权"和"数据资源"两个部分，分别映射到可计算系统中的"逻辑"与"数据"。块级作用域（也称词法作用域）以及其他作用域本质上就是一帧数据，用以保存执行现场的一个瞬时状态（即每个执行步骤后的现场快照）。JavaScript 的执行环境被描述为一个后进先出的栈，这个栈顶永远就是当前"执行权"的所有者持用的那一帧数据，称为活动的帧（即运行中的执行上下文或者最顶端的执行上下文）。

JavaScript 的执行环境通过函数的调用与返回来模拟上述"数据帧"在栈上的入栈与出栈过程，所以任何一次函数的调用就是向栈顶压入该函数的上下文环境（即作用域、数据帧等，它们是在不同场合下的相同概念）。所以，包括在"全局或模块全局"[①]中执行的代码和在 Promise 中执行调度的内部处理在内的所有 JavaScript 内部过程或外部程序，都统一被封装成函数，并通过它们的调用与返回来激活和挂起。

上下文环境/作用域就是在上述过程中被操作的一个对象：作用域退出，就是函数返回；作用域挂起，就是执行权的转移；作用域创建，就是一个闭包的初始化；等等。但如之前所说，"break *labelName*;"这一语法独立于"执行过程"的体系，它表达一个位置的跳转，而不是一个数据帧在栈上的进出。这是 *labelName* 独立于标识符体系（也就是词法环境）带来的附加收益！

---

① 在执行上下文中被登记在 ScriptOrModule 字段中，以区别不同的模块或全局。

基于对语句的不同理解，JavaScript 设计了全新的方法，用来清除跳转带来的影响（即回收跳转之前的资源分配），而这多余的设计，其实也是上述收益需要付出的代价。

6.3　语句执行的意义

对语句的跳转来说，"离开语句"意味着清除语句所持有的一切资源，如同函数退出时回收闭包一样。但是，这也同样意味着语句中发生的一切都消失了。对函数来说，`return` 和 `yield` 是仅有的两个从这种现场发出信息的方式[①]。那么语句呢？语句的执行现场从这个"程序逻辑的世界"中湮灭之后，又留下了什么呢？

语句执行与函数执行并不一样。函数是求值，所以返回的是对该函数求值的结果[②]；而语句是命令，语句执行的返回结果是该命令得以完成的状态（使用完成记录规范类型中的字段），并携带命令（包括表达式、函数调用等）在执行后返回"结果的值[③]"。注意，JavaScript 是一门混合了函数式范式与命令式范式的语言，而这里对函数和语句的不同处理，正是两种语言范式根本上不同的抽象模型带来的差异。图 6-1 说明了包括函数调用等在内的所有表达式执行的结果与语句执行时的"完成记录"之间的关系。[④]

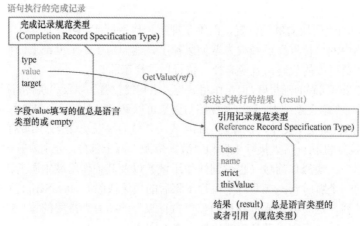

图 6-1　表达式执行的结果与语句执行的完成记录间的关系

在 ECMAScript 规范层面，所有 JavaScript 的执行本质上都是语句执行（这很大程度上解释了

---

① 确实还存在从函数中传出信息的其他结构，但这些也将涉及别的解释方式，就不在这里讲了。

② 注意，函数调用总是返回值，而不是返回引用。但是，在函数体的执行过程中，仍然存在引用类型的结果 `ref`，只是到了返回时才会被内部过程 GetValue(ref) 取值，并作为"完成记录的值字段"返回。关于这一点，在 11.2.3 节和 11.3 节中会进一步讲述。

③ 这里的语句结果也需要从完成记录 c 中取出值，这是指 c.value 字段。在多数情况下，该值等值于对具体命令的结果调用 GetValue(ref)。因此，语句的执行结果 ref 与调用函数的结果是一致的，但它们的语义和实现路径并不一致，参见图 6-1。

④ 在 ECMAScript 规范中，执行语句或执行表达式都是使用"result of evaluating *XXX*"的叙述语法，区别在于返回结果不同。对被执行体 *XXX* 来说，如果它是表达式，则返回的"结果（Result）"可以是"语言类型"或"引用（规范类型）"之一；如果它是语句，则只返回"完成记录"作为结果。关于"语言类型"，参见 17.1 节；有关原始值的说明，参见第四篇。

为什么 eval 执行的是语句）。因此 ECMAScript 规范中对执行的描述都称为"运行期语义"（Runtime Semantic，RS），它描述一个 JavaScript 内部的行为或者用户逻辑的行为的过程与结果。也就是说，这些运行期语义最终都会以一个完成类型返回。例如：

- 一个函数的调用，意思是执行函数体并得到它的"完成"结果（*result*）；
- 一个块语句的执行，意思是执行块中的每行语句，得到它们的"完成"结果（*result*）。

这些结果（*result*）是一个完成记录，包括 5 种完成类型，即 normal、break、continue、return 和 throw。也就是说，任何语句的最终行为，要么是包含了有效的、可用于计算的值，即正常完成（normal）或者一个函数调用的返回（return），要么是一个不可（像数据那样）用于计算或传递的纯粹状态，即循环过程中的继续下次迭代（continue）、中断（break）或者抛出异常（throw）[①]。

所以，当运行期发现了 break 类型的返回时，JavaScript 引擎需要找到该完成记录（*result*）中 break 标示的目标位置（*result.Target*），然后与当前语句的标签（如果有的话）对比：

- 如果一样，则取 break 源位置的语句执行结果为值，并以 normal 类型返回；
- 如果不一样，则继续以 break 类型返回。

这与函数调用的过程有一点类似：由于对 break 的拦截交给语句退出（完成）之后的下一条语句，因此如果语句是嵌套的，那么其后续的（外层的）语句就可以得到处理这个 break 的机会。举例来说：

```
console.log(eval(`
  aaa: {
    1+2;
    bbb: {
     3+4;
     break aaa;
    }
  }
`)); // 输出值: 7
```

在这个示例中，break aaa;语句是发生在 bbb 标签所标示的块中的。但当这个中断发生时，

- 标签化语句 bbb 将先捕获到这个语句完成记录，并携带有标签 aaa；
- 接下来，由于 bbb 语句完成时检查到的记录中的中断目标与自己的标签不同，所以它将这个结果继续作为自己的完成记录，返回给外层的标签化语句 aaa；
- 接下来，语句 aaa 得到上述记录并对比标签成功，返回结果值为语句 3+4;的值（作为完成记录传出）。

所以，语句执行状态总是以一个完成记录传出的，而且，如果这个完成记录是包含值的，那么它是可以作为 JavaScript 代码可访问的数据使用的。例如，如果该语句被作为 eval() 来执行，那么它就是 eval() 函数返回的值。

6.4　中断语句的特殊性

最后一个问题是：本章标题下的代码有什么特殊性呢？

[①] throw 是一个很特殊的流程控制语句，它与这里讨论的流程控制有相似性，不同的地方在于：它并不需要标签。关于 throw 更多的特性，在第 11 章中还会做具体分析。

这主要有以下两点。

（1）它是最小化的 `break` 语句的用法，不可能写出更短的代码来做 `break` 的示例了。

（2）这种所谓"不会对其他任何代码构成任何影响"的语句，也是 JavaScript 中的特有设计。

6.4.1 最小化的 break 语句

因为"标签化语句"必须作用于"一条"语句，尽管在理论上语句的最小化形式是"空语句"，但是将空语句作为 `break` 的目标标签语句是不可能的。由于必须在标签语句所示的语句范围内使用 `break` 来中断，而空语句以及其他一些单语句没有这样的语句范围，因此最小化的示例就只能是"对 `break` 语句自身的中断"。

6.4.2 返回 empty 的语句

语句的返回与函数的返回有相似性，例如函数可以不返回任何东西给外部，这种情况下外部代码得到的函数出口信息会是 `undefined`。由于典型的函数式语言的函数应该是没有副作用的，所以这意味着该函数的执行过程不影响任何的其他逻辑，也不在这个"程序逻辑的世界中"留下任何的状态。另外，还可以用 `void` 运算符来阻止一个函数通过"返回值"去影响它的外部世界[①]。

虽然 `break` *labelName* 的中止过程是可以传出最后执行语句的状态的，但是在这个过程中还存在一个悖论：任何被中断的代码上下文中，最后执行语句必然会是 `break` 语句本身！所以，如果要在这个逻辑中实现"语句执行状态"的传递，就必须确保：

- `break` 语句不返回任何值（ECMAScript 中约定用 `empty` 来表示）；
- 上述不返回任何值的语句也不会影响任何语句的既有返回值。

6.5 小结

`break` 语句被设计用来替代 `GOTO` 语句，用于在确定场景下改变代码的执行流程。"代码跳转"的目标位置有两种实现方式：语句结束或者标签约定。

语句的返回值是通完成记录规范类型来传递的。`break` 语句的返回值有两个关键的特性：一是它的类型必然是 `break`，二是它的值必然是 `empty`。

对于 `empty`，在 ECMAScript 中约定：在多行语句执行时它可以被其他非 `empty` 值更新，而 `empty` 不可以覆盖其他任何值。某些语句（例如空语句）"不会对其他任何代码构成任何影响"，真实的原因就是它们的返回值被定义为 `empty`。

---

① 函数是"表达式运算"这个体系中的，因此用一个运算符来限制它的逻辑是很合理的一个想法。

## 第 7 章

深入探索 JavaScript 中的特殊执行体

```
> `${1}`
'1'
```

本章标题下列出的是一个模板。

模板这个语法元素在 JavaScript 中出现得很晚，以至于总是有人对为什么 JavaScript 这么晚才弄出个模板这样的东西感到奇怪。模板看起来很简单，就是把一个字符串里的东西替换一下就行了，C 语言里的 `printf()` 就有类似的功能，Bash 脚本里也可以直接在字符串里替换变量。这个功能非常好用，但这只不过是字符串替换而已。

但是，模板只是一个字符串吗？或者更准确地问一个概念上的问题：模板是什么？

规范索引

规范类型

- #sec-list-and-record-specification-type：列表（List）规范类型和记录（Record）规范类型，例如规范层面的参数列表。

概念或一般主题

- #prod-FormalParameters：形式参数列表（*FormalParameters*），也称为形参或参数表。与函数剩余参数列表和形式参数等主题相关。
- #sec-common-iteration-interfaces：通用迭代接口，包括可迭代接口和迭代器接口等。
- #sec-destructuring-assignment：解构赋值，语法涉及对象赋值模式与数组赋值模式。
- #sec-template-literals：模板字面量。
- #sec-tagged-templates：标签模板，与模板字面量（*TemplateLiteral*）调用的实现相关。
- #sec-runtime-semantics-iteratorbindinginitialization：参数初始器中的迭代器绑定初始化操作（IteratorBindingInitialization），在环境中绑定参数初始器的核心过程。

- #sec-static-semantics-issimpleparameterlist：用于检测是否是简单参数列表的操作（IsSimpleParameterList）。

实现

- #sec-functiondeclarationinstantiation：`FunctionDeclarationInstantiation()`抽象操作，函数声明实例化过程。
- #sec-createunmappedargumentsobject：`CreateUnmappedArgumentsObject()`抽象操作，为扩展风格或严格模式下的参数创建 `arguments` 数组的过程，实现为与 `arguments` 的直接绑定。
- #sec-ispropertyreference：`IsPropertyReference()`抽象操作，检测引用（规范类型）是否为属性引用。

7.1 抽象确定逻辑的执行体

JavaScript 中有语句和表达式两种基本的可执行元素，这在编程语言设计的层面来讲是很普通的，大多数语言都这么设计。少数语言会省略掉语句这个语法元素，或者添加其他一些奇怪的东西，不过通常情况下结果就是让语言变得不那么人性化。那么，可不可以说 JavaScript 中只有语句和表达式是可执行的呢？答案是"不可以"。譬如，本章讲到的模板就是一种特殊的可执行结构。

所有特殊的可执行结构都是来自某种固定的、确定的逻辑。这些逻辑是语义非常明确的，输入/输出都很确定的，这样才能被设计成一个标准的、易于理解的可执行结构。并且，大家知道，如果在一门语言中添加太多有特殊含义的可执行结构，那么这门语言就会显得"渐渐地有些奇怪了"。如果越来越多的抽象概念被放到语言中来，固化成一种特殊的逻辑或结构，试图通过非正常的逻辑来影响程序员的思维过程，那么这门语言就会渐渐变得令人不愉快了。

语言的"坏味道"就是这样产生的。

7.2 几种特殊的可执行结构

若抛开 JavaScript 核心库或者标准语言运行期库（runtime library）不论[①]，专门考察一下在语言及语法层面定义的特殊可执行结构，都有哪些东西会浮出水面呢？

7.2.1 参数表

第一个不太会被注意到的就是参数表。在 JavaScript 语言的内核中，参数表其实是一个独立的语法组件：

- 对函数来说，参数表是在函数调用时传入的参数 0 到参数 n；
- 对构造器和构造器的 `new` 运算来说，参数表是 `new` 运算的一个运算数。

[①] 这里指的是具体 JavaScript 环境，其核心库或语言标准运行期库可能是 ECMAScript 规范的一个超集。ECMAScript 并没有标准化的运行期库，它只约定了标准内建对象（Standard Built-in Objects）和标准库（Standard Library）。

这二者略有区别，在"远古时期"的 JavaScript 中它们是很难区分的，但在 ECMAScript 规范中参数表被统一成了标准的列表，并且它是在相关的操作中作为一个独立的部分参与运算的。

要证实这一点是很容易的。例如，在 JavaScript 的反射机制中，使用代理对象就能拿到一个函数调用的入参，或者 new 运算过程中传入的参数，它们都表示成一个标准的数组：

```
handler.apply = function(target, thisArgument, argArray) {
  ...
}
```

其中，*argArray* 表示为一个数组，但这只是参数表在传入后通过"特殊的可执行结构"执行的结果。如果深究这个行为背后的逻辑，这个列表实际上是根据形式参数（*FormalParameters*）的样式，按照传入参数逐一匹配出来的。所谓的"逐一匹配"，就是一种"特殊的可执行的逻辑"。

任何实际参数在传给一个函数的形式参数时，都会经历上述这个过程，它是函数声明实例化（FunctionDeclarationInstantiation()）内部行为的一个处理阶段。"实例化"就是将函数从源代码文本变成一个可执行的、运行期的闭包的过程。在这个过程中，作为可执行结构，参数表的执行结果就是将传入的参数值变成与形式参数规格一致的实际参数，最终将这些参数中所有的值与它们"在形式参数表中的名字"绑定起来，作为函数闭包中可以访问的名字。

简单来讲，这个过程就是把参数放在 arguments 数组中，然后让 arguments 数组中的值与参数表中的名字对应起来。这就是 *argArray* 这个可执行结构的全部操作。

讨论这个过程有什么用呢？很有用，因为其中存在两个难点：其一，JavaScript 中的箭头函数没有参数，其上的逻辑与上述过程完全一致，只是在最后没有向闭包绑定 arguments 这个名字而已；其二，JavaScript 中还有一种称为简单参数的形式参数风格，所谓简单参数，就是在形式参数表中可以明确数出参数个数、没有使用扩展风格声明参数的参数表，这与 *argArray* 的使用存在莫大的关系。

7.2.2　扩展风格的参数表

扩展风格的参数表也称为**非简单参数列表**（non-simple parameter list），这就与其他几种可执行结构有关了。

缺省参数是非常有意思的可执行结构，它就是下面这个样子的：

```
function foo(x = 100) {
  ...
}
```

这意味着，在语法分析期，引擎就需要帮助该参数登记下 100 这个值。然后，在实际处理这个参数时，至少需要一个赋值表达式运算，用来将这个值与它的名字绑定起来。所以，foo() 函数调用时总有一段执行逻辑来访问形式参数表，以及对这个赋值表达式求值。

让问题变得更复杂的是：这个值 100 可以是一个表达式的运算结果，由于表达式可以引用上下文中的其他变量，因此上面的所谓"登记"就不能只是记下一个字面量值那么简单，必须登记一个表达式，并且在运行期执行它。例如：

```
var x = 0;
function foo(i = x++) {
  console.log(i);
}
foo(); // 1st
```

```
foo(); // 2nd
```

这样，每次调用 foo() 的时候，x++就都会得到执行了。所以，缺省参数就是一种可执行结构，是参数表作为可执行结构的逻辑中的一部分。同样，剩余参数和参数展开都具有类似的性质，也都是参数表作为可执行结构的逻辑中的一部分。

既然提到参数展开，就略多讨论一下，因为它与后面还要讲到的另外一种可执行结构有关。参数展开是唯一一个可以影响"传入参数个数"的语法。例如：

```
foo(...args)
```

这个语法的关键不在于形式参数的声明，而在于实际参数的传入。上面的例子在调用时实际只传入了一个参数，即 args，但是...语法对这个数组进行了展开，并且根据 args.length 来扩展了参数表的长度/大小。因为其他参数都是按实际个数计数的，所以这里的参数展开就成了唯一能动态创建和指定参数个数的语法。

这里之所以强调这一语法，是因为在传统的 JavaScript 中，这一语法是使用 foo.apply() 替代的。历史上，new Function() 这个语法没有类似于 apply() 的创建和处理参数表的方式，所以早期的 JavaScript 需要较复杂的逻辑或者调用 eval() 来处理动态的 new 运算。这个过程相当麻烦。但如今它可以只使用一行代码替代：

```
new Func(...args)
```

这正是 7.2.1 节中所说函数和（使用 new 运算的）构造器的参数表"略有区别"带来的差异。

那么，这个参数展开是怎么实现的呢？答案是：使用迭代器[①]。

参数展开是**展开语法**（spread syntax）中数组展开的一种应用，而展开语法在本质上是依赖迭代器的。可以在任何内置迭代器的对象（也就是说，Symbol.iterator 这个符号属性有值的对象）上使用展开语法，使它们按迭代顺序生成相应的多个元素，并将这些元素用在需要的地方，而不只是将其展开，例如 yield*运算符，又如解构赋值。

7.2.3 赋值模式

赋值模式是第三种可执行结构。

在 ECMAScript 6 之后提供的解构赋值可以抽象地理解为下面这样：

```
a = b
```

等号左边的称为赋值模式（*AssignmentPattern*），等号右边的称为值。在 JavaScript 中，任何出现类似语法或语义过程的位置，即使没有这个赋值符号（=），只要语义是"给左运算数的标识符赋以右运算数的值"，它就适用于解构赋值。而前面说的给参数表中的形式参数（的名字）赋以实际参数的值，很显然也是这样一个过程。所以，JavaScript 在语法上很自然地就支持了在参数表中使用赋值模式，以及在任何能够声明一个变量或标识符的地方使用赋值模式。例如：

```
function foo({x, y}) {
  ...
}

for (var {x, y} in obj) {
  ...
}
```

---

① 迭代器有一组界面约定，它本质上描述的也是一种可执行结构。

所有类似位置的赋值模式，都是在语法分析期就被分析出来，并在 JavaScript 内部作为一个可执行结构存放着的。然后在运行期会用它们来完成一个"从右运算数按模式取值，并赋值给左运算数"的过程。这与将函数的参数表作为形式规格（*formals*）存放起来，然后在运行期逐一匹配传入值是异曲同工的。

所有上述的可执行结构可以归为一个大类——"名字和值的绑定"。也就是说，所有这些执行的结果都是一个名字，执行的语义就是给这个名字赋一个值。显然这是不够的，因为除了给这个名字赋一个值，最终还得使用这个名字——以便进行更多的操作。那么，这个找到名字并使用名字的过程就称为"发现"（resolve），而其结果就称为"引用"（reference）。

任何名字，以及任何字面量的值，本质上都可以作为一个被发现的对象，并且在实际应用中也是如此。在代码的语法分析阶段，发现一个名字与发现一个值本质上没有什么不同，所以下面两行代码在 JavaScript 中都可以通过语法分析，并且进入实际的代码执行阶段：

```
a = 1
1 = 1
```

因此（如果不考虑引擎提前优化解析的话），**1 = 1** 会导致一个 **ReferenceError**（运行期错误），而不是 **SyntaxError**（语法错误）。

那么，所谓的"发现的结果"——引用，也就不是简单的一个语法标识符，而是一个可执行结构了。更进一步说，下面这些代码每行都会导致一个引用（的可执行结构）：

```
a
1
"use strict"
obj.foo
```

正因如此，上面的第三行代码才会成为一个"可以导致当前作用域切换为严格模式"的指令。因为它是引用，也是可执行结构，所以 JavaScript 像调用函数一样，将它处理成一段确定逻辑就可以了。

这几个引用中有一个非常特殊的引用，就是 obj.foo，它被称为**属性引用**（property reference）。属性引用不是简单的标识符引用，而是一个属性存取求值的结果。所以，表达式求值的结果可以是一个引用。那么，它的特殊性在哪里呢？它是为数不多的可以存储原表达式信息，并将该信息"传递"到后续表达式的特殊结构。严格地说，所有的引用都可以设计成这个样子，只不过属性引用是最常见到的罢了。

但为什么要用引用这种结构来承担这一责任呢？这与 JavaScript 中的方法调用这一语义的特殊实现有关。JavaScript 并不是静态分析的，因此它无法在语法阶段确定 obj.foo 是不是指向一个函数，也不知道用户代码在得到 obj.foo 这个属性之后要拿来做什么用。直到运行期处理到下一个运算，例如：

```
obj.foo()
```

的时候，JavaScript 引擎才会意识到：这里要调用一个方法。然而，方法调用的时候是需要将 obj 作为 foo() 函数的 this 值传入的，这个信息只能在上一步的属性存取 obj.foo 中得到。所以 obj.foo 作为一个属性引用，就有责任将这个信息保留下来，传递给它的下一个运算。只有这样，才能完成一次"将函数作为对象方法调用"的过程。

引用作为函数调用以及其他某些运算的左运算数时，是需要传递上述信息的。这也就是"引用（规范类型）"这种可执行结构的确定逻辑。本质上说，它就是要帮助 JavaScript 的执行系统完成发现过程，并在必要时保留这个过程中的信息。在引擎层面：

- 如果一个过程只是将查找的结果展示出来，它最终就表现为值；
- 如果包括这个过程信息，通常它就表现为引用。

那么作为一个执行系统来讲，JavaScript 执行的最终结果到底是表达为一个引用还是表达为一个值呢？答案是表达为一个值。因为程序不可能将一个引用（包括它的过程信息）在屏幕上打印出来，而且即便能打印出来，用户也不感兴趣，用户真正关心的是打印出来的结果，例如在屏幕上显示"Hello world"。所以，无论如何，JavaScript 创建引用也好，处理这些引用或特殊结构的执行过程也好，最终目的还是求值。

7.3　模板字面量

回到本章的话题上来。为什么要讲这些可执行结构呢？这是因为在本章标题下列出的模板字面量（*TemplateLiteral*）

```
`${1}`
```

是上述所有这些可执行结构的集大成者。它本身是一个特殊的可执行结构，但是它调动了包括引用、求值、标识符绑定、内部可执行结构存储以及执行函数调用在内的全部能力。这是 JavaScript 厘清了所有基础的可执行结构之后，才在语法层将它们融汇如一的结果。

模板字面量与参数表和赋值模式相似的地方是，它也是将它的形式规格（*formals*）作为可执行结构来保存的。不同的是，参数表与赋值模式关注的是名字，因此，**参数表存储的是"名字（lhs）"与"名字的值（rhs）的取值方法"之间的关系**，执行的结果是 *argArray* 或在当前作用域中绑定的名字等；模板字面量关注的是值，因此，**模板字面量存储的是"结果"与"结果的计算过程"之间的关系**。因为模板字面量的执行结果是一个字符串，所以当它被作为值读取时，就会激活它的求值过程，并返回一个字符串值。

模板字面量与所有其他字面量相似，它也可以作为引用。正如代码

```
1=1
```

包括了 1 作为引用和值（lhs 和 rhs）的两种形式，这在语法上是成立的，所以：

```
foo`${1}`
```

在语法上也是成立的，因为在这个表达式中 `${1}` 使用的不是模板字面量的值，而是它的一个"（类似于引用的）结构"。

模板字面量（*TemplateLiteral*）的调用表达式（*CallExpression*），也称为模板调用或模板字面量调用。这是唯一一个会使用模板字面量的引用形态的操作[①]。这种引用形态的模板字面量也被称为**标签模板**（tagged template），主要包括模板的位置和那些可计算的标签的信息。例如：

```
> var x = 1;
> foo = (...args) => console.log(...args);
> foo`${x}`
[ '', '' ] 1
```

[①] 这里还需要留意的是，后者也并没有直接引用模板字面量的内部结构。

在模板字面量的内部结构中，主要包括将模板多段截开的一个数组，原始的模板文本（*raw*）等。在引擎处理模板时，只会将该模板解析一次，并将这些信息作为一个可执行结构缓存起来（以避免多次解析降低性能），此后将只使用该缓存的一个引用。当它作为字面量被取值时，JavaScript会在当前上下文中计算各个分段中的表达式，并将表达式的结果值填回到模板，从而拼接成一个结果值，最后返回给用户。

7.4 小结

本章标题下的代码称为模板字面量，是一种可执行结构。JavaScript 中有许多类似的可执行结构，它们通常具有用固定的逻辑、在确定的场景下交付 JavaScript 的一些核心语法的能力。

JavaScript 中一般的可执行结构是指函数、表达式、语句、模块等，但特殊的可执行结构常见的除了参数表、赋值模式，还包括展开语法等。模板字面量的特殊性在于，它几乎能够利用所有上述的可执行性质，并且（不太为人所知的）引擎总是将那些预解析的（模板的、引用形式的）结构独立存储和管理起来。所以，再复杂的模板也不会降低运行期性能。

第8章

闭包、函数与函数式编程语言的关系

```
> x => x
[Function (anonymous)]
```

在运行期，语句执行和特殊的可执行结构都不是 JavaScript 的主角，多数情况下它们都只充当过渡角色而不为开发人员所知。开发人员通常最熟悉的执行体是全局代码和函数。

本章将解析函数的执行过程。如果说语句执行是命令式范式的体现，那么函数执行就代表了对函数式范式的理解。

很多人会从对象的角度来理解 JavaScript 中的函数，认为"函数就是具有[[Call]]内部槽的对象"。这并没有错，但这是从静态视角来观察函数的结果。要知道函数是可执行结构，"执行过程发生了什么"这个问题从对象的视角是既观察不到，也得不到答案的。

如果将上面这个问题问得再深入一点儿，例如"对象的方法是怎么执行的"，就必须要回到函数的视角或者从运行期的动态的角度来解释了。

规范索引

概念或一般主题

- #sec-function-definitions：函数定义，包括函数的各个语义组件的定义。
- #sec-ordinaryfunctioncreate：OrdinaryFunctionCreate()抽象操作，与函数对象创建、形式参数表传入过程等主题相关。
- #sec-runtime-semantics-evaluatefunctionbody：执行函数体操作（EvaluateFunctionBody），与函数的执行过程等主题相关。
- #sec-runtime-semantics-instantiateordinaryfunctionexpression：函数表达式实例化操作（InstantiateOrdinaryFunctionExpression），与函数表达式的创建过程相关，其结果就是闭包。

实现

- #sec-createmappedargumentsobject：CreateMappedArgumentsObject()抽象操作，参数的"直接 arguments 绑定"。
- #sec-createunmappedargumentsobject：CreateUnmappedArgumentsObject()抽象操作，参数的"初始器赋值"。
- #sec-declarative-environment-records-createmutablebinding-n-d：声明环境记录中实现的 CreateMutableBinding()抽象操作，是可变绑定的创建过程。
- #sec-declarative-environment-records-createimmutablebinding-n-s：声明环境记录中实现的 CreateImmutableBinding()抽象操作，是非可变绑定的创建过程。
- #sec-declarative-environment-records-initializebinding-n-v：声明环境记录中实现的 InitializeBinding(N, V)抽象操作，为名字 N 初始化绑定值 V。

其他参考

- 《JavaScript 语言精髓与编程实践（第 3 版）》的 5.5 节"闭包"。

8.1　函数的一体两面

用静态的视角来看，函数就是一个函数对象（函数的实例）。如果不考虑它作为对象的那些特性，那么函数也不过是"用 3 个语义组件构成的实体"。这 3 个语义组件是：

- 参数——函数总是有参数的，即使它的形式参数表（*FormalParameters*）为空；
- 执行体——函数总是将函数体（*FunctionBody*）作为其执行过程的执行体，即使是空函数或空语句；
- 结果——函数总是有它执行的结果，即使是 undefined。

重要的是这 3 个语义组件缺一不可[①]。

8.1.1　在运行期一个实例有多个闭包

在静态的语义分析阶段，函数的 3 个组件中有 2 个是显式的，例如在下面的声明中()指示了参数，{}指示了执行体：

```
// 静态的函数声明（或静态代码文本含义上的函数表达式）
function f() {
  ...
}
```

所谓"执行"，隐式地说明了该函数会有一个结果——这也是 JavaScript 经常被批判的设计：因为没有静态类型声明，所以无法知道函数执行后会返回何种结果。如果把这 3 个部分构成的整体看

[①] 这个"缺一不可"的观点很重要，包括本篇中的各种可执行结构、第四篇中的动态执行逻辑和第五篇中的并行执行等，几乎所有与执行相关的话题都与此有关。但就现在而言，应该首先关注的问题是：为什么要先强调"用静态的视角来看"。

作执行体：

```
// 作为运算数的函数表达式（或用作其他运算逻辑的一部分）
(function f() {
  ...
})
```

那么它的结果是一个"函数类型的数据"。这在函数式编程语言中称为"函数是第一类数据类型的"，也就是说，函数既是可以执行的**逻辑**，也是可以被逻辑处理的**数据**。

函数作为数据时，它是"原始的函数声明"的一个实例（注意这里并不强调它是对象），这个实例必须包括上述 3 个语义组件中的 2 个，即参数与执行体，否则，它作为实例将是不完整的、不能准确复现原有的函数声明的。为了达到这个目的，JavaScript 为每个实例创建一个闭包，并且作为上述"函数类型的数据"的实际结果[①]。例如：

```
var arr = new Array;
for (var i=0; i<5; i++) arr.push(function f() {
  // ...
});
```

在这个例子中，静态的函数 f() 有且仅有一个，而在执行后，arr[] 中将存在函数 f() 的 5 个实例，每个称为该函数的一个运行期的闭包。它们各不相同，例如：

```
> arr[0] === arr[1]
false
```

简而言之，任何时候只要用户代码引用一次这样的函数（的声明或字面量），它就会拿到该函数的一个闭包。注意，得到这个闭包的过程与是否调用它是无关的。

8.1.2　闭包用于承载两个语义组件

上面说过，闭包有两个语义组件：参数和执行体。在创建闭包时，它们将同时被实例化。这样做的目的是保证每个实例/闭包都有一个自己独立的执行环境，也就是运行期上下文。JavaScript 中的闭包与执行环境并没有明显的语义差别，唯一不同之处是这个执行环境中每次都会有一套新的参数，且执行体的执行位置（如果有的话）被指向函数代码体的第一个指令。

为什么要如此细致地强调这一点，还原创建这样的环境的每一步呢？这涉及函数的一个关键假设：它可以是多次调用的。

这并不是废话。

如果将函数与之前讨论过的 for 循环对照起来观察，就会发现一个事实：函数体和 for 循环的循环体（这些用来实现逻辑复用的可执行结构）的创建技术是完全一样的！也就是说，命令式编程语言和函数式编程语言是采用相同的方式执行逻辑的，只不过前者把它叫作迭代环境（*iterationEnv*），是循环环境（*loopEnv*）的实例，后者把它叫作闭包，是函数的实例。

再往源头探究一点：导致 for 循环需要多个迭代环境实例的原因是循环语句试图在多个迭代中复用参数（迭代变量），而函数这样做的目的也是处理这些参数（形式参数表）的复用而已。

所以，闭包的作用与实现方法都与 for 循环中的迭代环境没有什么不同。同样，本章标题下的代码 x => x 也代表了参数 x 和执行体 x 这样两个语义组件。

---

① 函数表达式的执行结果（注意，不是调用函数表达式的结果）是一个闭包，参见 ECMAScript 中的#sec-runtime-semantics-instantiateordinaryfunctionexpression。

在闭包被创建时，参数 x 将作为闭包（作用域/环境）中的名字被初始化——在这个过程中参数 x 只作为名字或标识符，并且会在闭包中登记一个名为 x 的变量，按照约定，它的值是 undefined。还需要强调的是：这个过程是引擎为闭包初始化的，发生于用户代码得到这个闭包之前。

然而所谓"参数的登记过程"很重要吗？当然重要。

8.2 简单参数类型

完整而确切地说，本章标题下的函数是一个"简单参数类型的箭头函数"，而下面这个就不"简单"了：

```
(x = x) => x;
```

在 ES6 之前函数声明中参数都是简单参数类型的，而在 ES6 之后凡是在参数声明中使用了缺省参数、剩余参数或模板参数的，都不再是简单参数。在具体实现中，这些新的参数声明意味着它们会让函数进入一种特殊模式，由此带来以下 3 种限制。

- 函数无法通过显式的"use strict"语句切换到严格模式，但能接受它被包含在一个严格模式的语法块中（从而隐式地切换到严格模式）。
- 无论是否在严格模式中，函数参数声明都不接受重名参数。
- 无论是否在严格模式中，形式参数与 arguments 之间都将解除绑定关系。

这样处理的原因是：在使用传统的简单参数时，只需将调用该参数时传入的实际参数（*argsArray*）与参数对象绑定就可以了；而使用非简单参数时，需要通过初始器赋值来完成名字与值的绑定。这也是导致形式参数与 arguments 解除绑定关系的原因。

两种绑定模式的区别在于：通常将实际参数与参数对象绑定时，只需映射两个数组的下标即可，而初始器赋值需要通过名字来索引值（以实现绑定），因此一旦出现重名参数就无法处理了。

8.2.1 传入参数的处理

参数的登记过程还影响了它们日后如何绑定实际传入的参数。要解释"参数的传入"的完整过程，得先解释什么是"传入的参数"，以及为什么形式参数需要两种不同的登记过程。

首先，JavaScript 的函数是"非惰性求值"的，也就是说，在函数界面上不会传入一个延迟计算的求值过程，而是积极地传入已经求值的结果。例如：

```
// 一般函数声明
function f(x) {
  console.log(x);
}

// 表达式 a = 100 是非惰性求值的
f(a = 100);
```

在这个示例中，传入函数 f() 的将是赋值表达式 a = 100 完成求值之后的结果。考虑到这个结果总是存在值和引用两种表达形式，JavaScript 在这里约定"传值"。于是，上述示例代码最终执行到的将是 f(100)。

回顾这个过程，要注意一个问题：a = 100 这个表达式执行在哪个上下文环境中呢？答案是：

在函数外（上例中是全局环境）。

接下来才来到具体调用这个函数 f() 的步骤中。直到这个时候，JavaScript 才需要向环境中的那些名字（例如 function f(x) 中的形式参数名 x）绑定实际传入的值。对这个 x 来说，由于参数与函数体使用同一个块作用域，因此，如果函数参数与函数内变量同名，那么它们将是同一个变量。例如：

```
function f(x) {
 console.log(x);
 var x = 200;
}
// 因为非惰性求值，所以下面的代码在函数调用上完全等义于上例中 f(a = 100)
f(100);
```

在这个例子中，函数内的 3 个 x 实际将是同一个变量，因此这里的 console.log(x) 将显示变量 x 的传入参数值 100，而 var x = 200; 并不会导致重新声明一个变量，只是覆盖了既有的 x。

现在再回顾一下之前讨论的两个关键点：

- 参数的登记过程发生在闭包创建的过程中；
- （如果需要的话）在该闭包中执行"绑定实际传入的参数"的过程。

8.2.2 意外

对后面这个过程来说，如果参数是简单的，那么 JavaScript 引擎只需要简单地绑定它们的一个对照表就可以了。此外，因为所有被绑定的传入的东西都是值，所以没有任何需要引用其他数据的显式执行过程。值是数据，而非逻辑。

所以，对简单参数来说，没有求值过程发生于函数的调用界面上。然而，对下面例子中这样的"非简单参数"函数声明来说，在绑定实际传入的参数时，就需要执行一个 x = 100 的求值过程：

```
function foo(x = 100) {
 console.log(x);
}
foo();
```

不同于之前的 f(a = 100)，这里的表达式 x = 100 将执行于这个新创建的闭包中。这很好理解，左边的参数 x 是闭包中的一个语法组件，是初始化创建在闭包中的一个变量声明，因此只有将表达式放在这个闭包中，它才可以正确地完成求值过程。

但这样一来，在下面这个示例中，表达式右边的 x 也将是该闭包中的 x：

```
f = (x = x) => x;
```

这貌似并没有什么了不起的，但真正使用它的时候却会导致一个错误：

```
> f()
ReferenceError: x is not defined
  at f (repl:1:10)
```

这是一个意外。

8.2.3 未初始化绑定

上面这个提示并不准确[①]，因为在这个上下文环境（闭包）中，x 显然是声明过的。这也是"直

接 arguments 绑定"和"初始器赋值"这两种登记过程的主要区别之一。尽管在本质上，这两种登记过程初始化的变量都是相同的，都称为**可变绑定**（mutable binding）。

"可变"是指它们可以多次赋值，简单地说就是 let/var 变量。与 8.2.2 节中的示例对照来看，下面的示例正好展示了 let 和 var 的不同性质：

```
function foo() {
 console.log(x); // ReferenceError: x is not defined
 let x = 100;
}
foo();
```

由于 let 变量不能在它的声明语句之前（即未初始化之前）访问，因此上例触发了与之前的箭头函数 f() 完全相同的异常。也就是说，在 (x = x) => x 中的 3 个 x 都是指向相同的变量，并且函数在尝试执行"初始器赋值"时会访问第二个 x，而此时变量 x 是未赋值的，因此它就如同 let 变量一样不可访问，从而触发异常。

为什么在处理函数的参数表时要将 x 创建为一个 let 变量，而不是 var 变量呢？

这二者并没有区别，它们都是可变绑定，并且无论对 var 还是对 let 来说，一开始的时候它们都是**未初始化绑定**（uninitialized binding）。只不过 JavaScript 在处理 var 语句声明的变量时将这个绑定赋了一个初值 undefined，因此就可以在代码中自由地提前访问那些 var 变量。对应地，let 语句声明的变量没有默认赋这个初值，因此不能在第一行赋值语句之前访问它，例如：

```
console.log(x); // ReferenceError: x is not defined
let x = 100;
```

处理函数参数的过程与此完全相同：参数被创建成可变绑定，如果它们是简单参数则被置以初值 undefined，否则它们就需要一个"初始器"来赋初值。也就是说，并非 JavaScript 刻意在这里将它作为 var/let 变量之一创建，只是用户逻辑执行到这个位置的时候，可变绑定还没有来得及赋初值罢了。

在这个地方唯一还存疑的是：为什么不干脆在初始器创建的时候，就赋一个初值 undefined 呢？说到这里，可能读者也猜到了，因为在"缺省参数"的语法设计里面，undefined 正好是一个有意义的值，它用于表明参数表指定位置上的形式参数是否有传入，所以参数 undefined 就不能作为初值来绑定，这就导致了使用初始器的参数表中对应变量是一个未初始化绑定。

因此，如果这个初始器（我是指在它初始化的阶段里面）正好要访问变量自身，就会导致出错。这个出错过程就与如下示例代码是一样的，并且也导致一样的错误：

```
> let x = x;
ReferenceError: x is not defined
```

所以，事实是，(x = x) => x 这样的代码在语法上并不违例，而是第二个 x 导致了非法访问未初始化绑定。

8.3 最小化的函数式编程语言示例

接下来分析一下章标题下的代码 x => x。

这行代码意味着一个最小化的函数。它包括了一个函数的所有 3 个语法组件（参数、执行体和结果），也包括了 JavaScript 实现这 3 个语法组件的全部处理过程。这些是本章中讨论的全部内容。重要的是，它还直观地反映了函数的本质就是数据转换，也就是说，**所有的函数与表达式求值的本质都是将数据 x 映射成 x'**。

"编写程序"本质上就是针对一个输入(x)，通过无数次的数据转换来得到一个最终的输出(x')。所有计算的本质皆是如此，所有可计算对象都可以通过这一过程来求解。因此，函数在能力上也就等同于全部的计算逻辑（等同于结构化程序设计思想中的"单入口→单出口"的顺序逻辑）。

箭头函数是匿名的，并且所谓名字并不是函数在语言学中的重要特性。名字/标识符是语法中的词法组件，它指代某样东西的抽象，但名字本身既不是计算的过程（逻辑），也不是计算的对象（数据）。

那么，没有名字的函数在编程语言中的意义是什么呢？这样的函数既是逻辑，也是数据。例如：

```
let f = x => x;
let zero = f.bind(null, 0);
```

现在，zero 既是一个逻辑，是可以执行的过程，它返回数值 0，也是一个数据，它包含数值 0。zero 这样的箭头函数既是逻辑，也是数据，因此它便是整个函数式编程语言的完整抽象。

8.4 小结

- 传入参数的过程执行于函数之外，例如 f(a=100)；绑定参数的过程执行于函数（的闭包）之内，例如 function foo(x=100) ...。
- 箭头函数 x => x 在函数界面的两端都是值运算，也就是说，输入和输出的都是数据的值，而不是引用。
- 参数有"直接 arguments 绑定"和"初始器赋值"两种初始化方法，它们根本的区别在于绑定初值的方式不同。
- 闭包是函数在运行期的一个实例。
- 箭头函数与别的函数的不同之处在于它并不绑定 this 和 arguments。此外，由于箭头函数总是匿名的，因此它也不会在环境中绑定函数名。
- ES6 之后的规范中，当匿名函数或箭头函数被赋给一个变量（或对象属性）时，它会以该变量名作为函数名。但在这种情况下，该函数名并不会绑定给环境，而是只出现在它的属性中，例如 f.name。

## 第 9 章

迭代过程及其出错处理机制

`> ...x`

可以说，语句执行和函数执行都是对顺序、分支与循环这 3 种逻辑在语义上的表达。由此可见，无论一门编程语言的语法有什么特异之处，它的执行逻辑都可以归纳到这 3 种语义的表达方式上来。尽管这种说法并不特别严谨（因为这 3 种基本逻辑还存在进一步抽象的空间），但也确实是一种讨论语义的常见视角。

第 8 章从另一个视角来讨论函数，将函数分成了 3 个语义组件，分别是参数、执行体和结果。这样分开讲解的主要价值在于：通过改造这 3 个语义组件的不同部分，就可以得到不同的函数式的执行特性与效果。换言之，可以通过更显式的、特指的或与应用概念更贴合的语法来表达新的语义。

与所谓"特殊的可执行结构"一样，这些语义也用于映射某种固定的、确定的逻辑。而语言的设计本质上就是为确定的语义赋以恰当的语法表达。本章将从这个角度，对函数执行再做一些补充，讨论它在执行过程中的一些细节问题。

规范索引

概念或一般主题

- #sec-control-abstraction-objects：控制抽象对象，在高版本 ECMAScript 中将迭代、生成、异步等执行逻辑归类为控制抽象对象。
- #sec-iteration：迭代，主要包括通用迭代接口的定义。
- #sec-indexed-collections：索引集合，包括 Array 对象、TypedArray 对象等。
- #sec-keyed-collections：键值集合，包括 Map 对象、Set 对象、WeakMap 对象和 WeakSet 对象等。

实现

- #sec-runtime-semantics-arrayaccumulation：`ArrayAccumulation()`操作，在数组字面量中展开语法的实现过程。
- #sec-generator-function-definitions-runtime-semantics-evaluation：生成器函数声明的运行期语义操作（Evaluation），包括在 `yield* x` 时对可迭代对象 `x` 的 `throw()`/`return()` 方法的调用过程。
- #sec-iteratorclose：`IteratorClose()`抽象操作，包括在关闭迭代器时对 `return()`方法的调用过程。
- #sec-runtime-semantics-forinofheadevaluation：`ForIn/OfHeadEvaluation()`抽象操作，包括 `for..in/of` 语句在 `forHead` 表达式中对迭代的调用与处理过程。
- #sec-grouping-operator：分组运算符`()`的实现。注意，它不会为表达式求值结果（包括"引用（规范类型）"）调用 `GetValue()`。

其他参考

- 《JavaScript 语言精髓与编程实践（第 3 版）》的 5.4.4 节"迭代"。

9.1 递归与迭代

如果循环是一种确定的语义，那么如何在函数执行中为它设计合适的语法表达呢？

递归绝对是一个好的、经典的求解思路。递归将循环的次数直接映射成函数的函数体的重复次数，将循环条件放在函数的参数界面中，并通过函数调用过程中的值运算来传递循环次数之间的数值变化。递归作为语义概念简单而自然，与函数执行唯一的潜在冲突是所谓栈的回收问题，但这些都是实现层面的要求（例如尾递归的处理技巧等），与语言设计无关。

由于递归并不改变函数的 3 个语义组件，因此它与函数执行过程完全没有冲突，也没有任何新的需求与设计。这句话的潜在意思是，函数的 3 个语义组件都不需要为此做出任何的设计修改。例如：

```
const f = x => x && f(--x);
```

在这段代码中，没有出现任何特殊的语法和运算符，它只是对函数、（变量或常量的）声明、表达式和函数调用等的简单组合。

迭代也是循环语义的一种实现，它说明循环是"函数体的重复执行"（而不是递归所理解的"函数调用自己"）的语义。这是一种可受用户代码控制的循环体，例如，这样一个简单的迭代函数：

```
// 迭代函数
function foo(x = 5) {
  return {
    next: () => {
      return {done: !x, value: x && x--};
    }
  }
}
```

需要注意的是，在这个迭代函数中有 `value` 和 `done` 两个控制变量，并且它的实际执行代码与上面的函数 `f()` 是一样的：

```
// 在函数 f() 中
x && f(--x)

// 在迭代 foo() 中
x && x--
```

也就是说，递归函数 `f()` 和迭代函数 `foo()` 其实是在实现相同的过程。只是由于"递归完成"与"循环过程结束"在这里是相同的语义，因此函数 `f()` 中不需要像迭代函数那样处理状态（`done`）的传出。递归函数 `f()` 要么结束，要么无穷递归。

9.1.1 迭代对执行过程的重造和使用

在 JavaScript 中是通过一个中间对象来使用迭代函数 `foo()` 的。该中间对象称为迭代器，`foo()` 称为迭代器函数，用于返回该迭代器。例如：

```
var tor = foo(); // 默认 x 是 5
...
```

迭代器具有 `next()` 方法，用于一次（或每次）迭代调用[①]。由于没有约定迭代调用的方式，因此可以用任何过程来调用它。例如：

```
// 在循环语句中处理迭代调用
var tor = foo(5), result = tor.next();
while (!result.done) {
  console.log(result.value);
  result = tor.next();
}
```

除了一些简单的概念名词上的置换，上述这些与绝大多数有关迭代器与生成器的介绍并没有什么不同。根据约定，如果有一个对象包含这样一个迭代器函数（以返回一个迭代器），那么这个对象就是可迭代的。基于 JavaScript 中对象是属性集（所以能包含的东西都必然是属性）的概念，这个迭代函数被设计为 `Symbol.iterator` 符号属性。例如：

```
let x = new Object;
x[Symbol.iterator] = foo; // 默认 x 是 5
```

现在就可以使用这个可迭代对象了：

```
> console.log(...x);
5 4 3 2 1
```

其中就包含本章标题下的代码：

```
...x
```

不过，不同的是，章标题下的代码是不能执行的。

9.1.2 展开语法

问题的关键点在于 `...x` 是什么？

在形式上，`...` 看起来像是一个运算符，而 `x` 是它的运算数。但是，如果稍微深入地问一下

---

① 正是这个 `next()` 调用的界面维护了迭代过程的上下文，以及值之间的相关性（例如一个值序列的连续性）。这一点很重要，因为它本质上也是顺序执行环境（例如通过语句或表达式执行）在函数式抽象背景下的概念映射。

这个问题，就会令人生疑了。例如，如果它是运算符，那么运算返回的是什么？答案是，既不是值，也不是引用。如果它不是运算符，或者说...x 不是表达式，它们可以被理解为语句吗？即便如此，也会存在上述问题。例如，如果它是语句，那么该语句返回的是什么？答案是，既不是 empty，也不是其他结果值。因此，它也不是语句[①]。

所以，...x 既不是表达式，也不是语句。它不是之前讲过的任何一种概念，只是"语法"。作为语法，ECMAScript 在这里规定它只是对一个确定的语义的封装[②]：**在语义上，...x 语法用于展开可迭代对象 x。**

9.2 JavaScript 中如何实现迭代处理

为什么要绕这么大个圈子来介绍这个简单的展开语法呢？或者说，ECMAScript 为什么要弄出这么一个新概念呢？

这与函数的第三个语义组件（结果）的值有关。在 JavaScript 中，也包括在绝大多数支持函数的编程语言中，函数只能返回一个值。然而，如果迭代器表达的是一个重复执行的执行体，并且每次执行都返回一个值，那么又怎么可能用"返回一个值"的函数来返回呢？

与此类似，语句也只有一个这样的单值返回，所以一批语句执行也仍然只是返回最后一行的结果。同时，一旦...x 被理解为语句，它就不能用作运算数、成为表达式的一部分了。这在概念上是不允许的。所以，当在函数这个级别表达多次调用时，尽管它可以通过对象（迭代对象）来做形式上的封装，但却无法有效地表达"多次调用的多个结果值"。这才是展开语法被设计出来的原因。

如果可迭代对象表达的是"多个值"，那么可以作用于它的运算通常应该是面向值的集合的。更确切地说，它是可以面向索引集合（indexed collection）和键值集合（keyed collection）设计的语法概念。因此，在现在以及将来的 ECMAScript 规范中，都可以看到它的操作（例如通常包括的合并、映射、筛选等）在包括 Object、Array、Set、Map 等数据类型的处理中大放异彩。

现在的问题是，在函数中是如何做到迭代处理的呢？

9.2.1 内部迭代过程

迭代的本质是多次函数调用，在 JavaScript 内部实现这一机制，本质上就是管理这些多次调用之间的关系。这显然包括一个循环过程和至少一个循环控制变量。

迭代有一个开启过程，简单的如展开语法（...），复杂的如 for..of 语句。这些语法/语法结构通过类似如下两个步骤来完成迭代的开启：

```
var tor = foo(5), result = tor.next();
while (!result.done) ...
```

这是一个执行过程。既然是过程，就存在被中断的可能。简单的示例如下：

```
while (!result.done) {
  break;
}
```

[①] 并且，因为 console.log() 是表达式，而表达式显然也不可能包含语句。

[②] 这里的说法并不确切。早期的展开语法只作用于数组，并且也只依赖迭代器。但是，ES2018 开始支持对象展开，这时展开语法也依赖属性列举的过程（而不只是数组迭代）。总的来说，展开语法目前只用于 3 种场景：数组字面量、对象字面量和参数。

这个过程什么也不会发生。如果是在经典的 `while` 循环里面，那么它的 `result` 和 `tor`，以及 `foo()` 调用所开启的那个函数闭包，都被当前上下文管理或回收。如果是在一个展开过程或者 `for..of` 循环中，相应的语法在管理上述这些组件的时候又需要怎样的处理呢？例如：

```
function touch(x) {
  if (x==2) throw new Error("hard break");
}

// 迭代函数
function foo2(x = 5) {
  return {
    next: () => {
      touch(x); // 一些处理方法
      return {done: !x, value: x && x--};
    }
  }
}

// 示例
let x = new Object;
x[Symbol.iterator] = foo2; // 默认 x 是 5
```

测试运行效果如下：

```
> console.log(...x);
Error: hard break
```

这简单地触发了一个异常。下面的测试则是让这个异常发生在 `for..of` 中：

```
> for (let i of x) console.log(i);
5
4
3
Error: hard break
```

在这两个测试中的异常都发生在 `foo2()` 这个函数调用的一个外部处理过程中。而等到用户代码有机会操作时，已经处于 `console.log()` 调用或 `for..of` 循环中了，如果用户在这里设计异常处理过程，那么 `foo2()` 中的 `touch(x)` 管理和涉及的资源都无法处理。因此，ECMAScript 设计了另外两个方法来确保 `foo2()` 中的代码在"多次调用"中仍然是受控的。这两个回调方法是：

- `tor.return()`——当迭代正常过程退出时回调；
- `tor.throw()`——当迭代过程异常退出时回调。

这并不难证实：

```
> Object.getOwnPropertyNames(tor.constructor.prototype)
[ 'constructor', 'next', 'return', 'throw' ]
```

9.2.2 不可思议的异常处理逻辑

现在如果给 `tor` 的 `return` 属性加一个回调函数，会发生什么呢？

```
// 迭代函数
function foo2(x = 5) {
  return {
    // 每次 next() 都不会返回 done 状态，因此可列举无穷次
    "next": () => new Object, // 结果实例等
    "return": () => console.log("RETURN!")
```

```
  }
}
let x = new Object;
x[Symbol.iterator] = foo2; // 默认 x 是 5
```

测试一下：

```
# 列举 x，第一次迭代后即执行 break;
> for (let i of x) break;
RETURN!
```

结果是 RETURN!，怎么可能？！

另外，如果接下来去 tor.throw 中响应 foo() 迭代中的异常，却什么也得不到。例如：

```
// 迭代函数
function foo3(x = 5) {
  return {
    // 第一个 next() 执行时即发生异常
    "next": () => { throw new Error },
    "throw": () => console.log("THROW!")
  }
}
let x = new Object;
x[Symbol.iterator] = foo3;
```

在测试中，异常直接被抛给了全局：

```
> console.log(...x);
Error
    at Object.next (repl:4:27)
```

显然可以把这个例子跟开始使用的 foo() 组合起来。foo() 迭代可以正确得到 5 4 3 2 1，而上面的 return/throw 可以捕获过程的退出或抛出异常。例如：

```
// 迭代函数
function foo4(x = 5) {
  return {
    // foo() 中的 next
    next: () => {
      return {done: !x, value: x && x--};
    },

    // foo2() 和 foo3() 中的 return 和 throw
    "return": () => console.log("RETURN!"),
    "throw": () => console.log("THROW!")
  }
}

let x = new Object;
x[Symbol.iterator] = foo4;
```

再测试一下：

```
> console.log(...x);
5 4 3 2 1
```

成功是成功了，但是 return/throw 为什么没被调用呢？这简直就是迭代的地狱！

9.3　在迭代中处理异常的关键：谁是使用者

回顾之前的内容，迭代过程并不是一个语法执行的过程，而应该理解为一组函数执行的过程；

这一批函数执行过程中的结束行为也应该理解为函数内的异常或退出。因此，尽管在 `for..of` 语句的执行过程看来，是 `break` 发生了语句中的中断，但是在迭代处理的内部发生的却是一个迭代过程的退出（`return`）。同样复杂的是，这一批函数无论是在哪里抛出（`throw`）异常，最终都只有外层的第一个能捕获异常的环境能响应这个异常。

　　简单来说就是：退出是执行过程的，抛出异常是外部的。

　　在 JavaScript 中，迭代被处理为两个组成部分，一个是（循环的）迭代过程，另一个是（循环的）迭代控制变量。表现在 `tor` 这个迭代对象上就是：对循环来说，**如果谁使用迭代变量 tor，就是谁来管理循环的迭代过程。**

　　这个"迭代过程"的一般逻辑是：

- 如果迭代结束（无论它因为什么结束），则触发 `tor.return` 事件；
- 如果发现异常（只要是当前环境能捕获到的异常），则触发 `tor.throw` 事件。

　　这两个步骤总是发生在管理者的行为框架中。例如，在下面这个过程中，由于 `for .. of` 语句将获得 x 对象的迭代变量 `tor`，那么它也将管理 x 对象的迭代过程：

```
for (let i of x) {
  if (i == 2) break;
}
```

因此，在 `for` 语句完成 `break` 之后（在 `for` 语句退出自己的作用域之前），它必须去通知 x 对象迭代过程也结束了，于是这个语句触发了 `tor.return` 事件。

　　同样，如果是一个数组展开过程：

```
console.log(...x);
```

那么将是 `...x` 这个展开语法负责上述的迭代过程的管理和通知，这个语法在它所在的位置上是无法响应异常的，因为该语法所在位置是一个表达式，不可能在它内部使用 `try..catch` 语句。

　　这段示例代码将屏蔽掉一切：既没有 `console.log()` 输出，也没有异常信息，`tor` 的 `return` 和 `throw` 一个也没有发生。示例如下：

```
function touch(x) {
  if (x==2) throw new Error("hard break");
}

// 迭代函数
function foo5(x = 5) {
  return {
    // foo2()中的 next
    next: () => {
      touch(x); // 一些处理方法
      return {done: !x, value: x && x--};
    },

    // foo3()中的 return 和 throw
    "return": () => console.log("RETURN!"),
    "throw": () => console.log("THROW!")
  }
}

let x = new Object;
x[Symbol.iterator] = foo5;

try {
  console.log(...x);
```

```
}
catch(e) {
  // ...
}
```

这样一来，对 x 这个可迭代对象和 foo5() 这个迭代器函数来说，世界是很安静的：它既不知道自己发生了什么，也不知道它的外部世界发生了什么，因为...x 这个语法既没有管理迭代过程（因此不理解 tor.return 行为），也没有在异常发生时触发 tor.throw 事件来完成向内通知。

9.4　小结

本章标题下的代码是不能执行的，因为其中的括号并不是表达式中的分组运算符，不是语句中的函数调用，也不是声明中的形式参数表。声明中的...x 被定义为"展开语法"，是逻辑的映射（它返回的是处理逻辑），而不是值或引用。它在不同的位置被 JavaScript 解释成不同的语义，包括对象展开和数组展开，并通过一组特定的代码来实现上述的语义。

在...x 被理解为数组展开时，本质上是将 x 视为一个可迭代对象，并通过一个迭代变量（例如 tor）来管理它的迭代过程。在 JavaScript 中的迭代对象 x 的生存周期是交由使用它的表达式、语句或语法来管理的，包括在必要的时候通过 tor 触发 return/throw 事件来完成向内通知。

在本章的示例中，展开语法...x 是没有向内通知能力的，而 for .. of 可以隐式地向内通知。对于后者，for..of 中的 break 和 continue，以及循环的正常退出，都能够触发 return 事件，但它并没有触发 throw 来完成内向通知的能力，因为 for..of 语句本身并不捕获和处理 throw。

第10章

从迭代向生成器函数演进的过程

```
> foo = function*() { let x = yield x }
[GeneratorFunction: foo]
```

本书经常会使用同一示例或者同类型的示例的细微差异，去分析和反映语言特性的核心和本质的不同。例如，第 2 章和第 3 章中都在讲的连续赋值，看起来形似，根本上却不同。第 5 章和第 9 章中的内容同样也是有一些相关性的。它们都是在讲循环，但第 5 章主要讨论的是语句对循环的抽象和如何在循环中处理块，而第 9 章侧重于讲解如何通过函数执行把语句执行的相似逻辑重新实现一遍。仅就"循环过程"而言，在 JavaScript 中就在不同的语言范式下实现了好几次。

本章回到函数的 3 个语义组件：参数、执行体和结果。既然第 9 章讨论的是在函数中对执行体这个组件的重造，那么本章就接着讨论对参数和结果的重造。

规范索引

实现

- #table-additional-state-components-for-generator-execution-contexts：生成器执行上下文的附加状态组件表，该表中列出了 Generator 字段，这是在处理生成器执行上下文时为其扩展的状态组件。需要注意的是，在从栈中移出执行上下文时，Generator 字段将用于暂存生成器函数的引用。
- #sec-generator-abstract-operations：生成器抽象操作，包括 GeneratorStart()、GeneratorValidate()、GeneratorResume() 等抽象操作。
- #sec-generatorstart：GeneratorStart() 抽象操作。要注意在生成器函数启动（以创建生成器对象并返回）时会将活动的上下文作为生成器上下文暂存并出栈的过程。
- #sec-generatoryield：GeneratorYield() 抽象操作，要留意 yield 导致的出栈过程。
- #sec-generatorresume：GeneratorResume() 抽象操作，取出 [[GeneratorContext]] 上

下文，并推入执行栈以恢复运行。

- #sec-generator.prototype.next：生成器对象的 g.next() 方法的实现过程，用于恢复生成器的执行。该方法将调用 GeneratorResume(g) 抽象操作。
- #sec-toplevelmoduleevaluationjob：在 ES2020 之前的版本中，这是顶层模块的入口任务。
- #sec-scriptevaluationjob：在 ES2020 之前的版本中，这是脚本块（全局代码）的入口任务。

其他参考

- 《JavaScript 语言精髓与编程实践（第 3 版）》的 5.4.5 节 "生成器中的迭代"。

10.1 将迭代过程代表的循环逻辑展开

既然迭代器可以表达为一组函数的连续执行，那么观察这样一组展开的函数就可以明显地看到它们之间的相似性。例如：

```
// 迭代函数
function foo(x = 5) {
  return {
    next: () => {
      return {done: !x, value: x && x--};
    }
  }
}

let x = new Object;
x[Symbol.iterator] = foo; // 默认 x 是 5
console.log(...x);
```

这相当于调用了 5 次 return 语句，可以展开如下：

```
// 上例在形式上可以表达为如下的逻辑
console.log(
  /*return */{done: false, value: 5}.value,
  /*return */{done: false, value: 4}.value,
  /*return */{done: false, value: 3}.value,
  /*return */{done: false, value: 2}.value,
  /*return */{done: false, value: 1}.value
);
```

既然这些连续的 tor.next() 调用最终仅是为了获取它们的结果值，那么只要封装这些 "值的生成过程"，就可以用一个新函数来替代一批函数。这样的一个函数就称为 "生成器函数"。

但是，因为函数只有一个出口，所以用 "函数的退出" 是无法映射 "函数包含一个多次生成值的过程" 这样的概念的。要实现这一点，就必须让函数可以多次进入和退出。这就是本章标题下的代码中 yield 运算符的作用。这些作用有以下两个方面：

- 在逻辑上，它产生一次函数的退出，并接受下一次 tor.next() 调用所需要的进入；
- 在数据上，它在退出时传出指定的值（结果），并在进入时携带传入的数据（参数）。

所以，yield 就是在生成器函数中用较少代价实现一个完整的 "函数执行" 过程所需的参数和结果。执行体组件就是 tor.next() 推动的那个迭代逻辑（参见第 9 章）。这样一来，上面的例子可以用生成器实现如下：

```
function *foo() {
```

```
  yield 5;
  yield 4;
  yield 3;
  yield 2;
  yield 1;
}
```

或者用更通用的过程实现如下：

```
function *foo2(x=5) {
  while (x--) yield x;
}

// 测试
let x = new Object;
x[Symbol.iterator] = foo2; // 默认 x 是 5
console.log(...x); // 5 4 3 2 1
```

这里又出现了循环——尽管它被所谓的生成器函数封装了一次。

10.2　用生成器函数对循环逻辑进行二次重构

可见，生成器的关键在于如何产生 yield 运算所需的两个逻辑：（函数的）退出和进入。因为生成器内部是顺序的 5 行代码还是一个循环逻辑，对外部的使用者来说是不可知的。生成器通过一个迭代器接口与外部交互，只要 for..of 或 ...x 以及其他任何语法、语句或表达式识别该迭代器接口，它们就可以用 tor.next() 以及 result.done 状态来组织外部的业务逻辑，而不必了解后面的（例如数据传入/传出的）细节了。

然而，对生成器来说，函数的退出和进入是如何实现的呢？

回顾第 6 章所讲的"执行现场"，它包含了 3 个层面的概念：

● 块级作用域及其他作用域本质上就是一帧数据，交由环境来管理；

● 函数是通过调用与返回来模拟上述数据帧在栈上的入栈与出栈过程的，也称为调用栈；

● 执行现场是上述环境和调用栈的一个瞬时快照（包括栈上数据的状态和执行的位置）。

这里提到的"位置"是一个典型的与逻辑的执行过程相关的东西，第 6 章就是借由 break 在讲对这个"位置"的控制，包括静态的标签，以及标签在执行过程中所映射到的位置。

函数的调用意味着数据帧的建立以及该数据帧压入调用栈，而函数的返回意味着函数弹出栈和数据帧销毁。从这个角度来说，yield 运算必然不能使该函数退出（或者说必须不能让数据帧从栈上移除和销毁），因为 yield 之后还有其他代码，而一旦数据帧销毁那么其他代码就无法执行了。

yield 是为数不多的能"挂起"当前函数的运算，但这并不是 yield 主要的标志性行为。yield 运算最大的特点是它在挂起当前函数时，还将函数所在栈上的执行现场移出了调用栈。由于 yield 可以存在于生成器函数内的第 *n* 层作用域中，例如：

```
function foo3() { // 块作用域1
  if (true) { // 块作用域·2
    while (true) { // 块作用域3
      yield 100
      ...
```

因此，yield 发生时需要通过作用域链向这个数据帧外层检索到第一个函数帧，这个帧包括

foo3()的函数环境（Function Environment）。然后它内部的全部环境都会被挂起，而执行位置将会通过函数的调用关系一次性返回上一次 tor.next() 的下一行代码，这就相当于在 tor.next()内部执行了一次 return。

为了简化"向外层检索"这一行为，JavaScript 通常是使用所谓"执行上下文"来管理这些数据帧（环境）与执行位置的。执行上下文与函数或代码块的词法上下文不同，因为执行上下文只与被执行的对象相关，是 JavaScript 引擎内部的数据结构，所以它总是被关联（且仅关联）到一个函数入口。

由于 JavaScript 引擎将 JavaScript 代码理解为函数，因此这个执行上下文能关联所有的用户代码文本。"所有的用户代码文本"意味着.js 文件的全局入口会被封装（与函数类似），且全部的模块顶层代码也会做相同的封装①。这样一来，所有通过文件加载的代码文本都会只存在于同一个函数中。由于在 Node.js 或其他一些具体实现的引擎中无法同时使用标准的 ECMAScript 模块加载和.js 文件加载，因此这些引擎在运行 JavaScript 代码时（通常）只有一个入口的函数，而所有的代码也就运行在（类似于函数的、唯一的）一个执行上下文中。

如果用户代码（通过任意的手段）试图挂起这唯一的执行上下文，也就意味着整个 JavaScript 都停止了执行。因此，挂起这个上下文的操作是受限制的，被一系列特定的操作规范管理。除具体的操作之外，这里还有一个关键问题：到底有多少个执行上下文？

如果模块与文件加载机制分开，那么模块入口和文件入口就是二选一的。当然，在不同的引擎中这也不尽相同。在 ES2020 之前的规范中，对它们的处理更加清晰，模块入口是所有模块的顶层代码的顺序组合，它们被封装为 TopLevelModuleEvaluationJob() 函数，作为模块加载的第一个执行上下文创建。类似地，一般的.js 文件加载也会被封装为 ScriptEvaluationJob() 函数，这也是文件加载中所有全局代码块称为"脚本块"的原因。

除了这两种执行上下文，eval() 总是会开启一个执行上下文。JavaScript 为 eval() 分配的这个执行上下文，与调用 eval() 时函数的执行上下文享有同一个环境（包括词法环境和变量环境等），并在退出 eval() 时释放它的引用，以确保同一个环境中"同时"只有一个逻辑在执行。

接下来，如果一个一般函数被调用，那么它也会形成一个对应的执行上下文。但是，由于这个上下文是函数被调用而产生的，所以它会创建一个指向调用者上下文（*callerContext*）的关联，并将自己添加在调用者之后；由于栈是后进先出的结构，因此总是立即执行这个被调用者上下文（*calleeContext*）。这也是调用栈入栈等义于调用函数的原因。但这个过程也就意味着这个当前（活动的）调用栈是由一系列执行上下文以及它们所包含的数据帧构成的。就目前来说，这个调用栈的底部，要么是模块全局的入口任务（对应于 *TopLevelModuleEvaluationJob*），要么是脚本全局的入口任务（对应于 *ScriptEvaluationJob*）。

所有这些执行上下文在运行过程中所处位置和关系，与生成器的上下文都不相同。生成器的特殊之处在于：**所有其他上下文都在执行栈上，而生成器的上下文（多数时间是）在栈的外面。**

---

① 高版本中的 ECMAScript 并不是直接将它们变成函数的，而是创建一个（与函数类似的）独立上下文来处理全局代码或模块。这个上下文中的 Function 字段指向 null（参见 ES2020 之后的 ScriptEvaluation() 和 ExecuteModule()）。

10.3　由 **next()**方法负责执行引擎的唤起

如果有一行 `yield` 代码出现在生成器函数中，那么当这个生成器函数执行到 `yield` 表达式时会发生什么呢？

这个问题貌似不好回答，但是如果问：是什么让这个生成器函数执行到 `yield` 表达式所在位置的呢？这个问题就好回答了，是 `tor.next()` 方法。例如：

```
function* foo3() {
  yield 10;
}
let tor = foo3();
...
```

到目前为止，`tor` 已经获得了来自 `foo3()` 的一个迭代器对象，并且在语法形式上，貌似 `foo3()` 函数已经执行了一次。但是，`foo3()` 声明的函数体直到用户代码调用如下方法才执行：

```
# 调用迭代器方法
> tor.next()
{ value: 10, done: false }
```

这时，`foo3()` 声明的函数体正式执行并且直到表达式 `yield 10` 生成器函数才返回第一个值 10。这表明在代码 `tor = foo3()` 中，函数调用 `foo3()` 的实际执行效果是：**生成一个迭代过程，并将该过程交给了 tor 对象**。换言之，`tor` 是 `foo3()` 生成器（内部的）迭代过程的一个句柄。从引擎内的实现过程来说，`tor` 是 `GeneratorFunction.prototype` 的一个实例，并且它会包括状态和执行上下文两个信息。这个 `tor` 所代表的生成器在创建出来的时候立即被挂起，因此状态被初始化为 `suspendedStart`（启动时挂起）；而在调用 `tor.next()` 时因 `yield` 运算导致的挂起，称为 `suspendedYield`（执行 `yield` 时挂起）。另一个信息，即上下文，就指向 `tor` 被创建时的上下文。上面已经说过了，所谓上下文一定指的是一个外部的、内部的或由全局/模块入口映射成的函数。

接下来，当 `tor.next()` 执行时，`tor` 包括的上下文信息被压到栈顶执行；当 `tor.next()` 退出时，这个上下文就被从栈中移除。这个过程与调用 `eval()` 是类似的，总是能保证指定栈是全局唯一活动的一个栈。

如果活动栈唯一，那么系统就是同步的，因为只需要一个执行线程。

10.4　为 **next()**方法的传入参数赋予新的意义

生成器对函数执行的执行体加以改造，使之变成由 `tor.next()` 管理的多个片断，用来映射多次函数调用的每个块。除此之外，生成器还对传入参数加以改造，使执行每个块时可以接受不同的参数。这些参数是通过 `tor.next()` 传入，并作为 `yield` 运算的结果值使用的。

这里 JavaScript 偷换了概念。也就是说，在

```
x = yield x
```

这行表达式中，从语法上看是表达式 `yield x` 求值，实际执行效果是 `yield` 向函数外发送表达式 x 的求值结果，而

```
x = ...
```

的赋值语义变成了 yield 接受外部传入的参数并作为结果值赋给 x。

将 tor.next() 联合起来看，由于 tor 对应的上下文在创建后总是挂起的，因此第一个 tor.next() 调用总是将执行过程"推进"到第一行 yield 并挂起。例如：

```
function* foo4(x=5) {
  console.log(x--); // tor = foo4()时传入的值 5
  // ...

  x = yield x; // 传出 x 的值
  console.log(x); // 传入的参数
  // ...
}

let tor = foo4(); // 默认 x 是 5
result = tor.next(); // 第一次调用 next()的参数将被忽略
console.log(result.value);
```

执行结果将显示：

```
5    // <- 默认值
4    // <- 当前值
```

但 foo4() 函数在 yield 表达式执行后将挂起。直到下一次调用 tor.next(arg) 时，一个已经被 yield 挂起的生成器将恢复，这时传入的参数 arg 将作为 yield 表达式（在它的上下文中的）结果值，也就是上例中第二个 console.log(x) 中的 x 值。例如：

```
# 传入 100，将作为 foo4()内的 yield 表达式求值结果赋给 x = ...
> tor.next(100)
100
```

10.5　小结

本章讲的是将迭代过程展开并重新组织它的语义，然后变成生成器与 yield 运算的全过程。在这个过程中，需要关注的是 JavaScript 对迭代过程展开之后执行体和参数的处理。这包含了对函数的全部 3 个组件的重新定义：函数体、参数传入和值传出。只不过在 yield 中尤其展现了对传入和传出的处理而已。

生成器函数本质上就是对多次迭代过程进行的"函数式化"，也就是一次函数式风格的封装，其中 yield 就是替代 return，用以实现结果值的传出的，而相应的参数传入则由 tor.next() 来实现。

为了实现这一点，yield 在引擎中接管了上下文的移入和移出，用以模拟函数的调用和返回过程。yield 是为数不多的能够操作执行引擎/执行栈进行作业调度（job scheduling）的运算符之一。正因为这个缘故，了解它对于了解 JavaScript 引擎的执行过程尤为重要。

第11章

ECMAScript 规范起步

```
> throw 1;
```

　　如果要为 ECMAScript 列举一个"实现起来最简单的 JavaScript 语法榜",那么本章标题下的这行 JavaScript 语句应该排在前三。

　　但是,为什么要介绍这个所谓的"最简单的 JavaScript 语法榜"呢?这是因为,在 ECMAScript 规范中对 JavaScript 语法的实现,尤其是语句、表达式以及基础特性最核心的部分等,都可以在这前三名的实现过程和渐次演进关系中展示出来。理解了这个最简单的语法榜的前三名,差不多也就理解了设计一门编程语言的基础模型与逻辑。

　　本章就以这行代码为引,讲讲如何阅读 ECMAScript 规范。

规范索引

规范类型

- #sec-completion-record-specification-type:完成记录(Completion Record)规范类型。
- #sec-reference-record-specification-type:引用记录(Reference Record)规范类型。

概念或一般主题

- #sec-empty-statement:空语句,包括它的运行期语义。
- #sec-expression-statement:表达式语句,包括它的运行期语义。
- #sec-normalcompletion:一般完成。NormalCompletion()抽象操作,返回 normal 类型的完成记录。
- #sec-throwcompletion:抛出异常完成。ThrowCompletion()抽象操作,返回 throw 类型的完成记录。
- #sec-returnifabrupt:检测异常并退出。ReturnIfAbrupt(x)抽象操作,表示 x 是任何

> 非 `normal` 类型的完成记录时就退出当前执行过程，否则取出 x 的值。
>
> **实现**
>
> - #sec-throw-statement-runtime-semantics-evaluation：`throw` 语句的运行期语义操作（Evaluation）。
> - #sec-updateempty：`UpdateEmpty()` 抽象操作，将完成记录中的值置为 `empty`。
> - #table-completion-record-fields：完成记录的字段表，完成记录中用 `[[Value]]` 来携带语句的返回值，用 `[[Target]]` 指示 `continue`/`break` 子句对应的标签（是一个标签名字符串，可用于在 `labelSet` 中查找）。

11.1 第三行：返回结果

在 ECMAScript 规范描述中，`throw` 语句的执行实现逻辑只有 3 行：

```
ThrowStatement :
      throw Expression
Let exprRef be the result of evaluating Expression.
Let exprValue be ? GetValue(exprRef).
Return ThrowCompletion(exprValue).
```

这 3 行代码描述包括两个 `Let` 语句和一个用来返回值的 `Return` 语句。当然，这里的 `Let`/`Return` 是自然语言的语法描述，是 ECMAScript 规范代码的写法，而不是某种编程语言的代码。

将这 3 行规范代码倒过来看，第三行的 `ThrowCompletion()` 调用其实是一个简写。对应的完整表示法是一行用于返回完成记录[①]的代码：

```
Return Completion { [[Type]]: throw, [[Value]]: exprValue, [[Target]]: empty }
```

在 ECMAScript 规范的书写格式中[②]，一对大括号 `{}` 是记录（Record）的字面量表示。也就是说，执行 `throw` 语句在引擎层面的效果是返回一个类型为 `throw` 的一般记录。

这行代码也反映了"JavaScript 语句执行是有结果值的"这一事实。也就是说，任何 JavaScript 语句执行时总是会返回一个值，包括空语句。空语句是上述最简单的语法榜的第一名，因为它在 ECMAScript 中的实现代码有且仅有一行：

```
EmptyStatement :
      ;
Return NormalCompletion(empty).
```

其中的 `NormalCompletion()` 是一个简写，完整的表示法与上面的 `ThrowCompletion()` 类似（传入参数 *argument* 在这里是 `empty`）：

```
Return Completion { [[Type]]: normal, [[Value]]: argument, [[Target]]: empty }
```

`empty` 是 ECMAScript 规范类型中的一个特殊值[③]，把它看成"在规范层面的类似 `null` 的东西"

[①] 这样返回的结果就是"完成记录"。完成记录与引用记录等规范类型都是 ECMAScript 规范特有的，在之前的章节中已多有讲述。

[②] 在之前讲标签化语句的时候，提及过上述记录中的 `[[target]]` 字段的作用，也就是只用作"`break labelName`"和"`continue labelName`"中的标签名。

[③] `empty` 的特殊性还表现在它没有明确的类型定义，也就是说，不存在所谓的 `Empty` 类型，且 `empty` 也不是值。在 ECMAScript 规范中唯有它具备这种特性（相对而言，`null` 值有对应的 `Null` 类型定义）。

就可以了（它也用来表示没有[[Target]]）。

这样看来，**空语句**（*EmptyStatement*）也是一般语句，其返回结果为 empty。

11.2　第二行：取引用的值

简单来说，本章标题下的语句 throw 1 就是一个返回 throw 类型结果的语句。关键是向谁返回呢？以 throw 1 为例，谁才是 throw 语句的执行者呢？

11.2.1　语句的执行者

在 JavaScript 中，除 eval() 之外，从无"如何执行语句"一说。这是因为任何情况下"加载脚本+执行脚本"都是引擎自身的行为，用户代码在引擎内运行时，如"鱼不知水"一般，是难以知道语句本身的执行情况的。即使是 eval()，因为它的语义是"语句执行并求值"，所以从 eval() 的结果来看是无法了解语句执行的状态的。"求值"就意味着去除了结果（或者完成记录）中的状态信息。

ECMAScript 用于为 JavaScript 提供语言规范，出于 ECMAScript 规范书写的特殊性，它也同时是引擎实现的一个规范。在 ECMAScript 中，所有语句都被解析成待处理的结点，最顶层的位置总是被称为**脚本**（script）或**模块**（module）的一个块（块语句），其他语句将作为它的一级或更深层级的嵌套子级结点，这些结点称为**解析结点**（parse node），它们构成的整个结构称为**解析树**（parse tree）。无论如何，语句总是一个树或子树，而表达式可以是一个子树或一个叶结点。

执行语句与执行表达式在这样的结构中是没有明显区别的，而所谓"执行代码"在实现上就被映射成执行这个树上的子树（或叶结点）。所谓"顺序执行的语句"表现在解析树上就是同一级的子树，它们之间平行（相同层级），并且相互之间没有"相互依赖的运算"，所以它们的值（也就是尝试执行它们共同的父结点所对应的语句）就将是最后一个语句的结果。所有顺序执行语句的结果向前覆盖，并返回最终语句的结果。

在表达式中，也存在与语句相同的执行过程。也就是说，如下两段代码在执行效果上没有什么差异：

```
// 表达式的顺序执行
> 1, 2, 3, 4;
4

// 语句的顺序执行
> 1; 2; 3; 4;
4
```

更进一步说，如下两种语法的抽象在语义上也是一样的：

```
// 通过分组来组合表达式
> (1, 2, 3, 4)
4

// 通过块语句来组合语句
> {1; 2; 3; 4;}
4
```

所以，所谓"语句的执行者"表现在解析树上其实就是它外层的语句，而最外层的语句总是被称为脚本或模块的一个块，其结果将返回给 shell、主进程或者 eval() 函数，并且，

- 除 eval() 之外，所有外层语句都不依赖内层语句的返回值；
- 除 shell 程序或主进程程序之外，也没有应用逻辑来读取这些语句缺省状态下的值[①]。

11.2.2 运行期值的覆盖与读取

在语句的 5 种完成类型（normal、break、continue、return 和 throw）中，normal（默认状态）大多数情况下是不被读取的，break 和 continue 用于循环和标签化语句，而 return 用于函数的返回。于是，就只剩下了本章标题下的 throw 1 所指向的，也就是 throw 类型。

> **注意** 有且仅有 return 和 throw 两种类型是确保返回时携带有效值（包括 undefined）的。其他的完成类型则不同，可能在返回时携带 empty，需要在语句外的代码（shell、主进程或 eval）中进行特殊的处理。

return 语句总是显式地返回值或隐式地将返回值置为 undefined，也就是说，它总是返回值，而 break 和 continue 是不携带返回值的。那么是不是说，当一个"语句块"的最终语句是 break、continue 或其他一些不携带返回值的语句时，该"语句块"总是没有返回值呢？答案是否定的。

ECMAScript 规范约定，在块中的多个语句顺序执行时有以下两条规则。

- 规则 1：在向前覆盖既有的语句完成值时，empty 不覆盖任何值。
- 规则 2：部分语句在没有有效返回值且既有语句的返回值是 empty 时，默认用 undefined 覆盖之。

规则 1 比较容易理解，表明一个语句块会尽量返回块中最后有效的值。之前提到的空语句、break 语句等，都返回 empty，不覆盖既有的值，因此也就不影响整个语句块的执行。在另外一些情况下，如果将一个有有效返回的语句放到空语句后面，那么这个语句就越过空语句，其返回值覆盖了其他现有的有效结果值。例如，在下面这些例子中，后面两行语句都返回 empty，不覆盖既有的值，因此整个语句块的执行结果是 2：

```
# 在 Node.js 中
> eval(`{
  1;
  2;
  ; // empty
  x:break x; // empty
}`)
2
```

又如：

```
# 在 Node.js 中
> eval(`{
```

[①] throw/return 在这方面表面比较特殊，因为它们的目的就是提供结果值。但是，它们都不是缺省状态下的值（normal）。另外，在 shell 和主进程中也确实有一些可以交付给应用的逻辑，例如浏览器中的 window.onerror 事件，或者 Node.js 中的 uncaughtException 事件，都是在这个层面上的处理。

```
  ; // empty
  1;
  ; // empty
}`)
1
```

在这个例子中第一行代码执行结果返回 empty，于是第二行的结果值 1 覆盖了它，而第三行的结果值仍然是 empty，不导致覆盖，因此整个语句的返回值将是 1。

规则 2 就比较复杂了。它出现在 if、do..while、while、for/for..in/for..of、with、switch 和 try 语句块中。在 ES6 之后，这些语句约定不会返回 empty，因此它的执行结果是至少会返回一个 undefined，而在此之前，它们的执行结果是不确定的，既可能返回 undefined，也可能返回 empty 并导致上一行语句值不覆盖。举例来说：

```
# 尝试在 Node.js 5.10 以上版本或 Node.js 4 中分别运行
> eval(`{
  2;
  if (true);
}`)
undefined
```

因为 ES6 约定 if 语句不返回 empty，所以第一行返回的值 2 将被覆盖，最终显示为 undefined，而在 ES6 之前（例如 Node.js 4），它将返回值 2。[①]

11.2.3　取引用值的具体方法

通过这些约定，ECMAScript 规范了 JavaScript 中所有语句的执行结果值的可能范围：empty 或一个既有的包括 undefined 在内的执行结果值。

现在还有最后一个问题：怎样从引用中得到上述的执行结果值？

回顾第 1 章中讲到过的内容：表达式的本质是求值运算，而引用是不能直接作为最终求值的运算数的。因此，引用并不能作为语句结果返回，并且它在表达式计算中也仅是作为中间运算数（而非表达最终值的运算数）。在语句返回值的处理中，总是有一个"执行表达式并取值"的操作（GetValue），以确保不会有"引用（规范类型）"作为语句的最终结果。

这就是在 ECMAScript 中 throw 1 语句的第二行规范代码的由来：

```
Let exprValue be ? GetValue(exprRef).
```

事实上，这里的"? *opName*()"语法是一个简写，在 ECMAScript 中它表示一个 ReturnIfAbrupt(x) 的语义：设一个操作（*opName*()）的结果是完成记录 x，那么，**如果 x 是特殊的（非 normal 类型的）完成记录，则返回 x**；否则，**返回一个以 x.[[value]] 为值的 normal 类型的完成记录**。简而言之，就是在 GetValue() 这个操作外面再封装一次异常处理。这往往是很有效的。例如，下面这个例子中的 throw 语句，它自己的 throw 语义还没有执行到，在处理它的运算数时就遇到一个异常。这该怎么办呢？

```
throw 1/0;
```

exprRef 作为表达式的求值结果，其本身就将是一个异常，于是"? GetValue(*exprRef*)"就可以返回这个异常对象本身（而不是异常的值）了。

类似地，表达式语句（这是排在最简单的语法榜第二名的语句）就直接返回这个值：

[①] 可以参考阅读我的一篇博客文章"前端要给力之：语句在 JavaScript 中的值"。

```
ExpressionStatement:
        Expression;
Let exprRef be the result of evaluating Expression.
Return ? GetValue(exprRef).
```

11.3 第一行：从执行到取结果的基础模式

现在还有一行规范代码，也就是

```
let ... result of evaluating ...
```

其中的"`result of evaluating ...`"基本上算是 ECMAScript 中一个约定俗成的写法，不管是执行语句还是表达式，都是如此。这意味着，引擎需要按语义上的执行逻辑来处理对应的代码块、表达式或值（运算数），并将结果（*result*）[①]返回。

作为一个基础模式，在书写外层的处理逻辑代码的规范时：

- 如果返回的是一个引用，会再根据当前逻辑的需要将"引用"理解为左运算数（取引用）或右运算数（取值）；
- 如果返回的是一个完成记录，就尝试检测它的完成类型（`throw`、`return`、`normal` 或其他）。

所以，`throw` 语句也好，`return` 语句也罢，所有的语句与它外部的代码块（或解析树中的父结点）间都是通过这个完成记录来通信的。但外部代码块是否处理这个状态，则是由外部代码自己决定的。

几乎所有的外部代码块在执行一个语句（或表达式）时，都会采用上述的 `ReturnIfAbrupt(x)` 逻辑来封装。也就是说，如果是 `normal`，则继续处理；否则将该状态原样返回，交由外部的其他代码处理。于是，就有了下面这样一些语法设计：

- 对语句来说，
  - ◆ 循环语句用于处理非标签化的 `continue` 与 `break`，并处理为 `normal`；
  - ◆ 标签语句用于拦截那些"向外层返回"的 `continue` 和 `break`，且只要能处理（例如目标标签）就替换成 `normal`。
- 对函数来说，其内部过程 `[[Call]]` 将检查函数体执行（将作为一个块语句执行）返回的状态是否是 `return` 类型，如果是，就替换成 `normal`。

显而易见，所有语句的执行结果状态要么是 `normal` 类型，要么是还未被拦截的 `throw` 类型。

`try` 语句就用来处理那些漏网之鱼（`throw` 类型）的：在 `catch` 块中替换成 `normal`，以表示 `try` 语句正常完成；或在 `finally` 块中不做任何处理，以继续维持既有的完成类型，也就是 `throw` 类型。

11.4 在 ECMAScript 中如何理解值 1

最后，本章标题下的代码中只剩下一个值 1，在实际使用中，它既可以是一个其他表达式的

---

① 对表达式来说，这里的 *result* 就是之前在第 1 章中所说的"结果（Result）"，但如果执行的是语句，这里的 *result* 就是一个完成记录。引擎能够理解"执行语句"与"执行表达式"的不同，并且由此决定它们返回的是一个规范类型中的"引用记录"还是"完成记录"。

执行结果，也可以是一个用户定义或创建的对象。无论如何，只要它是一个 JavaScript 可以处理的结果（引用或值），它就可以通过 ECMAScript 的内部操作 GetValue() 来得到一个真实数据，并放在一个 throw 类型的完成记录中，通过一层一层的解析树/解析结点中的 ReturnIfAbrupt(x) 向上传递，直到有一个 try 块捕获它。例如：

```
try {
  throw 1;
catch(e) {
  console.log(e);  // 1
}
```

它也可能溢出到代码的顶层，成为根级解析结点，也就是脚本或模块类型的全局块的返回值。这时，引擎或 shell 就会得到它，于是你的程序就崩溃了。

11.5 小结

本篇全部 6 章从语句执行到函数执行，从引用类型到完成类型，从循环到迭代，基本完成了关于 JavaScript 执行过程的全部介绍。最后，在本章中还详细地讲解了阅读 ECMAScript 的一般方法，希望读者能对 ECMAScript 规范有进一步的了解。当然，这些都是在串行环境中发生的事情，在并行环境下的执行过程是本书第五篇的主要内容。

作为一个概述，建议读者回顾一下之前所讲的内容，包括但不限于：

- 引用类型与值类型在 ECMAScript 和 JavaScript 中的不同含义；
- 基本逻辑（顺序、分支与循环）在语句执行和函数执行中的不同实现；
- 流程控制逻辑（中断、跳转和异步等）的实现方法，以及它们的要素，例如循环控制变量；
- JavaScript 执行语句和执行函数的过程，引擎层面从加载到执行的完整流程；
- 理解将代码语法分析为记号（token）、标识符、语句、表达式等抽象元素的过程；
- 明确上述抽象元素的静态含义与动态含义之间的不同，明确语法元素与语义组件的实例化。

综合来看，JavaScript 语言是面向程序员开发的，是表面上的语法规则，而 ECMAScript 既是规范也是实现，是面向引擎实现者的。ECMAScript 约定了一整套的框架、类型与体系化的术语，根本上就是为了严谨地叙述 JavaScript 的实现。此外，ECMAScript 还提供了大量的语法或语义组件，用以规范和实现未来的 JavaScript。

第三篇

从原型到类：
向应用编程语言的进化

第二篇讨论的语句执行与表达式执行基本上已经能涵盖现有编程语言的绝大部分计算能力。这也是编程语言的执行引擎通常会基于表达式解析来设计的原因，毕竟，函数和表达式就是计算能力的抽象。

但是，一门应用编程语言不能只用于完成计算。应用编程语言需要通过一些更大粒度的抽象结构来完成程序的组织，也就是说，它需要沿袭或构建更标准、更统一的编程范式。这也是面向对象编程能够流行起来的主要原因之一。

本篇着力介绍 JavaScript 中面向对象编程技术的由来，以及其具体的设计和发展方向，尤其会侧重于介绍在引擎层面对这种编程技术的理解和处理，希望读者能更多地从数据结构层面来看待一个对象及其应用。

第12章

详解属性及其性质

```
> 1 in 1..constructor
false
```

　　本章标题下的代码看起来像是其他编程语言中的循环或迭代，或者在代码文本上看起来像是一个范围检查（语义上像是"1 在某个 1..n 的范围中"）。但在 JavaScript 中，它包含了从"对象成员存取"这样的基础话题，到"包装类"这样的复杂概念的全部知识。

　　当然，重要的是，JavaScript 中面向对象系统的独特设计使它的对象属性存取结果总是不确定的。这也是本章要讲属性的原因。

规范索引

规范类型

- #sec-property-descriptor-specification-type：属性描述符（Property Descriptor）规范类型。

概念或一般主题

- #sec-object-type：对象类型。
- #sec-property-attributes：属性的性质，包括数据属性（data property）和存取属性（accessor property）。
- #sec-own-property：自有属性。
- #sec-inherited-property：继承属性。
- #sec-property-accessors：属性存取，包括成员表达式与存取运算符等。

实现

- #sec-property-accessors-runtime-semantics-evaluation：属性存取的运行期语义操作（Evaluation），包括对表达式键和标识符键的实现，在声明时也称 *ComputedPropertyName*

（计算属性名）和 *LiteralPropertyName*（字面属性名）。

- #sec-ordinaryget：`OrdinaryGet()`抽象操作，取对象属性值的实现过程，将回溯原型链。
- #sec-ordinaryset：`OrdinarySet()`抽象操作，置对象属性值的实现过程，将更新或创建自有属性。

12.1 JavaScript 1.0~JavaScript 1.3 中的对象

早期的 JavaScript 只有一个非常弱的对象系统。我用过 JavaScript 1.0，我甚至可能还是最早尝试用它在浏览器中写代码的一批程序员，我也寻找和收集过早期的 CEniv 和 ScriptEase，只为了探究它最早的语言特性与 JavaScript 之间的相似之处。但不得不说的是，曾经的 JavaScript 在面向对象特性方面，在语法上确实更像 Java，而在实现上则独具一格。

12.1.1 面向对象的基础设计与实现

在 JavaScript 1.0 的时候，对象是不支持继承的。那时的 JavaScript 使用的是称为“类抄写”的技术创建对象，就是“在一个函数中给 this 引用添加属性，并且使用 new 运算创建对象”。例如：

```
function Car() {
  this.name = "Car";
  this.color = "Red";
}

var x = new Car();
```

类抄写以及继承相关的性质是在 13.1 节中才会讨论的内容，现在这个示例需要留意：**Car()** **这个函数以“类”的身份声明了一系列的属性。**正因如此，使用 new Car()创建的“类的实例”（也就是对象 this）也就具有了这些属性。

这样的“类→对象”模型是很简单和粗糙的，但 JavaScript 1.0 时代的对象就是如此，重要的是，直到现在 JavaScript 的对象仍然如此。ECMAScript 规范明确定义了这样一个概念：“对象是零个或多个属性的集合。”

值得注意的是，JavaScript 1.0 的对象系统是有类的，并且在语义上也是“对象创建自类”。这使得它在表面上看起来还是有一些继承性的。例如，一个对象必然继承它的类声明的那些性质，也就是属性。但是，这个 1.0 版存在的时间很短，因此后来大多数人都不记得“JavaScript 有类，而又不支持类的继承”这件事情，从而将从 JavaScript 1.1 才开始具有的原型继承作为它最主要的面向对象特征。

在那个阶段，JavaScript 中有关全局环境和全局变量的设计也已经成熟，简单来说就是：第一，向没有声明的变量赋值，会隐式地创建一个全局变量；第二，全局变量会绑定为全局对象（global）的属性。

这样一来，JavaScript 的变量环境（或者全局环境）与对象系统就关联起来了。接下来，由于 JavaScript 也实现了带有闭包性质的函数，因此闭包也成了环境的管理组件。也就是说，闭包与对象都具有实现变量环境的能力。因此，在这个阶段，JavaScript 提出了“对象闭包”与“函数闭包”两个概念，并把它们用来实现的环境称为“作用域”。这些概念和语言特性一直支持到 JavaScript 1.3 版本，并随着 ES3 确定下来。

在那个时代，JavaScript 语言的设计与发展还基本是以它的发明者布兰登·艾奇（Brendan Eich）为主导的，JavaScript 的语言特性也处于一个较小的集合中，并且它的应用也主要是以浏览器客户端为主。那个时代的 JavaScript 深得早期设计与语言定义的精髓。这些可以从后来布兰登·艾奇的开源项目 Narcissus 中找到。这个项目是用 JavaScript 实现的一个完整的 JavaScript 1.3。在这个项目中，对象和函数所创建的闭包都统一由一个简单对象 scope 表示，scope 包括 object 和 parent 两个成员，分别表示本闭包的对象和父一级作用域。例如：

```
scope = {
  object: <创建本闭包的对象或函数>,
  parent: <父级的 scope>
}
```

因此，所谓"使用 with 语句创建一个对象闭包"就简单地被实现为"向既有的作用域链尾加入一个新的 scope"：

```
// 代码引自$(narcissus)/src/jsexec.js
...
// 向 x 代表的作用域链尾加入一个新的 scope
x.scope = {object: t, parent: x.scope};
try {
  // n.body 是 with 语句中执行的语句块
  execute(n.body, x); // 指在该闭包（链）x 中执行上述语句
}
finally {
  x.scope = x.scope.parent;  // 移除链尾的一个 scope
}
```

可见 JavaScript 1.3 时代的执行环境就是一个闭包链的管理，而且闭包既可以是对象的，也可以是函数的。尽管在静态语法说明或描述时它们被称为作用域，在动态环境中它们被称为上下文，但本质上它们是同样的东西。

综合来看，JavaScript 中的对象本质上是属性集，这可以视为一个键值列表，而对象继承是由这样的列表构成的称为原型的链。另外，执行的上下文就是函数或全局的变量表，这同样可以表达为一个键值列表，而执行环境也可以视为一个由该键值列表构成的链。于是，在 JavaScript 1.3 以及 ES3 的整个时代，这门语言仅依赖"键值列表和基于它们的链"实现并完善了它最初的设计。

12.1.2 属性存取及其可见性问题

JavaScript 从一开始就有一样东西没有说清楚，那就是属性名的可见性。这种可见性在面向对象编程（OOP）中有专门的、明确的说法。不过，在早期的 JavaScript 中，可见性可以简单地理解为"一个属性是否能用 for..in 语句列举出来"，如果可以列举出来，就是可见的，否则就称为隐藏的。

要知道任何对象都有 constructor 这个属性，默认指向创建它的构造器函数，并且它应该是隐藏的属性。但是，在早期的 JavaScript 中，这个属性如何隐藏却是没有规范来约定的。例如，在 JScript 中，它就是一个特殊名字，只要是这个名字就隐藏；而在 SpiderMonkey 中，当用户重写这个属性后，它就变成了可见的。

后来 ECMAScript 就约定了所谓的"属性的性质"（attributes of property），也就是可写性、可列举性（可见性）和可配置性。

对于可见性，ECMAScript 约定：

- constructor 默认是一个不可列举的属性；
- 使用赋值表达式添加属性时，属性的可列举性默认为 true。

这样一来，constructor 在可见性（这里是指可列举性）上的行为就变得可预期了。

类似于此，ECMAScript 约定了读写属性的方法，以及在属性中访问、操作性质的全部规则，并统一使用"属性描述符"来管理这些规则。这使得 ECMAScript 规范进入了 5.x 时代。相较于早期的 3.x, 5.x 版本的 ECMAScript 规范并没有太多的改变，只是从语言概念层面上实现了"大一统"，所有浏览器厂商和引擎的开发人员都遵循了这些规则，为后续的 ES6 的发布铺平了道路。

至此，JavaScript 中的对象仍然是简单的、原始的、使用 JavaScript 1.x 时代的基础设计的原型继承，而每个对象仍然只是简简单单的一个所谓的"属性包"（property bag）[①]。

12.2 自有属性与从原型中继承来的属性

对绝大多数对象来说，constructor 是从它的原型继承来的一个属性，这有别于它自有的属性。在原型继承中，在子类实例重写属性时，实际发生的行为是"在子类实例的自有属性表中添加一个新项"。这并不改变原型中同名属性的值，但子类实例中的属性的性质以及值覆盖了原型中的。这是原型继承（几乎是公开的）所有的秘密所在。

在使用原型继承来的属性时，有两种可能的行为，这取决于属性描述符的类型：

- 如果是数据描述符（d），那么 d.value 总是指向这个数据的值本身；
- 如果是存取描述符（a），那么 a.get() 和 a.set() 将分别指向属性的存取器方法（getter/setter）。

此外，如果是存取描述符，那么存取器方法并不一定关联到数据，也并不一定是数据的置值或取值。在某些情况下，存取器方法可能会用于特殊用途，例如模拟在 VBScript 中常常出现的"无括号的方法调用"。例如：

```
excel = Object.defineProperty(new Object, 'Exit', {
  get() {
    process.exit();
  }
});

// 类似 JScript/VBScript 中的 ActiveObject 组件的调用方法
excel.Exit;
```

当用户不使用属性赋值或 defineProperty() 等方法来添加自有的属性时，属性访问会（默认地）回溯原型链直到找到指定属性。这一定程度上成就了"包装类"这一特殊的语言特性。

"包装类"是 JavaScript 从 Java 借鉴来的特性之一，它使得用户代码可以用标准的面向对象方法访问普通的值类型数据。于是，"一切都是对象"在眨眼间就变成了现实。例如，下面这个示例中使用的字符串常量 x，它的值是"abc"：

```
x = "abc";
console.log(x.toString());
```

---

① 这个概念最早见于 Delphi、C#和 TypeScript 之父安德斯·海尔斯伯格（Anders Hejlsberg）的一次访谈。

在使用 x.toString() 时，JavaScript 会自动将值类型的字符串（"abc"）通过包装类变成一个字符串对象。这类似于执行下面的代码，使用函数 Object() 来将这个值显式地转换为对象。

```
console.log(Object(x).toString());
```

这个包装的过程发生在函数调用运算符 () 的处理过程中，或者将 x.toString 作为整体来处理的过程中（例如作为一个 ECMAScript 规范引用类型来处理的过程）。也就是说，"对象属性存取"这个行为本身并不会触发一个普通值类型数据向它的包装类型转换。

除了 Undefined，基本类型中的所有值类型（包括符号或者布尔值）数据都有自己的包装类。这使得这些值类型的数据也可以具有与之对应的包装类的原型属性或方法。这些属性与方法直接引自原型，而不是自有数据。很显然，值类型数据本身并不是对象，因此也不可能拥有自有的属性表。

12.3　字面量、标识符与属性

通常情况下，开发人员会将标识符直接称为名字，在 ECMAScript 规范中，它的全称是标识符名字（*IdentifierName*），而字面量是一个数据的文本表示。对于这两样东西，ECMAScript 中的处理机制并不太一样，并且在文本解析阶段就会把二者区分开来。例如：

```
// var x = 1;
1;
x;
```

在这个例子中，1 是字面量值，JavaScript 会直接处理它；而 x 是一个标识符（哪怕它只是一个值类型数据的变量名），需要建立一个引用来处理。但是，如果代码是（假设下面的代码是成立的）：

```
1.toString
```

那么它作为整体就需要被创建为一个引用，以作为后续计算的运算数（取成员值或只是引用该成员）。就"它们都是引用"这一事实而言，1.toString 与 x 在引擎级别有些类似。

但在数字字面量中，1.*xxxx* 这样的语法是有含义的。它是浮点数的表示法。所以，1.toString 这样的语法在 JavaScript 中会报错，这个错误来自浮点数的字面量解析过程，而不是"．作为存取运算符"的处理过程。在 JavaScript 中，浮点数的小位数是可以为空的，因此 1. 和 1.0 将作为相同的浮点数被解析出来。

既然 1. 表示的是浮点数，那么 1..constructor 表示的就是该浮点数字面量的 .constructor 属性。所以本章标题下的 1 in 1..constructor 是一个表达式。在语义上，1..constructor 与 Object(1.0).constructor 这样的表达式是等义的，并且它们的使用效果也是一样的。例如：

```
# 检查对象 constructor 是否有属性名 1
> 1 in Object(1.0).constructor
false

# 检查对象 constructor 是否有属性名 1
> 1 in 1..constructor
false
```

12.4　属性存取的不确定性

除了存取器带来的不确定性，JavaScript 的属性存取结果还受原型继承（链）的影响。这使得在 12.3 节最后的示例中，表达式的值并不恒为 `false`。例如，给 `Number` 加一个下标值为 1 的属性（暂且无视这个属性的值是什么），那么本章标题下的表达式 `1 in 1..constructor` 的值就会是 `true` 了。如下例所示：

```
# 修改原型链中的对象
> Number[1] = true; // 或者任何东西

# 影响到 12.3 节最后的示例表达式的结果（与本章标题下的代码结果不同）
> 1 in 1..constructor
true
```

这是因为 `Object(1.)` 将数字 1.0 封装成它对应的包装类的一个实例。例如：

```
x = new Number(1.0);
```

对于对象 `x`，属性 `1..constructor` 和 `x.constructor` 指向相同的结果。但 `x.constructor` 并不是自有属性，而且，由于 `x` 是 `Number()` 这个类/构造器的子类实例，因此该属性实际继承自原型链上的 `Number.prototype.constructor` 这个属性。在缺省情况下，*aFunction*`.prototype.constructor` 指向这个函数自身。

也就是说，`Number.prototype.constructor` 与 `1..constructor` 相同且都指向 `Number()` 自身。因此，上例中添加了 `Number[1]` 这个下标属性后的计算结果就变得与本章标题下的代码中的值不一样了。

12.5 小结

在 ES5 之前并没有约定属性在引擎层面的内部结构，因此不同引擎的实现方法也不一致，只需要最终将属性表现为"名-值"表就可以了。但是 ES5 规范了数据描述符和存取描述符这两种属性描述符，于是属性在引擎层面的实现就变成了"属性名-属性描述符"数据对，这就是在 `Proxy()` 类的 `defineProperty` 句柄中会收到(*key*, *descriptor*)这个参数对的原因。从这个角度来说，对象不只是属性包，还是一组属性描述符的列表。[1]

在名字查找时，"访问继承链上的原型"这一过程是规范约定且不可更改的，但用户代码可以通过修改原型对象来影响继承链。但在存取值时，用户代码可以通过存取器方法来触发特定行为，或者返回可变的结果。ECMAScript 通过这样两种互补的手段，在对象属性访问的动态性和安全性之间找到了一个很巧妙的平衡点。属性访问表达式最终总是返回称为"属性引用"的规范类型，并与标识符等名字访问的结果"引用（规范类型）"达成统一，从而将数据访问、名字导出等基础概念聚合到了一个简单集合中。

总而言之，如果属性不是自有的，那么它的值是由原型决定的；如果属性是存取器方法的，那么它的值是由求值决定的。

---

[1] 在 ES2022 之后为类添加了字段和私有字段等语言特性，它们是在实例创建时由类为对象初始化的（因此它们既归为类的语法元素，也是对象的成员）。这些新特性丰富和完善了对象的成员和成员表达式等语法概念。

第 13 章

从构造器到类：创建对象的方法

```
> function X() {}
> new X
X {}
```

　　本章只讲一个主题，就是 JavaScript 构造器。

　　构造器是 JavaScript 中面向对象系统的核心概念之一。如果说属性是静态的结构，那么构造器就是动态的逻辑。没有构造器的 JavaScript，就是一个填充了无数数据的静态的对象空间。这些对象之间既没有关联，也不能衍生，更不可能发生交互。

　　但在 JavaScript 1.0 时代，这就是面向对象系统的基本面貌。

规范索引

概念或一般主题

- #sec-class-definitions：类定义，JavaScript 中实现类继承风格的面向对象系统的主要方式。
- #sec-method-definitions：方法定义，包括方法、类构造方法、方法创建的运行期语义等主题。
- #sec-new-operator：new 运算符，是调用内部构造过程来实现的（将调用 [[Construct]] 内部槽）。

实现

- #sec-ecmascript-function-objects-construct-argumentslist-newtarget：[[Construct]] 内部槽，是缺省内部构造方法，包括绑定 this 及返回值重写等操作。
- #sec-function-constructor：Function() 构造器的定义，是 JavaScript 中函数的祖先类和原型。
- #sec-function-p1-p2-pn-body：Function() 构造器的实现。
- #sec-relational-operators-runtime-semantics-evaluation：关系运算的运行期语义操作（Evaluation），包含 instanceof 和 in 等运算符的实现。

- #sec-instanceofoperator：`InstanceofOperator()`抽象操作，`instanceof` 运算符的实现。
- #sec-hasproperty：`HasProperty()`抽象操作，`in` 运算符的实现。

13.1 JavaScript 支持继承的历史

第 12 章说在 JavaScript 1.0 时代这门语言是没有继承的，既然如此，JavaScript 为什么一开始就声称自己是"面向对象的、类似 Java 的一门编程语言"呢？细究起来，这个讲法的前半句是对的，但后半句不对。JavaScript 和 Java 名字相似但语言特性却大不相同，这就跟北京的"海淀五路居"和"五路居"一样，差了有 20 公里呢。

13.1.1 基于对象的 JavaScript

为什么"面向对象的、类似 Java 的一门编程语言"的前半句是对的呢？不支持继承的 JavaScript 又何以称为面向对象编程语言呢？

JavaScript 1.0 的类抄写是以函数为构造器创建实例的，而在早期的面向对象理论中就称这个函数为类，而这个被创建出来的实例为对象。于是，有了类、对象以及一个约定的构造过程这 3 样东西，JavaScript 就声称自己是一门面向对象编程语言，并且还是一门"有类语言"。

所以 JavaScript 从 1.0 版本开始就有类，在这个类（也就是构造器）中采用的是类抄写的方案将类拥有的属性声明一项一项地抄写到对象上，而这个对象就是大家熟知的 `this` 引用。

这样一来，一段声明类和构造对象的代码写出来大概就是下面这个样子，在一个函数里不停地向 `this` 对象写属性，最后用 `new` 运算创建它的实例就好了：

```
function Car() {
  this.name = "Car";
  this.color = "Red";
}

var x = new Car();
...
```

13.1.2 类与构造器

由于在这样的构造过程中，`this` 是作为 `new` 运算构造出来的实例来使用的，因此 JavaScript 1.0 约定在全局环境中不能使用 `this`。这是因为全局环境与 `new` 运算无关，全局环境中也并不存在一个被 `new` 创建出来的实例。

随着 JavaScript 1.1 的到来，JavaScript 支持"原型继承"了，于是类抄写成了一个过时的方案。对继承性来说，它显得很无用；对一个具体实例来说，它又具有"类说明了实例的结构"这样的语义。因此，从原型继承在 JavaScript 中出现的第一天开始，类继承与原型继承之间就存在不可调和的矛盾。在 JavaScript 1.1 中，类抄写是可以与原型继承混合使用的。例如：

```
function Device() {
  this.id = 0; // or increment
}

function Car() {
```

```
  this.name = "Car";
  this.color = "Red";
}

Car.prototype = new Device();

var x = new Car();
console.log(x.id); // 0
```

在这个例子中，创建出来的对象 x 是 Car() 的一个实例，但是在面向对象编程中，x 既是 Car() 的子类实例，也是 Device() 的子类实例，这是面向对象编程的继承性约定的基本概念。这正是这门语言很有趣的地方：一方面使用类继承的基础结构和概念，另一方面又要实现原型继承和基于原型链检查的逻辑。例如，可以用 x instanceof Device 这样的代码来检查一下，看看 x 是不是 Device() 的子类实例：

```
# x 是 Device() 的子类实例吗
> x instanceof Device
true
```

这里的 instanceof 运算被实现为一个"动态访问原型链"的过程：它将从 Car.prototype 属性逆向地在原型链中查到用户代码指定的原型。

首先，JavaScript 从对象 x 的内部结构中取得它的原型。这个原型的存在与 new 运算是直接相关的——在早期的 JavaScript 中，有且仅有 new 运算会向对象内部写这个属性（称为 [[Prototype]]内部槽）。new 运算是依据它运算时使用的构造器来填写这个属性的，这意味着它在实际实现时，将 Car.prototype 这个值直接填到 x 对象的内部属性中去了：

```
// x = new Car()
x.[[Prototype]] === Car.prototype
```

其次，在 instanceof 运算中，x instanceof *AClass* 表达式的右边是一个类名（对之前的例子来说，它指向构造器 Car）。但实际上 JavaScript 是使用 *AClass*.prototype 来做比对的，对 Car() 构造器来说，就是 Car.prototype。不过，上一个例子需要检查的是 x instanceof Device，也就是 Device.prototype，这二者显然是不等值的。

所以，instanceof 运算会再次取 x.[[Prototype]].[[Prototype]]这个内部原型，也就是顺着原型链向上查找以得到一个等值于"x 的内部原型"的东西。如下所示：

```
// 因为
x.[[Prototype]] === Car.prototype
// 且
Car.prototype = new Device()

// 所以
x.[[Prototype]].[[Prototype]] === Device.prototype
```

最后，因为在 x 的原型链上发现了 x instanceof Device 运算右边的 Device.prototype，所以这个表达式将返回 True，表明对象 x 是 Device() 或其子类的一个实例。

现在，对大多数 JavaScript 程序员来说，上述过程应该都不是秘密，也并不是特别难理解的核心技术。但是这些在实现过程中带有的语言设计方面的历史痕迹，就不是那么容易一望即知的了。

13.1.3 ES6 之后的类

在 ES6 之前，JavaScript 中的函数、类和构造器这 3 个概念是混用的。一般来说，它们都被统一为函数 Car() 这个基础概念，而当它用作 x = new Car() 这样的运算或从 x.constructor 这样的属性中读取时，它被理解为构造器；当它用作 x instanceof Car 这样的运算或者讨论面向对象编程的继承关系时，它被理解为类。

习惯上，如果程序要显式地、字面风格地说明一个函数是构造器或者用作构造过程，那么它的函数名应该首字母大写。同时，如果一个函数要被明确声明为静态类（也就是不需要创建实例的类，如 Math），那么它的函数名也应该首字母大写。

> **注意** 从函数名的大小写来判断只是惯例，没有任何方法来确认一个函数是被设计为构造器，还是被设计为静态类，又或者事实上是不是二者之一。

从 ES6 开始，JavaScript 有了使用 class 声明类的语法。例如：

```
class AClass {
  ...
}
```

自此之后，JavaScript 的类与函数有了明确的区别：类只能用 new 运算创建，而不能用 () 做函数调用。如果将 ES6 的类作为函数调用，JavaScript 就会抛出一个异常。例如：

```
> new AClass()
AClass {}

> AClass()
TypeError: Class constructor AClass cannot be invoked without 'new'
```

在 ES6 之后，JavaScript 内部也是明确区分方法与函数的：不能对方法做 new 运算。如果这样做，JavaScript 也会抛出一个异常，提示这个函数不是一个构造器。例如：

```
# 声明一个带有方法的对象字面量
> obj = { foo() {} }
{ foo: [Function: foo] }

# 对方法使用 new 运算会导致异常
> new obj.foo()
TypeError: obj.foo is not a constructor
```

注意，这个异常中又出现了关键字 constructor。这让接下来的讨论又一次回到了开始的话题：什么是构造器？

13.1.4 总结

在 ES6 之后，函数可以简单地分为以下 3 类：

- **类**（class）——只可以做 new 运算；
- **方法**（method）——只可以做调用操作；
- **函数**（function）——（除部分函数有特殊限制外）可以同时做 new 运算和调用操作。

典型的方法在内部声明时，有以下 3 个主要特征：

- 具有一个名为 [[HomeObject]] 的内部槽；
- 没有名为 [[Construct]] 的内部槽；
- 没有名为 prototype 的属性。

后两种特征完全排除了一个普通方法用作构造器的可能。对照来看，类也是作为方法创建的，但它有独立的构造过程和原型属性。

函数的 `prototype` 属性的属性描述符的设置比较特殊，它不能删除，但可修改。当这个值被修改成 `null` 或者非对象值时，它的子类对象是以 `Object.prototype` 为原型的；否则，当它是一个对象类型的值时，它的子类才会使用该对象作为原型创建实例。

`new` 运算总是依照这一规则创建对象 `this`。不过，对于类和一般的构造器（函数），这个创建过程会略有不同。

13.2　两种创建对象 **this** 的顺序

如前所述，如果对 ES6 之前的构造器函数（例如 `f`）使用 `new` 运算，那么这个 `new` 运算会使用 `f.prototype` 作为原型创建一个 `this` 对象，然后才是调用 `f()` 函数，并将这个函数的执行过程理解为"类抄写"（向用户实例抄写类声明的属性）。从用户代码的视角来看，这个新对象就是由当前 `new` 运算符操作的那个函数 `f()` 创建的。

这在语义上非常简洁明了：由于 `f()` 是 `this` 的类，因此 `f.prototype` 决定了 `this` 的原型，而 `f()` 执行过程决定了初始化 `this` 实例的方式。但是，从 JavaScript 1.1 开始，它就带来了一个至今还困扰 JavaScript 程序员的问题：**无法创建一个有特殊性质的对象，也无法声明一个具有这类特殊性质的类。**

这是什么意思呢？例如，所有函数都有一个公共的父类/祖先类，称为 `Function()`。所以，可以用 `new Function()` 创建一个普通函数，这个普通函数也是可以调用的，在 JavaScript 中这是很正常的用法。例如：

```
> f = new Function();

> f instanceof Function
true

> f()
undefined
```

虽然还是可以用传统方法写一个 `Function()` 的子类，但这个子类创建的实例是无法作为函数调用的。例如：

```
# 用传统方法写一个子类
> MyFunction = function() {};
> MyFunction.prototype = new Function;

# 创建子类的实例
> f = new MyFunction;

# 它是这些类的实例（这符合面向对象编程原则）
> [f instanceof MyFunction, f instanceof Functcion]
[ true, true ]

# （它是 Function 的实例，但）它不能执行
> f()
TypeError: f is not a function
```

这是因为 JavaScript 中所谓的函数，其实是一个有 `[[Call]]` 内部槽的对象。`Function()` 作

为 JavaScript 原生的函数构造器，它能够在创建的对象（例如 this）中添加这个内部槽；但当使用上面的继承逻辑时，用户代码（例如 MyFunction()）就只是创建了一个普通的对象，因为用户代码没有能力操作 JavaScript 引擎层面才支持的那些内部槽。

所以，有一些类/构造器在 ES6 之前是不能派生子类的，例如 Function，又如 Date。

到了 ES6，它的类声明采用了不同的构造逻辑。ES6 要求所有子类的构造过程都不得创建这个 this 实例，·并主动把这个创建的权力交还给父类乃至祖先类。这就是 ES6 的类的两个著名特性的由来，也就是说，如果类声明中通过 extends 指定了父类，那么：

- 必须在构造方法中显式地使用 super() 来调用父类的构造过程；
- 在上述调用结束之前不能使用 this 引用。

显然，真实的 this 创建就通过层层的 super() 交给了父类或祖先类中支持创建这个实例的构造过程。这样一来，子类中就得到了一个拥有父类所创建的带有内部槽的实例，因此上述的 Function 和 Date 等的子类也就可以实现了。例如，像下面这样在 class MyFunction 的声明中直接用 extends 指示父类为 Function：

```
> class MyFunction extends Function { }

> f = new MyFunction;

> f()
undefined
```

这样一来，即使 MyFunction 的类声明中缺省了 constructor() 构造方法，JavaScript 也会为它自动创建一个，并且其内部也仅有一行调用 super() 的代码。这个 super() 的实现细节是第 14 章的主要内容，本节的焦点在于这一过程带来的必然结果：**ES6 的类是由父类或祖先类创建 this 实例的。**

不过仍然有一点是需要补充的：如果类声明中不带有 extends 子句，那么它创建出来的类与传统 JavaScript 的函数/构造器是一样的，也就是由自己创建 this 对象。很显然，这是因为它无法找到一个显式指示的父类。

13.3 改变对象创建的结果

在 JavaScript 中，关于 new 运算与构造过程的最后一个有趣的设计，就是用户代码可以干涉 new 运算的结果值。默认情况下，这个结果就是上述过程所创建出来的 this 对象，但是用户可以通过在构造器函数/方法中使用 return 语句来显式地重置它。

这也是从 JavaScript 1.0 开始具有的特性。因为 JavaScript 1.x 中的函数、类与构造器是混用的，所以用户代码在函数中"返回些什么东西"是正常的语法，也是正常的逻辑需求。但是，JavaScript 要求在构造器中返回的必须是一个对象，否则就抛出一个运行期异常。

这个处理的约定从 ES3 开始有了些变化。从 ES3 开始，检测构造器返回值的逻辑从 new 运算中移到了 [[Construct]] 构造过程中，并且重新约定：当构造器返回无效值（非对象值或 null）时，使用原有已经创建的 this 对象作为构造过程 [[Constuct]] 的返回值。

因此，到了 ES6 之后，那些一般函数以及非派生类延续了这一约定：使用已经创建的 this 对象来替代返回的无效值。这意味着它们总是能返回一个对象，要么是 new 运算按规则创建的

this，要么是用户代码返回的对象。

但严格来说，引擎是不能理解"为什么用户代码会在构造器中返回一个一般的值类型数据"的，因为对于类的预期是返回一个对象，返回这种无效值是与预期矛盾的。因此，对于那些派生的子类（即声明中使用了 extends 子句的类），ECMAScript 要求严格遵循"不得在构造器中返回非对象值（或 null）"的设计约定，并在这种情况下直接抛出异常。例如：

```
# 在 ES3 之前将抛出异常
> new (function() {return 1});
{}

# 非派生类的构造方法（沿用 ES6 之前的传统规则），返回无效值
> new (class { constructor() { return 1 } })
{}

# 派生类的构造方法，返回无效值
> new (class extends Object { constructor() { return 1 } })
TypeError: Derived constructors may only return object or undefined
```

13.4 小结

本章的许多知识点都是与后续章节要讨论的内容相关的，包括：

- 在使用类声明创建对象时，对象是由父类或祖先类创建的实例，并使用 this 引用传递到当前（子级的）类的；
- 在类的构造方法和一般构造器（函数）中返回值，是可以影响 new 运算的结果的，但 JavaScript 确保 new 运算不会得到一个非对象值；
- 类或构造器（函数）的首字母大写是一种惯例，而不是语言规范层面的约束；
- 类继承过程依赖内部构造过程和原型属性（例如 *AClass* 类继承过程内部依赖 *AClass*.[[Contruct]]和 *AClass*.prototype），并且类继承更多是对原型继承的应用与扩展，不同于早期 JavaScript 1.0 使用的类抄写。

无论如何，从 JavaScript 1.0 开始的类抄写这一特性依然是可用的。因此，在普通函数、类以及构造器中都可以向 this 引用抄写属性，但这个过程变得与如何实现继承性完全无关，因为这里的 this 可以是函数调用时传入的，而不再仅仅来自 new 运算内置的构造过程。

## 第 14 章

从无到有：访问父类的能力

```
> Object.prototype.xxx = 5
> obj = { get xxx () { return super.xxx } }
> obj.xxx
5
```

　　本章标题下的这段代码是经过特别设计的，所以它看起来是正常执行的。这段 JavaScript 中的奇幻代码的主角是 super.xxx，它正是本章的主要内容。不过，它通常是以 super.xxx() 这样的形式作为方法调用的。

　　确切地说，这样的设计有其自身的历史原因和要解决的核心问题。但从 ES6 至今，它就是一个错误的、残缺的设计。

规范索引

概念或一般主题

- #sec-super-keyword：super 关键字。
- #prod-SuperCall：Super 调用（*SuperCall*），即 super()，它被定义为一种左手端表达式语法以支持取结果引用。

实现

- #sec-makesuperpropertyreference：MakeSuperPropertyReference()抽象操作，该操作返回 super.xxx 属性的一个引用，称为 Super 引用。
- #sec-getthisenvironment：GetThisEnvironment()抽象操作，返回当前环境中的 this（在 super.xxx() 中需要隐式传入）。
- #sec-function-environment-records-hassuperbinding：在函数环境记录中实现的 HasSuperBinding()抽象操作，只有在函数环境记录中（且函数对象的[[HomeObject]]有值的情况下）该方法才会返回 true。

- #sec-getsuperbase：在函数环境记录中实现的 `GetSuperBase()` 抽象操作，基于主对象的原型查找父类。
- #sec-getsuperconstructor：`GetSuperConstructor()` 抽象操作，返回当前构造方法的主对象的原型。

14.1　面向对象早期设计中的概念抽象

JavaScript 1.1 开始提出并在后来逐渐完善了原型继承，这表明所谓对象从概念讲就是一个从原型对象衍生过来的实例，因此这个子级的对象也就具有原型对象的全部特征。

既然是子级的对象，必然与它原型的对象有所不同。这一点很好理解，如果没有不同，就没有必要派生出一级关系，直接使用原型的那个抽象层级就可以了。

所以，有了原型继承带来的子级对象（这样的抽象层级），在这个子级对象上，就还需要有让它们跟原型表现得有所不同的方法。这时，JavaScript 1.0 中的类抄写特性就跳出来了，它正好可以通过抄写往对象（也就是构造出来的那个 `this`）添加些东西，来制造这种不同。

也就是说，JavaScript 1.1 的面向对象系统的设计原则就是：用原型来实现继承，并在类（也就是构造器）中处理子一级的抽象差异。从 JavaScript 1.1 开始，JavaScript 有了自己的面向对象系统的完整方案，这个示例代码大概如下：

```
// 这里用于处理"不同的东西"
function CarEx(color) {
  this.color = color;
  ...
}

// 这里用于从父类继承"相同的东西"
CarEx.prototype = new Car("Eagle", "Talon TSi", 1993);

// 创建对象
myCar = new CarEx("red");
```

这个方案基本上就是两个解决思路的集合：使用构造器函数来处理一些"不同的东西"，使用原型继承来从父类继承"相同的东西"。最后，`new` 运算在创建对象的过程中分别处理原型继承和构造器函数中的类抄写，补齐了最后一块木板。

现在来看，一个对象系统既能处理继承关系中"相同的东西"，又能处理"不同的东西"，显而易见，这个系统能处理基于对象的"全部东西"。正是因为这种概念上的完整性，从 JavaScript 1.1 开始，一直到 ES5，在对象系统的设计上都没能再有什么突破。

14.2　为什么要有 super

有一样东西很奇怪：子级的对象除了要继承父级的"全部东西"，还要继承其"全部能力"。

为什么只继承"全部东西"还不够呢？因为如果只继承全部东西，那么子级相对于父级不过是一个系统的静态变化而已。就好像一棵枯死了的树，往上面添加些人造的塑料叶子、假果子，看起来还是树，可能很好看，但是没有生命力的。只有继承了原有的树的生命力，这样一棵树才可能是一棵活着的树。

进一步说，如果继承来的树是活着的，那么添不添加那些人造的塑料叶子、假果子就不要紧了。

然而，传统的 JavaScript 却做不到"继承全部能力"。那时的 JavaScript 在一定程度上能继承来自原型的"部分能力"，譬如说原型有一个方法，那么子级的实例就可以使用这个方法，这时候子级也就继承了原型的能力。

这还不够。如果子级的对象重写了这个方法，那么会怎么样呢？

在 ES6 之前，如果发生这样的事，那么原型中的这个方法相对于子级对象来说就失效了。原则上讲，在子级对象中就再也找不到这个原型的方法了。这个问题非常致命：这意味着，子级对象必须重新实现原型的能力，才能安全地覆盖原型的方法。如果是这样，子级对象就等于要重新实现一遍原型，那继承性就毫无意义了。

追根溯源，这个问题还是要归责于 JavaScript 1.0 至 1.1 在设计面向对象模型时偷了的一次懒，也就是直接将类抄写用于实现子级差异这个原始设计，这个设计太过简陋。类抄写只能处理显而易见的属性、属性名、属性性质等，却无法处理"方法/行为"背后的逻辑的继承。

由于这个缘故，JavaScript 1.1 之后的各种大规模系统中都有人不断地在"跳坑"和"补坑"，致力于解决"在类抄写导致的子类覆盖中，父类的能力丢失了"这个简单的问题。

为了解决这种继承问题，ES6 提出了一个标准解决方案，这就是本章标题下的代码中 super 关键字的由来。ES6 约定，如果父类中的名字被覆盖了，那么可以在子类中用 super 找到它们。

14.3 super 指向什么

super 是为了解决"父类的能力丢失"这一问题而出现的设计，因此在 JavaScript 中，super 只能在方法中使用并总是指向父类。方法是"类或者对象的能力"，super 用来弥补覆盖父类同名方法所导致的缺陷，因此只能出现在方法中也就是显而易见的事情了。

当然，从语言内核的角度来说，这里还存在一个严重的设计限制，问题是怎么找到父类？

在传统的 JavaScript 中，所谓方法就是函数类型的属性，也就是说方法与一般属性并没有什么不同（可以被不同的对象抄写来抄写去），这也是类抄写机制得以实现的核心依赖条件之一。不过，这就意味着传统的方法没有特殊性，也就没有归属于哪个类或哪个对象这样的性质。因此，这样的方法根本就找不到自己归属的类，也就找不到自己的父类。

所以，实现 super 关键字的核心是为每个方法添加一个"它所属的类"这样的性质，这个性质被称为主对象。

在 ES6 之后，所有通过方法声明语法得到的方法尽管仍然是函数类型，但是与传统的函数类型的属性（即传统的对象方法）有着根本上的不同：这些新方法增加了一个内部槽，用来存放这个主对象，也就是 ECMAScript 规范中名为 [[HomeObject]] 的内部槽。该内部槽用来对那些在类声明或者字面量风格的对象声明中（使用方法声明语法）声明的方法的主对象做个登记。这有以下 3 种情况。

（1）如果是类声明中的静态声明（也就是用 static 声明）的方法，主对象就是这个类，如 *AClass*。

（2）如果是类声明中的其他方法，主对象就是这个类使用的原型，也就是 *AClass*.prototype。

（3）如果是字面量风格的对象声明，方法的主对象就是这个对象本身。

这里又有一个问题：super 指向的是父类，但是对象字面量并不是基于类继承的，那么为什么字面量中声明的方法又能使用 super.*xxx* 呢？既然对象本身不是类，那么 super 指向父类或者用于解决覆盖父类能力的含义岂不是就没了？

这又回到了 JavaScript 1.1 中"用原型来实现继承"这项基础设计。原型就是一个对象，也就是说本质上子类或父类都是对象；而类声明只是这种继承关系的一个载体，真正继承的还是那个原型对象本身。既然子类和父类都可能是或者说必须是对象，那么对象中的方法访问父级原型中的方法就是必然存在的逻辑了。

出于这个缘故，在 JavaScript 中，只要是方法且这个方法可以在声明时明确它的主对象，它就可以使用 super。这样一来，对象方法就可以引用到它父级原型中的方法了。这一点也是利用原型继承和类抄写来实现面向对象系统时，在概念设计上的一个额外的负担。

接下来"怎么找到父类"的问题就变得简单了：当每个方法都在其内部登记了它的主对象之后，ECMAScript 约定，只需要在方法中取出这个主对象，它的原型就一定是所谓的父类。这很明显，因为方法登记的是它声明时所在的代码块的主对象，也就是声明时它所在的类或对象，所以这个主对象的原型就一定是父类。也就是说，把"通过原型继承得到子类"这一概念反过来用一下，就得到了父类的概念。

14.4 调用父类方法 super.*xxx*()

本章到现在为止只说明了两件事：第一件是为什么要有 super，第二件是 super 指向什么。

接下来讲 super.*xxx*。super.*xxx* 在语法上只是属性存取，但 super.*xxx*() 却是方法调用；而且，aObject.*xxx*() 是表达式计算中罕见的、在双表达式连用中传递引用的一个语法。

所以，理解这一语法的关键不是 super.*xxx* 如何存取属性，而是 super.*xxx* 存取到的属性在 JavaScript 内核中是一个引用。按照语法设计，这个引用包括了左边的对象（例如 aObject，又如 super），并且在它连用函数调用() 语法的时候，将这个左边的对象作为 this 引用传给后面的函数调用运算符。

更确切地说，如果问题是"super.*xxx*() 调用中，函数 *xxx*() 中得到的 this 是什么"，那么按照传统的属性存取语法可以推论出来的答案是"这个 this 值应该是 super"。

但是很遗憾，并不是这样的。

14.4.1 super.*xxx*()中的 this 值

在讲解 super.*xxx*() 这个语法中 *xxx*() 函数中得到的 this 值与 super 的关系之前，需要先讲一下它会得到一个怎样的 this，以及如何能得到这个 this。

super 总是在一个方法（如下例中的 obj.foo 函数）中才能引用，这是本章的前半段所讨论的。这个方法自己被调用的时候，理论上讲应该是在一个 foo()方法内使用的类似 super.*xxx*()这样的代码，如下所示：

```
obj = {
  foo() {
    super.xxx();
  }
}
```

```
// 调用 foo()方法
obj.foo();
```

这样，在调用这个 foo()方法时，按之前讲的，它总是会将 obj 传入作为 this，所以 foo()函数内的 this 就应该是 obj。而其中的 super.*xxx*()，预期是当它调用父类的 *xxx*()方法时，传入的当前实例正好是在 foo()函数内的那个 this（也就是 obj）。这是因为，继承来的行为应该是施加给现实中的当前对象的，施加给原型（也就是 super）是没什么用的。所以，在这几个运算符的连续操作中，只需要把当前函数中的那个 this 传给父类 *xxx*()方法就行了。

但怎么传呢？

super.*xxx* 在语言内核上是一个"引用（规范类型）"，ECMAScript 约定将这个语法标记成"Super 引用"（Super Reference），并且为它的引用记录专门添加了一个 thisValue 字段[①]。这个字段在函数的执行上下文中也有一个（相同名字的，也是相同的含义）[②]。ECMAScript 还约定：优先取 Super 引用中的 thisValue 值，然后取函数执行上下文中的。

如此一来，在函数（也就是这里的方法）中取 super 的 this 值时，就得到了为 super 专门设置的这个 this 对象。而且，这个 thisValue 是在执行引擎取得 super 这个标识符引用（GetIdentifierReference()）的时候，就从当前环境中取出来并绑定给 Super 引用的。

回顾上述过程，在 super.*xxx*()调用的处理中需要特别留意两点：

- super 关键字代表的父类对象是通过当前方法的[[HomeObject]]的原型链来查找的；
- this 引用是从当前环境绑定的 this 中抄写过来并绑定给 super 的。

为什么要关注上面这两个特别小的细节呢？要知道，在构造方法中，this 引用（也就是将要构造出来的对象）是由祖先类创建的，也就意味着在刚刚进入构造方法时，this 引用是没有值的，必须采用这里讲的"继承父类行为"的技术，让父类以及祖先类先把 this 构造出来才行。

于是，这里就产生了一个矛盾：一方面构造方法中要"调用父类构造方法"来得到 this，另一方面"调用父类方法"的 super.*xxx*()需要先从环境中找到并绑定一个 this。这是一个"先有鸡还是先有蛋"的问题，概念上是无解的。

ECMAScript 为此约定：只能在调用了父类构造方法之后，才能使用 super.*xxx* 的方式来引用父类的属性，或者调用父类的方法。也就是说，在访问 Super 引用之前必须先"调用父类构造方法"[③]，这称为 Super 调用（*SuperCall*），在代码上就是 super()这一语法。

14.4.2 super()中的父类构造方法

在当前构造器中使用 super()的目的是调用父类构造方法（注意之前讲的是父类方法，这里是父类构造方法，也就是构造器），但是按照之前的分析就会发现——找不到 super。

以 new MyClass 为例，类 MyClass 的 constructor()方法声明时，它的主对象其实是 MyClass.prototype，而不是 MyClass，因为 MyClass 是静态类方法的主对象，而显然

---

① 在 ECMAScript 中针对 Super 引用有两项关键设计，一项是通过这个 thisValue 来传递上下文中的 this，另一项是很著名的 super 特性，即在 delete 右边的操作数如果是一个 Super 引用就抛出异常。

② 这个 thisValue 值放在函数执行上下文的环境记录里，也可以理解成函数执行环境的一部分。

③ 这样也带来了一个隐含限制：在调用父类构造方法时是不绑定 this 值的，也就是说，不会在 super()调用中传入 this 值，因为这个阶段还没有 this。

constructor()方法只是一般方法，而不是静态类方法（例如没有 static 关键字）。因此，在 MyClass 的构造方法中访问 super 时，通过[[HomeObject]]找到的将是原型的父级对象，而这并不是父类构造器。例如：

```
class MyClass extends Object {
  constructor() { ... }  // <- [[HomeObject]]指向 MyClass.prototype
}
```

一方面，super()的语义是"调用父类构造方法"，也就应当是 extends 所指定的 Object()；另一方面又如上所述，在当前构造方法中是无法通过[[HomeObject]]找到父类构造方法的。那么 JavaScript 是怎么解决这一矛盾的呢？

在这种情况下，JavaScript 会从当前调用栈中找到当前函数中的当前构造器，并且返回该构造器的原型作为 super。也就是说，类的原型就是它的父类。这又是将之前讨论过的"通过原型继承得到子类"这一概念反过来用一下，就得到了父类的概念。

14.4.3　构造方法在设计时面临的选择

为什么不直接将 constructor()声明为类静态方法呢？事实上，在分析这个 super()逻辑的时候，我的第一反应也是如此：类静态方法中的[[HomeObject]]就是 MyClass 自己，因此，如果将构造方法声明成静态方法，就不必换个法子找到 super 了。

是的，这个逻辑没错。但是，在构造方法 constructor()中，也是可以使用 super.*xxx*()的，这与调用父类一般方法（即 MyClass.prototype 上的原型方法）的方式是类似的。因此，根本矛盾在于：一方面 super()需要将父类构造器作为 super，另一方面 super.*xxx* 需要引用父类的原型属性。

这两个需求是无法通过同一个[[HomeObject]]来实现的。这个问题只会出现在构造方法中，并且只与 super()冲突。所以 super()中的 super 采用了别的方法（这里是指在调用栈中查找当前函数的方式）来查找当前类以及父类，而且它也是作为特殊的语法来处理的。

现在，JavaScript 通过当前方法的[[HomeObject]]找到了 super，并且也找到了它的属性 super.*xxx*，称为 Super 引用；并且在背地里，通过调用 super()准备了一个 this，以便将来作为 thisValue 成员值绑定到这个 Super 引用上。于是，接下来它只需要按照调用运算符()的一般逻辑处理就可以实现 super.*xxx*()了。

14.5　访问父类属性 super.*xxx*

读者可能已经注意到本章标题下是 super.*xxx*，而不是它的方法调用形式 super.*xxx*()。这有什么区别呢？

按照 JavaScript 属性存取的一般原则，取属性（无论它是不是拿来做方法调用）总是一个确定的、获取"引用（规范类型）"的行为。但是，这个原则在 Super 引用中存在例外。

这才是本章标题下的代码的本意。重要的是，这是一个自 ES6 以来的一个隐藏 bug，这是它的类继承机制未完全实现面向对象编程所致的。回到这个示例：

```
# obj 对象的原型，obj.[[HomeObject]]将指向 Object.prototype
> Object.prototype.xxx = 5
```

```
# 取父类（super）的 xxx 属性
> obj = { get xxx () { return super.xxx } }

# （正确取值）
> obj.xxx
5
```

之所以说这是一个被特别设计的示例，是因为这里只使用了 super.xxx 来取父类的属性值。但如果尝试写值呢？例如：

```
# （续前例）
# 为父类属性（super.xxx）置值
> obj2 = { set xxx (value) { super.xxx = value } }

# 尝试置值
> obj2.xxx = 100

# bug，父类的属性值未改变
> Object.prototype.xxx
5
```

也就是说，super.xxx 这个引用能取父类的属性值，却不能置值！

这在一定程度上是可以理解的——子类不能修改父类的某些性质。但这样的描述即使在面向对象编程概念中也并不完全合理，因为这涉及父类属性（成员）的可见性问题，也就是所谓私有的（private）、保护的（protected）或内部保护的（internal protected）等性质，而与这些相关的一切机制从 ES6 到现在都没有建立起来。于是 super.xxx 就被实现成了能读不能写。

不仅如此，它还是一个少见的 bug 特性，因为在向 super.xxx 置值时还会潜在地导致一些副作用。例如：

```
// （参见前例）
Object.prototype.xxx = 5;

// 在类方法中读写 super.xxx
class MyObject extends Object {
  foo() {
    console.log(super.xxx); // 5
    super.xxx = 100;
    console.log(this.xxx); // 100
  }
}

// 示例
obj = new MyObject;
obj.xxx = 'NON'; // 将会被更新
obj.foo();
```

也就是说，对 super.xxx 的写操作将作用在当前的 this 实例上。

这就完全出人意料了。

14.6 小结

本章围绕 super 的作用与具体实现方法展开，是对第 13 章中"如何通过类创建对象"这一关键环节的细节补充。在本章中有一些未明确指出的小知识点，简单列举如下：

- 只能在方法中使用 super，因为只有方法有 [[HomeObject]]；
- super.*xxx*() 是对 super.*xxx* 这个引用（称为 Super 引用）做函数调用操作；
- super 将通过原型链查找父级对象，而与它是不是类继承无关；
- 如果在类的声明中没有声明 extends，构造方法中就不能使用 super() 来调用父类构造方法；
- 在类静态方法中，super 指向父类（构造器 AClass），而不是像对象方法中那样指向父类原型（AClass.prototype）。

在历史上，JavaScript 一开始就是"才貌双全"的：它既是有类的编程语言，又是原型继承的。但这也是它的原罪之一，它作为一门有类的编程语言，却是使用原型继承而不是使用类继承的，是不是有问题？这其实是作为混合范式语言，JavaScript 丰富的基础语言特性给它带来的选择空间，而非语言设计上的疏失。

## 第 15 章

实现用户自定义的构建过程

```
> ...
>   return Object.create(new.target.prototype))
> ...
```

  本章标题下的代码只有一行，返回一个用 `Object.create()` 创建的对象，但即使不考虑 `return` 子句，这行代码也无法用在函数之外。更确切地说，它只能用在构造器的内部，用来实现用户自定义的构建过程，因为它用到了**元属性**（meta property），也就是 `new.target`。

  在 ES2021 之前，`new.target` 是 JavaScript 中唯一一个元属性，也是保留给用户代码去控制构建过程的一个特殊语法。

规范索引

概念或一般主题

- #sec-meta-properties：元属性。
- #prod-ClassHeritage：类继承（类派生），`class` 声明中 `extends` 的语义。

实现

- #sec-runtime-semantics-classdefinitionevaluation：类定义的运行期语义操作（Evaluation），包括为类创建缺省构造器等过程。
- #table-additional-fields-of-function-environment-records：函数环境记录（Function Environment Record）中的附加字段表。
- #table-internal-slots-of-ecmascript-function-objects：ECMAScript 函数对象的内部槽表，其中 `[[ConstructorKind]]` 的值为 `base` 时，表明它是传统构造器或一般类；为 `derived` 时，表明它是派生类。
- #sec-newfunctionenvironment：`NewFunctionEnvironment()` 抽象操作，注意其中在创

建函数环境时填写 *newTarget* 值的过程。

- #sec-construct：`Construct()`抽象操作，在该操作中应注意 `new F()` 最开始时 *newTarget* 将置为 F 并通过 *SuperCall* 向基类传递。

15.1 自定义构建过程的必要性

如之前所述，JavaScript 使用原型继承构建自己的面向对象继承体系。在这个过程中诞生了两种方法：**一种是使用一般函数的构造器，另一种是使用 ES6 之后的类。**

从根儿上说，这两种方法的构建过程都是 JavaScript 引擎中事先定义好的，在旧式风格的构造器中，以代码 `new X` 为例，对象 `this` 是由 `new` 运算依据 `X.prototype` 创建的。循前例，ES6 中的类在创建 `this` 对象时也需要这个 `X.prototype` 来作为原型。

但是，按照 ES6 设计，创建这个 `this` 对象的行为与权力将通过 `super()` 层层转交，直到父类或祖先类中有能力创建该对象的那个构造器或类为止。而在这时，父类是不可能知道 `new X` 运算中的这个子类是什么的，因为父类通常是更早被声明出来的。既然它的代码早就被决定了，对子类透明也就是正常的了。

于是，真正的矛盾在这时候就出现了：父类并不知道子类 X，却又需要 `X.prototype` 来为实例 `this` 设置原型。

ECMAScript 为此提出了 `new.target` 这样东西，它就指向上面的 X，并且随着 `super()` 调用一层层地向上传递，以便最终创建者类可以使用它。以之前讨论过的 `Date()` 为例，它的构建过程必然包括与如下两行代码类似的代码来处理 `this`：

```
// 在 JavaScript 内建类 Date() 中可能的处理逻辑
function _Date() {
 this = Object.Create(Date.prototype, { _internal_slots });
 Object.setPrototypeOf(this, new.target.prototype);
 ...
}
```

其中，第一行代码将依据父类的原型，也就是 `Date.prototype`，创建对象 `this`，因为它是父类创建出来的；第二行代码则用于置 `this` 实例的原型为子类的 `prototype`，也就是 `new.target.prototype`，因为它最终是子类的实例。

这也就是 Proxy 类的 `construct` 句柄与 `Reflect.construct()` 方法中都需要传递一个称为 *newTarget* 的额外参数的原因。`new.target` 这个元属性就是在构造过程中在 `super()` 调用的参数界面上传递的，只不过在 JavaScript 引擎在执行时，向构造方法中的 `super()` 隐式地传递了这个参数而已。

现在，读者可能已经发现了问题的关键：**是 `super()` 在帮忙传递这个 `new.target` 参数！**

但是，如果在构造方法中没有调用 `super()` 呢？这是一个好问题！

15.1.1 关于隐式的构造方法

13.2 节中曾经指出，当类声明中没有 `constructor()` 方法时，JavaScript 会主动为它创建一个。关于这一点当时并没有展开来细讲，这里先补充一下。

通常在写一个类的时候，都不太会主动去声明构造方法 `constructor()`，因为多数情况下，类主要是定义它的实例的性质，例如方法或属性存取器，极端的情况下也可能只写一个空的类来为父类做一次简单的派生。例如：

```
class MyClass extends Object {}
```

无论是哪种情况，总之就是没有写 constructor() 方法。有趣的是，JavaScript 初始化出来的这个 MyClass 类，（它作为一个函数）就是指向那个 constructor() 方法的，两者是同一样东西。不过，这一点不太容易证实。因为在 constructor() 方法内部无法访问它自身，无法写出类似 constructor === MyClass 这样的检测条件，所以只能在 ECMAScript 的规范文档中去确认这一点。

既然 MyClass 就是 constructor() 方法，而用户代码又没有声明这个方法，该怎么办呢？ECMAScript 规范约定，在这种情况下，引擎需要向用户代码中插入一段硬代码作为缺省的构造方法；然后，引擎为这个硬代码的代码文本动态地生成一个构造方法声明；最后再将它初始化为类 MyClass。这里的硬代码包括两个代码片断，分别对应有和没有 extends 声明两种情况，如下：

```
// 如果在类声明中有 extends
class MyClass extends XXX {
  // 自动插入的缺省构造方法
  constructor(...args) {
    super(...args);
  }
  ...
}

// 如果在 class 声明中没有 extends
class MyClass {
  // 自动插入的缺省构造方法
  constructor() {}
  ...
}
```

所以，这就是"好问题"的第一个答案：如果用户代码中没有声明构造方法（因此没有 **super()** 调用），就让引擎偷偷声明一个。

15.1.2 非派生类不用调用 super()

在类声明中没有 extends 的这种情况中，JavaScript 引擎为它生成的硬代码是一个空的构造方法，目的就是创建类所对应的函数体，貌似别无他用。

这种非派生类的声明非常特别，从本质上讲，它是兼容旧的 JavaScript 构造器声明的一种语法。也就是说，如果类声明中没有 extends，那么空构造方法和空函数一样，并且即使是用户代码声明了具体的构造方法，它的行为也与传统的构造器函数一样。

为了这种一致性，当这种非派生类的构造方法返回无效值时，它和传统的构造器函数也会发生相同的行为——返回已创建的 this。例如：

```
// 非派生类
class MyClass {
  constructor() {
    return 1;
  }
}
```

```
// 传统的构造器函数
function MyConstructor() {
  return 1;
}
```

测试运行效果如下：

```
> new MyClass;
{}

> new MyConstructor;
{}
```

这样的相似性还包括一个与本章讨论主题相关的重要特性：非派生类也不需要调用 super()。其原因非常明显，因为创建 this 实例的行为是由引擎隐式完成的，对传统的构造器是这样，对非派生类的构造方法也是这样，二者的行为一致。

那么，这种情况下还有没有 new.target 呢？事实是：**在传统的构造器函数和非派生类的构造方法中，一样是有 new.target 的。**

为什么呢？new.target 是需要用 super() 来传递的？！是的，这两种函数与类的确不调用 super()，但这只说明它不需要向父类传递 new.target 而已。要知道，当它自己作为父类时，还是需要接受由它的子类传递来的那些 new.target 的。所以，15.1.1 节中的"好问题"还有第二个答案：**如果是内部不调用 super() 的类或构造器函数，就可以让它做根类（祖先类）。**

这样的类或构造器函数正好可以通过下面两种方式返回 this 对象：

- 在这样的类中返回非对象值默认替换成已创建的 this；
- 否则，返回通过 return 传出的对象（也就是一个用户定制的创建过程）。

15.2 定制的构造方法

如果是用户定制的创建过程，就回到了最初的问题上：**父类并不知道子类 X，却又需要 X.prototype 来为实例 this 设置原型。**

因此，如果用户要在根类/祖先类的层级上实现一个定制过程，还需要返回一个子类所需的实例，那么它除了自己创建 this，还需要调用一个为实例 x 设置它的类原型 X.prototype 的过程：

```
// 参见15.1节的_Date()函数
Object.setPrototypeOf(x, X.prototype)
```

由于 X.prototype 是子类通过 super() 传递来的，因此作为父类的 MyClass 中通常需要处理的代码就变成了"为 this 引用设置 new.target.prototype 这个原型"，如下所示：

```
// 也就是说
Object.setPrototypeOf(this, new.target.prototype);
```

但还有一种更加特殊的情况：**类的构造方法中也可能没有 this 这个引用。**例如：

```
class MyClass extends null {
  constructor() {
    ...
  }
}
```

将 extends 置为 null，用于声明 MyClass 派生自 null（也就是没有原型），这时在构造方法中也是不能调用 super() 的。并且由于没有原型，JavaScript 引擎也不会缺省为这个 MyClass 创建 this 实例。所以，在这个 constructor() 方法中，既没有 this 也不能调用 super()。

怎么办呢？

必须确信：这样的类只能用作根类（显然，它不是任何东西派生出来的子类）。因此，在语义上，它可以自己创建一个实例。也就是说，这样的根类存在的目的就是用来替代本章前面讨论的所有过程，以"给它的子类创建一个 this 实例"为己任。因此，完整实现这一目的的最简单方式就是下面这段代码：

```
class MyClass extends null {
  constructor() {
    return Object.create(new.target.prototype);
  }
}

// 测试
console.log(new MyClass); // MyClass {}
console.log(new (class MyClassEx extends MyClass{})); // MyClassEx {}
```

其中第 3 行就是本章标题下的代码，它几乎已经穷尽了 JavaScript 类构建过程的全部秘密。

15.3 定制构造器能返回任意对象

当然，如果父类并不关心子类实例的原型，那么它返回任何对象都是可以的，子类在 super() 的返回中并不检查原型继承链的维护情况。也就是说，确实存在"子类创建出非该类的实例"的情况。例如：

```
class MyClass {
  constructor() { return new Date };
}

class MyClassEx extends MyClass {
  constructor() { super() }; // 或者缺省
  foo() {
    console.log('check only');
  }
}

var x = new MyClassEx;
console.log(x instanceof MyClassEx); // false
console.log('foo' in x); // false
```

15.4 小结

本章接续第 13 章的内容，着重解释在类继承中如何维护原型链，从而实现一个用户自定义的构建过程。

在类继承中，由于真实创建对象 this 的是父类或祖先类，因此它们需要一种方式得到当前代码（例如 new X()）中的类名 X，进而取得 X.prototype 来创建实例，这个过程是 new 运算在访问继承链时全程都需要携带 new.target 这个元属性的决定因素。为了维护这个访问过程，ECMAScript 还不得不为那些未声明 constructor() 方法的类添加一个隐式的构造方法，以确保所有的类都能通过父类构造器的调用界面（即 `super()`）传递这个元属性。

由于构造器以及构造过程在 JavaScript 中是用户可定制的，因此元属性 `new.target` 被开放给用户代码，这也是本章标题下的代码可用的原因。此外，这个元属性在 `Proxy`、`Reflect` 这些类中也是可用的，只不过它在这些地方的名字叫 *newTarget*。

构造器可以返回任意对象的特性其实是一个历史包袱。因为这是更倾向于动态语言范式的特性，而且它总是会带来混乱的继承关系，所以在绝大多数项目中都不推荐这样做。

第16章

数据结构视角下的对象本质

```
> [a, b] = {a, b};
...
```

　　至此，有关继承、原型和类的内容就暂时告一段落了，本章将侧重介绍对象的本质及其应用。

　　本章标题下的代码通常是不能直接执行的。但在特定的一些场景下，它是可以执行的。这取决于在具体应用场景中如何理解 JavaScript 中的"对象本质"。

　　所谓的"对象本质"，就是从根本上说对象到底是什么。

规范索引

概念或一般主题

- #sec-destructuring-assignment：解构赋值。
- #sec-algorithm-conventions-syntax-directed-operations：语法制导操作（或称语法导向操作）。从 ES2018 开始，该概念用来表示那些运行期语义和静态语义的实现代码中命名过的算法过程（例如初始化绑定、展开语法）。

实现

- #sec-runtime-semantics-destructuringassignmentevaluation：解构赋值的运行期语义操作（Evaluation），用于为赋值模式中的名字绑定值。

其他参考

- 《程序原本》的 10.1 节"抽象本质上的一致性"。

16.1 对象的前世今生

要知道，面向对象技术并不是与生俱来就成了占有率最高的编程技术的。

在早期，面向对象技术其实并不太受待见，因为它的抽象层级比较高，也就意味着它离具体的机器编程比较远，没有哪种硬件编程技术（在当时）是需要面向对象的。最核心的编程逻辑通常就是写寄存器、响应中断或者发送指令。这些行为都是面向机器逻辑的，与面向对象之类的无关。

最早，大概是在 1967 年，艾伦·凯（Alan Kay）提出了一个称为"对象"的抽象概念和基于它的面向对象编程，这也成为他发明的 Smalltalk 语言的核心概念之一。

但在这一时期，"对象"在抽象概念中只包含了数据和行为两个部分，分别称为状态保存和消息发送，如今分别称为属性和方法。然后在这个基础上有了这些状态（或称为数据）的局部保存、保护和隐藏等概念，也就是对象成员的可见性问题。

在这个抽象概念集中，并没有继承，也没有多态。由此可见，历史上最早出现的对象原本只是对数据的封装！所以最近十余年来，无数的业界大师、众多的语言流派对继承及与此相关的多态特性发起非难。追根溯源，就在于这两个概念并非面向对象思想的必然产物，因而它们的存在有可能增加系统抽象的复杂性。

具体到 JavaScript，一些新的面向对象特性也总会在 ECMAScript 规范的草案阶段碰壁。例如，一直以来备受非议的"类字段"（Class Fields）提案，在添加了"私有字段"这个概念之后，却将"保护的属性"这个皮球扔给了远未成熟的"装饰器"（Decorators）提案，究其原因就是"字段"与"继承性"之间存在概念和实现模型的冲突。

我常常说 TC39 中存在着大量的"面向对象编程敌视者"，尽管是玩笑，但也确实反映了面向对象编程思想在 JavaScript 这门语言中恶劣的生存状态。

不仅如此，最近这些年的新语言除了使用类似字段、记录这样的抽象概念来驱逐面向对象，还对函数式编程敞开怀抱。在我看来，这既是流行的趋势，也是计算机编程语言进化的必然方向。但是，这也带来了更深层面的问题，使面向对象编程思想的生存环境进一步恶化。

为什么呢？

正如所见，在面向对象的封装、继承和多态这 3 个核心概念中，多态有一部分是与继承性相关的，去掉继承性，多态就死了一半，而多态的另一部分又被**接口**（interface）这个概念给干掉了。于是，整个面向对象编程体系中就只剩下封装还算在概念上能独善其身。这也与艾伦·凯有关，毕竟他提出面向对象的最初目的也就是提高封装性。

然而，引入函数式编程之后，情况就发生了变化。

函数式编程语言根本不考虑数据封装问题，逻辑之间的数据是由函数界面（也就是函数参数）来传递的，而函数自身又强调"无副作用"，也就意味着它不影响函数之外的数据，这样函数外也就没有任何数据封装（例如信息隐蔽）的要求了。所以，简单地说，函数式编程一出，面向对象编程的最后一根稻草——"封装"特性也就失去了存在的意义！

本章标题下的代码其实是 x = y 这样一个赋值表达式，赋值表达式右边的 y 正是这样的一个对象。之前说的 3 个核心概念在这一行代码中被瓦解掉了 2/3，剩下的正是最原始的东西：所谓"**对象**"，是对数据的封装；而所谓"**解构**"，是从封装的对象中抽取数据。

所以，对象就是一个数据结构，解构赋值就是将这个数据结构解构了拿去赋值。要紧的是：对象是怎样的一个数据结构呢？

16.2　两种数据结构

所谓的"某某编程思想"，本质上就是在说两样东西：一是在编程中怎么管理数据，二是怎么组织逻辑。

结构化编程思想，或者说具体到该思想中的数据结构问题，无非是在说：**如何将系统中的数据用统一的、确切的、有限的数据样式管理起来。**

这些样式小到一个位（bit）、一个字节（byte），大到一个数据库（database）、一个节点（node），都是对数据加以规划的结果。编程思想在机器指令的编码与数据集群的管理中如出一辙。在所有这些思想的背后，都有一个核心的问题：**如何抽象一堆的数据，使它们能被方便和有效地管理。**

在单机系统或 JavaScript 这类应用环境的编程语言中，数据是假设被放在有限的存储空间里的。这个假设模拟了内存和指令带宽的基本性质。那么，在这样有限的存储空间里如何存储数据呢？或者说，如何得到一个最高抽象层级的数据结构，以便通过编程语言来处理操作呢？

一个数据结构的抽象层级越低，对它的编程就越复杂。例如，如果需要面向"位"来编程，差不多就需要写机器指令或者手工去搬动逻辑电路的开关了。

所谓"最高抽象层级"，在一个有限的存储空间里就只能表达为一个"块"，或者简单地称之为"一堆数据"，因为在不了解它们的具体性质时只能如此。但是，如果分解出了有限空间的边界，从而设定了有限空间，对应地也就有了"块"的概念。

由此带来的问题是：在一个有限空间中，如何找到一个"块"？如果从这些"块"出发，以位置关系来看，这个问题就只有两个解：**一是为所有连续的块添加一个连续的"索引"；二是为所有不连续的块添加一个唯一的"名字"。**

当然，关键点在于"连续"和"不连续"。连续和不连续在语义上就是二分的，所以只需要两个解。"索引"比较简单，它对应于连续性本身，表达为可计算的特性是 a[i]，也就是 a 的下标 i；而"名字"对应于"找到块"这一目的本身，表达为一个可计算的函数 f()。于是，一旦系统认为一个函数 f() 可以用于找到它需要计算的数据，数据就可以理解为 b[f()]，而其中的函数 f() 如何实现则可以交给另外一个系统去完成。

为什么不能将 i 也理解为"找到 i"呢？如果是这样，所谓的"索引"就可以作为名字啊？是的，如果这样理解，也就可以为上面的 a[i] 引入一个用于计算索引的函数 f()，只是该函数 f() 的唯一作用就是返回 i。下例说明了下标与索引函数之间的简单映射关系：

```
function f() {
  return i
}

a[i] === a[f()];
```

现在有了两种数据结构：一种是连续的块，另一种是不连续的块。它们都有一种统一的找到块的模式，也就是"通过一个函数来找到块"。

对索引数组来说，这个函数是取数组成员的索引；对关联数组来说，这个函数是取数组成员的名字。**关联数组**（associative array）是用一对"名/值"创建的数组，在实现中为了将无穷尽的名字收敛在一个有限范围内，通常是用值的哈希（hash）作为名字。

所以，在怎么管理数据这个问题上，可以将所有数据看成只由两种数据结构构成，一种称为索引数组（对应可索引的块），另一种称为关联数据（对应不可索引的块）。究其根本，索引数组也是关联数组的一个特例——被存取的数据所关联的名字就是它的索引。

JavaScript 中的对象本质上就是这样的一个关联数组。同时，所谓的**数组**（array），也就是**索引数组**（indexed array），正是作为关联数组的一个特例来实现的。这样一来，JavaScript 就实现了两种数据结构的大统一：

- 数组是一种对象；
- 对象本质上是关联数组。

16.3　结构的反面：解构

对象不过是"稍微复杂一点儿的数据结构"，相比起来，它并不比"记录/结构体"更复杂。从抽象的演进过程来说，对象只是"没有顺序存储限制，并且添加了成员名字的"结构体而已。图 16-1（引自《程序原本》的第 10 章）说明了二者在抽象上的一致性。

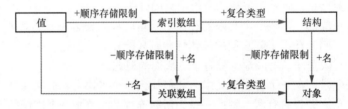

图 16-1　结构体与对象在抽象本质上的一致性

本书第一篇中讲过，计算的本质是求值，因此几乎所有与引用类型相关的运算，最终都会将"与它相关的运算结果"指向"值"。这一切背后的原因也很简单，就是物理的计算系统最终也只能接收字节、位等这样的值类型数据。但是在高级编程语言或者应用编程中，程序员又需要高层级的抽象来简化编程，所以才会有结构体，以及这里讲到的对象。

还原这个过程，也就意味着，**对数据加以结构化（structuring）是应用编程的必需，而使之解构（destructuring）则是底层计算的必需**。

从一个结构（这里是指数据结构或者对象等复杂构造）中把值数据取出来，就称为解构。在本章标题下的代码就是这样的一个解构赋值，它的目的正是"从一个结构中提取值"。在如下这行代码中，等号右边的是一个对象字面量，其语义是将 a 和 b 两个数据变成对象（这个数据结构）中的两个成员：

```
[a, b] = {a, b}
```

其中，因为 a 和 b 都是既已约定的名字，所以在作为对象成员的时候名字和值就都已经具备了，完全符合关联数组（即名/值数据对）的语义要求。

再看上面这行代码的左边，是一个数组？不是，这称为一个（数组）赋值模式。

所谓"赋值模式"，不过是"变量的名字和它的值之间"的位置关系的一个说明。这个说明是描述型的、声明风格的,因此,在 JavaScript 语法分析阶段就完成了处理,根本不会产生任何运行期的执行过程。

所以,左边的赋值模式只是说明了一堆被声明的变量。也就是说,它跟代码 var x, y, z = 100 中的 x, y, z 这样的名字声明没有任何差异,在处理上也是一样的。但是,这些赋值模式中声明的变量,每个都绑定了一段赋值过程。这样的赋值过程在之前讲函数的非简单参数时也讲过(参见第 8 章),就是"初始器赋值"。在 ECMAScript 中,尽管它们调用的是相同的赋值过程,但这两者之间是有语义上的区别的。具体来说,就是:

- 当赋值模式用作声明(var/let/const)时,上面的赋值过程将作为值绑定的初始器;
- 当赋值模式用作赋值运算的右运算数时,右运算数将作为赋值过程的传入参数。

因此,对本章标题下的代码来说,将会由于左手端运算数的类型标记(*lhsKind*)的不同,而存在 3 种在语义上互有差异的逻辑[①]:

```
// 示例 1: lhsKind 是赋值 (assignment)
// 将调用 DestructuringAssignmentEvaluation()
[a, b] = {a, b}

// 示例 2: lhsKind 是变量绑定 (varBinding)
// 将调用 BindingInitialization(env),其中当前环境 (env) 将指向当前函数作用域
var [a, b] = {a, b}

// 示例 3: lhsKind 是词法绑定 (lexicalBinding)
// 将调用 BindingInitialization(env),其中当前环境 (env) 将指向当前块级作用域
let [a, b] = {a, b}
```

当然,其结果都是一样的,也就是左边的 a 和 b 都被赋予了左边对象{a, b}解构出来的值。但是,如果执行本章标题下的代码,读者应该会发现结果可能与预期并不一样,例如左边的 a 和 b 与原来有的变量 a 和 b 并不一样(假设这些变量是已经声明过)。

在上面的 3 个例子中,示例 3 中的 let/const 赋值将不成立,因为右边的对象将不能被创建出来。例如:

```
> let [a, b] = {a, b}
ReferenceError: a is not defined
```

前两个示例在代码逻辑上是可以成立的,只是一般来说执行会抛出异常。例如:

```
# 赋值未声明变量
> a = 100, b = 200;

# 示例代码 (与使用 var 声明相同)
> [a, b] = {a, b};
TypeError: {(intermediate value)(intermediate value)} is not iterable
```

接下来思考一个问题:有什么办法让这段代码可以执行呢?这就回到本章要讲的核心话题了。

16.4 对象将两种数据结构合而为一

既然对象和数组在本质上都是存放"一堆数据"的结构,差异只是查找的过程不同,那么模

---

① 只有在 for..in 和 for..of 语句中才会使用这里的 *lhsKind* 来处理这 3 种逻辑。这是向下兼容性导致的,可以进一步参阅规范主题#sec-runtime-semantics-forin-div-ofbodyevaluation-lhs-stmt-iterator-lhskind-labelset。

拟它们不同的查找过程就可以在这些结构之间完成统一的"赋值行为"。

"数组赋值模式"就引用了数组的下标索引过程，ECMAScript 将索引次序用专门的增序来管理，并将运算数视作迭代器来取值。注意，确实有必要留意这两者之间的区别，重点在于**"迭代器"的取值是有序的，但并没有确定会使用数组的下标（例如序号）**。

所以，只要让示例代码中右边的对象成为一个"可迭代对象"，赋值表达式就可以知道如何将它赋给左边的模板了。这并不难：

```
# 模拟成数组的迭代器
> Object.prototype[Symbol.iterator] = function() {
    return Array.prototype[Symbol.iterator].call(Object.values(this));
};

# 测试
> a = 100, b = 200;

> [a, b] = {a, b}
...
```

当然，也可以不借用数组的迭代器。下面是一个更简单的版本：

```
Object.prototype[Symbol.iterator] = function*() {
    yield* Object.values(this);
};

...
```

也就是说，只需要将"对象成员"的列举，变成"对象成员的值"的列举，关联数组就可以用作索引数组了。当然，在代码中通常不需要这样做。若仅是实现本章标题下的代码的功能，写成下面这样就足够了：

```
> [a, b] = Object.values({a, b})
...
```

既然将对象赋给数组（赋值模式）是可行的，那么将数组赋给对象（赋值模式）是否可行呢？答案当然是"可行"。不过仍然和上面的问题一样，得有办法在模板中描述索引与名字之间的关系才行。例如：

```
# 在对象赋值模式中声明变量名与索引的关系
> ({0: x, 1: y} = [a, b])

> console.log(x, y);
100 200
```

如果将本章标题下的代码反过来使用，例如：

```
{a, b} = [a, b]
```

那么，因为没有这种关系描述，所以右边的数组被强制作为一个对象来使用，因此语义变成了取 a、b 这两个成员的值。当然，它的结果就是不可预知的了。这种不可预知缘自"将右边的数组作为对象，以尝试取得具体成员"这样的行为，并且还受到它的原型对象的影响。

当然，也有使类似行为不受原型影响的办法，这就是所谓的**展开语法**（spread syntax）。

关于展开语法的特点，在第 9 章中已经讲过。不过，与本章略有关联的是，**对象展开**（object spread）和与它相关的剩余参数都只处理那些可列举的、自有的属性。因此，展开过程并不受对象原型的影响。例如：

```
# 测试变量
> var a = 100, b = 200;

# 将数组展开到一个对象（的成员）
> obj = {...[a,b]}
{0: 100, 1: 200}


# 或者，将对象展开到一个数组
> iterator = function*() { yield* Object.values(this) };
> obj[Symbol.iterator] = iterator;
> arr = [...obj]
[ 100, 200 ]
```

16.5 小结

本章的重点是从抽象层面认识对象和数组，以及它们更为学术的名词概念——关联数组和索引数组。

因为索引数组本质上是关联数组的特例，所以在 JavaScript 中用关联数组（也就是对象）来实现索引数组（也就是一般概念上的数组对象）是合理的，也是有深厚理论根基的一个设计。因此在关联数组和索引数组之间相互转换的行为就是一个名字和索引变换的游戏，这也是本章中会再次讨论"展开语法"的原因：**展开语法是两种数据类型之间的一座桥梁。**

当然，本章标题下的代码尽管不能直接执行，但"如何让它能执行"这个问题所涉及的知识，与计算机领域中较深层次的执行原理，以及较高层次的抽象结构之间，都存在着密不可分的关系。无论是出于理解 JavaScript 代码的目的，还是出于理解语言中最本质的假设或前设，我都非常建议读者去尝试一下本章中所讲的示例代码。

第17章

原子层级上的对象与行为

```
> Object.setPrototypeOf(x, null)
...
```

很多人说 JavaScript 中的 null 值是一个设计上的 bug，连 "JavaScript 之父" 布兰登·艾奇都对 "Undefined + Null" 的双设计痛心疾首，说 null 值的特殊设计是一个**抽象漏洞**（abstraction leak）。

但我并不这么看。事实上，JavaScript 中有关对象的讨论，最终都会溯源到原子对象上来，而要说清楚原子对象，就要从 null 值讲起，因为在 JavaScript 中，null 值是一个对象。

规范索引

概念或一般主题

- #sec-ecmascript-language-types：语言的类型（参见第 3 章的 "规范索引"），主要是对 JavaScript 语言的类型设计。
- #exotic-object：变体对象，指包括数组、绑定函数等在内的带特殊内部行为的对象。
- #sec-immutable-prototype-exotic-objects：不可变原型变体对象，例如 Object.prototype。
- #proxy-exotic-object：代理变体对象，即 Proxy() 的实例。
- #sec-typeof-operator：typeof 运算符，返回 JavaScript 的基础类型。

实现

- #sec-properties-of-the-object-prototype-object：对象的原型对象（Object.prototype）的属性预设值，若设为 x，注意其 x.[[prototype]] 指向 null。
- #sec-object.prototype.tostring：Object.prototype.toString() 方法的实现。
- #sec-serializejsonproperty：SerializeJSONProperty() 抽象操作。
- #table-proxy-handler-methods：代理处理器方法表，即内部方法与代理处理器方法对照表。

17.1 null 值

在 JavaScript 的类型系统中存在 null 值是有一定道理的。这要将 JavaScript 中的数据类型分成"基本类型系统"和"对象类型系统"来看，如图 17-1 所示。[1][2]

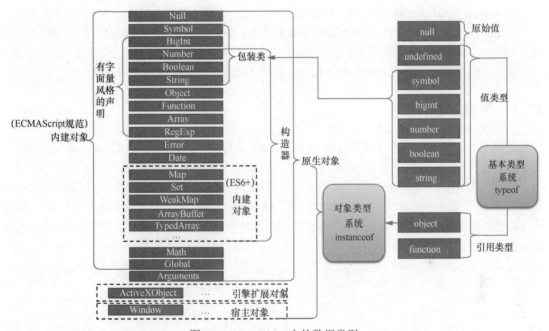

图 17-1 JavaScript 中的数据类型

"基本类型系统"是用 typeof 运算来识别的，该运算返回一个小写字符串值作为类型名，例如 'string'；在不会误解的情况下，也直接将这些值的名字形式作为类型名，例如 string。在 object 这个基本类型中，又通过继承的方式产生了"对象类型系统"，这个类型系统是用 instanceof 运算来识别的，例如 x instanceof String 返回 true 就表明 x 是一个 String 类型的值，这里的类型名就是构造器 String() 的函数名，并且习惯上首字母是大写的。

---

[1] ECMAScript 规范中并不使用这种方式来描述 JavaScript 的类型系统。ECMAScript 将在 JavaScript 中可见的类型系统称为"语言类型"（Language Type），并分成原始值（primitive value）和对象（object）两类。这种分类方法的结果与 typeof 运算的结果有两点是不相容的。具体来说，语言类型系统中：一是 null 不是对象，而是原始值；二是 function 类型不是单独的类型，而是对象的子类。

[2] ECMAScript 规范中将语言类型之外的其他数据类型称为"规范类型"（Specification Type），例如前文中讲过的引用（规范类型）、环境、完成等都属于记录（Record）类型，而函数参数等就属于列表（List）类型。规范类型是用来实现 ECMAScript 所约定的语言的，在 JavaScript 中不可见。

早期的 JavaScript 一共设计了 6 种基本类型[①]，其中 number、string、boolean、object 和 function 都有一个确切的值，而第六种类型 undefined 定义了它们的反面，也就是"非值"（non-value）。一般讲 JavaScript 的书大抵上都会这么说：**undefined 用于表达一个值/数据不存在**，例如 **return** 没有返回值，或变量声明了但没有绑定数据。

这样一来，"值+非值"就构成了一个完整的类型系统。但是呢，JavaScript 又是一种面向对象编程语言。那么"对象"作为一个类型系统，在抽象上是不是也有"非对象"这样的概念呢？答案是有，即 null。它的语义是：**null 值用于表达一个对象不存在，即"非对象"**，例如在原型继承中回溯原型链直到根类——根类没有父类，因此它的原型指向 **null**。

正如 undefined 是一个值类型一样，null 也是一个对象类型。这很对称、很完美，只要接受"JavaScript 中存在两套类型系统"的观念，上面的一切解释就都说得通。

无论如何，这样的两套类型系统都是事实存在的。也因此，才有了所谓值类型的包装类，以及对象的 valueOf() 这个原型方法。

现在，的确是时候承认 typeof(null) === 'object' 这个设计的合理性了。

17.2　Null 类型

正如"Undefined 是一个类型，而 undefined 是它唯一的值"一样，Null 也是一个类型，且 null 是它唯一的值[②]。

这里直接引用了 ECMAScript 对 Null 类型的描述，这是 null 值的出处，并且 ECMAScript 还约定"null 是一个原始值"，这意味着，ECMAScript 规范认为 null 值不是一个对象。因此，读者需要稍稍违逆一下 ECMAScript 对语言类型的解释[③]，"苟同"一下 17.1 节中的看法，才能理解如下代码的含义：

```
// null 是对象
> typeof(null)
'object'

// 类可以派生自 null
> MyClass = class extends null {}
[Function: MyClass]

// 对象可以创建自 null
> x = Object.create(null);
{}
```

所以，也可以这么认为：

- Null 类型是一个对象类型（也就是类），是所有对象类型的元类型；
- null 值是一个连属性表都没有的对象，是元类型系统的第一个实例，可以称之为一个原子。

[①] 第七种基本类型 symbol 是 ES6 中添加的，而第八种基本类型 bigint 则是在 ES2020 中才添加的。从现有的规范设计来看，未来会追加的新的基本类型都将是值类型。

[②] 在 ECMAScript 中，即便是原始值也会有自己所属的类型，包括 Undefined 和 Null。只不过这两种类型都是有且仅有一个具体的值，即 undfeined 和 null。一些在特殊情况下用作占位的值，在规范中是没有指定类型的，目前这样的值有且仅有 empty（最早 empty 只用在语句的完成记录的 value 字段中，不过现在它相当于一个规范类型中的 null 值，被广泛使用了）。

[③] 再次提醒读者注意，在 ECMAScript 语言规范中，对 null 的类型有着与 typeof 运算结果不一致的理解。

17.3　**null** 是所有原子对象的父类实例

没有属性表的对象称为 null。一个原子级别的对象只有一个属性表，它不继承自任何其他既有的对象，因此这个属性表的原型也指向 null。

原子对象是对象最原始的形态，它的唯一特点就是原型为 null。例如：

```
# JavaScript 中 Object（对象类型）的原型是一个原子对象
> Object.getPrototypeOf(Object.prototype)
null

# 任何对象都可以通过将原型置为 null 来变成原子对象
> Object.setPrototypeOf(new Object, null)
{}
```

这两个典型示例试图说明：object() 这个构造器的原型是一个原子对象，也就是所有一般对象的祖先类最终指向的仍然是 null；将任何对象的原型指向 null，就可以让这个对象变成一个原子对象。

但为什么要变成原子对象呢？或者说，为什么需要一个原子对象呢？因为原子对象就是对象最真实、最原始、最基础抽象的数据结构——关联数组。属性表就是关联数组。一个空索引数组与空关联数组在 JavaScript 中是类似的（都是对象）：

```
# 空索引数组
> a = Object.setPrototypeOf(new Array, null)
[]

# 空关联数组
> x = Object.setPrototypeOf(new Object, null)
{}
```

本质上说，空索引数组只是在它的属性表中默认有一个不可列举的属性，这就是 length。例如：

```
# （续上例）

# 数组的长度
> a.length
0

# 索引数组的属性
> Object.getOwnPropertyDescriptors(a)
{ length:
  { value: 0,
    writable: true,
    enumerable: false,
    configurable: false } }
```

正因为数组有一个默认的、隐含的 length 属性，它才能被迭代器列举（以及适用于数组展开语法）。因为迭代器需要“额外维护一个值的索引”，所以在这种情况下 length 属性成了有效的参考，以便于在迭代器中将 0..length-1 作为迭代的中止条件。

一个原子的索引数组也可通过添加 Symbol.iterator 属性来让它支持迭代。又或者，向一个一般的原子的关联数组（一般原子对象）添加 length 和 Symbol.iterator 属性，它就能像一般数组一样，应用 JavaScript 内部所有有关数组的操作了。例如：

```
# （续上例）

# 使索引数组支持迭代
> a[Symbol.iterator] = Array.prototype[Symbol.iterator]
[Function: values]

# 展开语法（以及其他运算）
> [...a]
[]

# 让（原子的）关联数组变成索引数组
> x.length = 0
> x[Symbol.iterator] = a[Symbol.iterator]
> [...x]
[]
```

现在，整个 JavaScript 的对象系统被还原到了两张简单的属性表，它们都是两个原子对象，一个实现为索引数组，另一个实现为关联数组。

当然，还有一个对象，也是所有原子对象的父类实例 null。

17.4　从继承性的角度观察原子对象

现在已经有了原子级别的对象的两个关键组件，一个是 null，另一个是属性表。有了 null，就可以重新构建一个对象/类的继承结构；有了属性表，就可以组织对象的全部性质。简而言之，这一体系中就有了继承性和封装性。

17.4.1　派生自原子的类

JavaScript 中的类本质上是原型继承的一个封装，而原型继承可以理解为多层次的关联数组的链（原型链就是属性表的链）。之所以在这里说它是多层次的，是因为在面向对象技术出现的早期，在由 3 位图灵奖得主合写的《结构程序设计》（*Structured Programming*）这本经典著作中，面向对象编程就被称为"层次结构程序设计"。由此可见，"层次设计"是从数据结构的视角对面向对象中继承特性的一个精准概括。

在类声明中将 extends 指向 null 值，将表明该类派生自 null。为了使这样的类（如 MyClass）能创建出具有原子特性的实例，JavaScript 给它赋予了一个特性：MyClass.prototype 的原型指向 null。这个性质也与 JavaScript 中的 Object() 构造器类似。例如：

```
> class MyClass extends null {}
> Object.getPrototypeOf(MyClass.prototype)
null

> Object.getPrototypeOf(Object.prototype)
null
```

也就是说，这里的 MyClass 类可以作为与 Object 类处于类似层级的根类，通常称为（所有对象的）祖先类。这种类是在 JavaScript 中构建元类继承体系的基础。不过，元类以及相关的话题这里就不展开讲解了，这里希望引起读者关注的只是在层次结构中，这样声明出来的类与 Object() 是处在相同层级的。

通过 extends null 声明的类是不能直接创建实例的，因为它的父类是 null，所以在缺省构造器中的 super() 将无法找到可用的父类创建实例。因此，通常情况下用 extends null 声明的类都需要用户声明一个自己的构造方法。

但是也有例外：如果 MyClass.prototype 指向 null，而 super 指向一个有效的父类，其结果就是得到一个能创建具有父类特性（例如父类的内部槽）的原子对象。例如：

```
> class MyClass extends null {}

# 这是一个原子的函数类
> Object.setPrototypeOf(MyClass, Function);

# f()是一个函数，并且是原子的
> f = new MyClass;
> f(); // 可以调用
> typeof f; // 是 function 类型

# 这是一个原子的日期类
> Object.setPrototypeOf(MyClass, Date);

# d是一个日期对象，并且也是原子的
> d = new MyClass;
> Date.prototype.toString.call(d); // 它有内部槽用于存放日期值
'Mon Nov 04 2019 18:27:27 GMT+0800 (CST)'

# a是一个原子的数组类
> Object.setPrototypeOf(MyClass, Array);
> a = new MyClass
;
...
```

17.4.2　一般函数/构造器

将一般函数用作构造器是从 ES6 之前的 JavaScript 沿袭下来的传统风格。这样的构造器也称作"传统的类"，并且在 ES6 中，所谓"非派生类"（没有 extends 声明的类）也是用这样的函数/构造器来实现的。

这些所谓的函数、构造器、非派生类其实是相同性质的东西，并且都基于 ES6 之前的构造器概念来实现类的实例化，也就是构造过程。出于这样的原因，它们都不能调用 super() 创建 this 实例。不过，旧式风格的构造过程总是使用构造器的 prototype 属性创建实例，因而让它们创建原子对象的方法也就变得非常简单：把它们的原型变成原子就可以了。例如：

```
# 非派生类（没有 extends 声明的类）
> class MyClass {}
> Object.setPrototypeOf(MyClass.prototype, null)
> new MyClass
{}

# 一般函数/构造器
> function AClass() {}
> Object.setPrototypeOf(AClass.prototype, null)
> new MyClass
{}
```

17.5 原子行为

直接施加于原子对象上的最终行为，可以称为原子行为。如同 Lisp 中的表只有 7 个基本运算符一样，原子行为的数量也是很少的。准确地说，JavaScript 只有 13 个原子行为，并且可以分成 3 类，其中包括：

- 3 个操作原型的，分别用于读写内部原型槽，以及基于原型链检索；
- 8 个操作属性表的，包括冻结、检索、置值和查找等（类似于数据库的增删改查）；
- 2 个操作函数行为的，分别用于函数调用和对象构造。

至此，读者可能已经意识到了：所谓"代理对象"的陷阱方法正好就是这 13 个原子行为[①]。这同样也可以理解为：代理（Proxy() 类的实例）就是要接管那些原子行为并将它转发给被代理者。正因为 JavaScript 的对象有且仅有这 13 个原子行为，所以代理才能无缝且全面地处理任何对象。

这也是 ECMAScript 中的代理对象只有 15 个内部槽的原因。这 15 个内部槽包括上述 13 个原子行为的内部槽，另外 2 个内部槽分别指向被代理对象 [[ProxyTarget]] 和用户代码设置的陷阱列表 [[ProxyHandler]]。

17.6 小结

任何一个对象都可以通过本章标题下展示的语法变成原子对象，它可以被理解为关联数组；并且，如果它有一个称为 length 的属性，它就可以被理解为索引数组。

第 16 章中讲过，所有的数据都可以看成"连续的一堆"或"不连续的一堆"，所以"索引数组+关联数组"在数据结构上就可以表达"所有的数据"。

如果读者对有关 JavaScript 的类型系统，尤其是隐于其中的原子类型和元类型等相关的知识感兴趣，可以阅读我的一篇博客文章"元类型系统是对 JavaScript 内建概念的补充"。

---

① 如果更详细地考察 13 个代理方法，严格说来只有 8 个原子行为，因为另外 5 个行为是有相互依赖的，而非原子级别的操作。这 5 个非原子行为的代理方法是 DefineOwnProperty()、HasProperty()、Get()、Set() 和 Delete()，它们会调用其他原子行为来检查原型或属性描述符。

第四篇

从粗通到精通的进阶之路：
唯一不变的是变化本身

面向对象是 JavaScript 面向应用性的设计，JavaScript 还是一门动态函数式语言。这被称为混合语言特性。

作为混合语言，JavaScript 在动态语言特性方面的设计是非常成功的，但这也同时导致它的静态语言特性的设计受挫（例如静态类型系统）。动态语言特性几乎是 JavaScript 中所有混乱的原始起点，是 ECMAScript 在任何新规范设计时的终极障碍。

从规范类型上说，前三篇中已经讲解了用于数据处理的引用记录（Reference Record）、完成记录（Completion Record），用于对象的属性描述符记录（Property Descriptor Record），以及用于执行的环境记录（Environment Record）这些规范类型。这些类型与相关规范一起，构成了 ECMAScript 作为一个计算系统的全部。但这从计算机语言的角度来看却只是一个静态系统，因而最重要也是现在最缺乏的是让它们"动起来"。

本篇开始讲解 JavaScript 的动态语言特性，即上述基础组件在动态语言背景下的应用。必经此，读者才能真正踏上精通 JavaScript 的进阶之路。本篇中主要讨论 JavaScript 动态类型系统、动态函数，并部分了解动态执行过程，还将进一步揭示所谓"严格模式"在全局环境中的部分真相。

## 第 18 章

原始值：类型系统运算的终极目标

```
> a + b
...
```

动态类型是 JavaScript 的动态语言特性中最有代表性的一种。动态执行与动态类型是天生根植于 JavaScript 语言设计核心中的基础组件，它们相辅相成，导致 JavaScript 在学习上易学难精，在使用中易用易错。

从根儿上讲，JavaScript 有两套类型系统。但仅以此论还算不上复杂，真正复杂的是，ECMAScript 对语言类型的约定与 JavaScript 原生的、最初的语言设计不同，这导致了各种解释纷至沓来，很难统一成一个说法。而且，ECMAScript 又为规范书写另立了一套所谓"规范类型系统"，并不停地演进它。这更是雪上加霜，导致 JavaScript 的类型系统越发说不清楚了。

本章先绕开 ECMAScript 规范本身，重点解释 JavaScript 中的类型设计与类型转换方法，然后针对 ECMAScript 规范，以一个具体案例为基础，详细解释如何通过隐式转换将结果收敛到两种预期的值类型。

规范索引

概念或一般主题

- #sec-type-conversion：ECMAScript 规范下的类型转换。

实现

- #sec-object.prototype.tostring：`Object.prototype.toString()` 方法的实现。
- #sec-object.prototype.valueof：`Object.prototype.valueOf()` 方法的实现。
- #table-toboolean-conversions：将数据转换为布尔值时的对照表。从 ES2023 开始该表被取消，相应功能被实现为 `ToBoolean()` 抽象操作。
- #sec-toobject：`ToObject()` 抽象操作的实现（注意对包装类专属内部槽的使用）。

- #sec-toprimitive：`ToPrimitive()`抽象操作的实现。
- #sec-ordinarytoprimitive：`OrdinaryToPrimitive()`抽象操作，相当于不受 `Symbol.toPrimitive` 属性影响的 `ToPrimitive()` 操作。

18.1 类型系统的简化

在 JavaScript 中讨论数据类型设计是需要围绕 `typeof` 运算符展开的。

从根儿上讲，JavaScript 就只有 `typeof` 运算符支持的 7 种类型，其中对象与函数算一大类，合称为引用类型，其他类型称为值类型[①]。

无论如何，可以先以这种简单的类型划分为基础来讨论 JavaScript 中的动态类型，因为这样一来，JavaScript 中的类型转换就变得很简单、很干净，也很易懂，可以用以下两条规则概括。

- 从值 x 到引用转换，调用 `Object(x)` 函数。
- 从引用 x 到值转换，调用 `x.valueOf()`方法，或者调用值类型的包装类函数，如 `Number(x)`、`String(x)`等。

简单吧？当然不会这么简单。

18.1.1 从值到对象的类型转换

因为主要的值类型都有对应的引用类型，所以对于"从值 x 到引用转换"，内置的 `Object(x)` 函数可以用简单方法一一对应地将它们转换过去。这是很安全的方法，在用户代码中不需要特别关心其中的 x 是什么样的数据——可以是特殊值（如 `null`、`undefined` 等），可以是一般的值类型数据，也可以是一个对象。使用 `Object(x)` 的所有转换结果，都将是一个尽可能接近预期的对象。例如，将数值转换成数值对象：

```
> x = 1234;
```

```
> Object(x);
[Number: 1234]
```

类似的还包括字符串、布尔值、符号等，而 `null` 和 `undefined` 将被转换为一个一般的空白对象，与 `new Object` 或一个空白字面量对象（也就是{}）的效果一样。

这个操作非常好用的地方在于，如果 x 已经是一个对象，那么它只会返回原对象，而不会做任何操作。也就是说，它没有任何的副作用，对任何数据的预期效果都是返回一个对象。而且在语法上，`Object(x)` 也类似于一个类型转换操作，表达将任意 x 转换成对象 x。

下面介绍一下将对象转换成值的情况。

18.1.2 对象可以转换成哪些值

任何对象都会有继承自原型的两个方法，分别是 `toString()` 和 `valueOf()`，这是 JavaScript 中"对象转换为值"的关键。

一般而言，任何东西都是可以转换为字符串的。例如，`JSON.stringify()` 就利用了这个简

[①] 这里刻意没有强调原始值与一般值类型之间的关系，也没有列举原始值具体有哪些，这样做是想先消除这些分歧，作为一种简单的"值类型"数据来讨论它们。

单的假设，它几乎可以将 JavaScript 中的任何对象或数据，转换成 JSON 格式的文本。所以，想要在 JavaScript 中将任何东西都转换成字符串，在核心原理和具体处理技术上，都不存在什么障碍。

但是，如何理解"将函数转换成字符串"呢？

从最基础的来说，函数有两层含义，一层是它的可执行代码，也就是文本形式的源代码；另一层则是函数作为对象，也有自己的属性。所以，理论上讲，函数也可以作为一个对象转换成字符串，或者说，序列化成文本形式。

再举一个例子。如何理解"将符号对象转换成符号"呢？从表面上看，在 JavaScript 中是没有"符号对象"这样东西的，因为符号是值，不是对象。但现实中确实可以将一个"符号值"转换为一个"符号对象"，这只需调用一下 Object() 这个函数就好了：

```
> x = Object(Symbol())
[Symbol: Symbol()]
```

那么，在这种情况下，这个符号对象 x 又怎么能转换为字符串呢？

所以，"一切都能转换成字符串"只是理论上行得通，很多情况下却做不到。因而在这些"无法完成转换"的情况下，尽管 JavaScript 仍然会尝试给出一个有效的字符串值，但是这基本上只能保证不抛出异常，而无法完成任何有效的计算。例如，通常情况下，将对象转换为字符串就只会得到一个简单的描述，仅能表示"这是一个对象"而没有任何其他实际意义。例如：

```
> (new Object).toString()
'[object Object]'
```

为了将这个问题一致化，也就是将问题归敛成更小的问题，JavaScript 约定，所有对象到值的转换结果要尽量趋近于 string、number 和 boolean 这三者之一。不过，这从来都不是书面的约定，只是因为 JavaScript 在早期就是用于浏览器上的开发，而：

- 浏览器可以显示的东西是 string；
- 可以计算的东西是 number；
- 可以表达逻辑的东西是 boolean。

因此，在一个可以被普通人理解的最小可计算编程系统中，支持的值类型数据的最小集合就应该是这 3 种。同时，不仅浏览器必须支持它，就算是去操作一台放在云端的主机，通过控制台登录之后的 shell 脚本也必须支持它。更远一点说，远程操作一台计算机，与浏览器用户要使用 Gmail，在计算的抽象上是一样的，只是程序实现的复杂性不一样而已。

所以，对 ES5 以及之前的 JavaScript 来说，当它支持值转换到对应的对象时，或者反过来从这些对象转换到值的时候，需要处理的也无非是这 3 种类型而已。处理的具体方法也很简单，就是在使用 Object(x) 转换得到的对象中添加一个内部槽来存放这个 x 的值，当需要从对象中转换回值类型时，再把这个内部槽中的值取出来就可以了。取出这个值并返回给用户代码的方法称为 valueOf()。

到了 ES2015（ES6），这个过程略有些不同，这个内部槽是区分值类型的，因此为每种值类型设计了一个独立的内部槽名字。加上 ES2017（ES8）中出现的大整数类型（BigInt），一共就有了 5 个对应的内部槽，即 [[BooleanData]]、[[NumberData]]、[[StringData]]、[[SymbolData]] 和 [[BigIntData]]，其中除 Symbol 类型之外，都满足上面所说的设定：**一个可以被普通人理解的最小可计算编程系统，需要支持一个最小集合的值类型数据。**

18.1.3　值与值之间的转换

接下来，如果转换过程发生在值与值之间呢？

有两个类型在与其他类型的转换中是简单而特殊的。一种是 symbol 类型，因为它既没有办法转换成别的类型，也没有办法从别的类型转换过来。无论是哪种方式转换，它在语义上都是丢失了的，是没有意义的。例如，现实中可以写出下面这样的代码，并且也确实发生了"symbol 到 string 的转换"：

```
> console.log(Symbol())
Symbol()
```

但是其结果只能表示这是一个符号，至于是哪个符号，是符号 a 还是符号 b 却分不出来。类似于此，所有"symbol 到其他值类型的转换"不需要太特别的讨论，因为所有能发生的转换都是定值，所以做一张表出来对照参考即可。当然，如果是"其他值类型到 symbol 的转换"，实际结果就是创建一个新符号，而没有"转换"的语义了。

另一种是 boolean 类型。ECMAScript 为了兼容旧版本的 JavaScript，直接将这个转换定义成了一张表，这张表在 ECMAScript 规范或者 MDN 上可以直接查到。简单来说就是，除 undefined、null、0、NaN、""（空字符串）和 BigInt 中的 0n 转换为 boolean 时返回 false 之外，其他的值转换为 boolean 时都返回 true。

当然，不管怎么说，要想记住这些类型转换，简单的做法就是直接把它们的包装类当作函数来调用[1]，转换一下就好了。代码中也可以这么写，例如：

```
// String(x)就是将 x 转换为字符串类型
> x = 100n;  // bigint 类型（也可以是其他类型的值）
> String(x)
'100n'

// Boolean(x)就是将 x 转换为布尔类型
> Boolean(x);
true
```

这些操作简单易行，也不容易出错，用在代码中还不影响效率，一切都很好。

剩下的字符串和数值[2]，以及基于这两种类型的所谓"隐式转换"就比较复杂了。

因为函数的参数没有类型声明，所以用户代码可以传入任何类型的值。对 JavaScript 核心库中的一些方法或操作来说，这表明它们需要一种统一、一致的方法来处理这种类型差异。例如，要么拒绝类型不太正确的参数，抛出异常，要么用一种方法来使这些参数变得正确。

后一种方法就是隐式转换。但是，对于这两种方法的选择，JavaScript 并没有编码风格层面上的约定。基本上，以 JavaScript 的早期实现为核心的时候，倾向于引擎吞掉类型错误（TypeError），尽量采用隐式转换让程序在无异常的情况下运行；而后期以 ECMAScript 规范为主导的时候，则倾向于抛出这些异常，让用户代码有机会处理类型问题。

---

[1] 可以直接作为函数调用的包装类一共有 4 个，包括 String()、Number()、Boolean() 和 BigInt()。此外，Symbol() 在形式上与此相同，但执行语义略有区别。

[2] 一个典型的示例是表达式 a + b，由于其中的"+"运算符既可以用于字符串拼接，也可以用于数值求和，因此必须通过一系列隐式规则来决定最终可能发生的运算。这也是本章标题下 a + b 这个表达式的由来。也就是说，如何准确地解释两个运算数相加，与如何全面理解 JavaScript 的类型系统的转换规则，关系匪浅！

隐式转换最主要的问题是会带来大量的"潜规则"。例如，经典的 `String.prototype.search(r)` 方法，其中的参数从最初设计时就支持在 r 参数中传入一个字符串，并且隐式地调用 `r = new RegExp(r)` 来产生最终被用来搜索的正则表达式。在 `new RegExp(r)` 中，由于 `RegExp()` 构造器会隐式地将 r 从任何类型转换为字符串类型，因此在这整个过程中，向原始的 r 参数传入任何值都不会产生任何的异常。例如，下面这样的代码：

```
> "aa1aa".search(1)
2

> "000false111".search(0 > 5)
3
```

隐式转换导致的"潜规则"很大程度上增加了理解用户代码的难度，也不利于引擎实现。因此，ECMAScript 在后期就倾向于抛弃这种做法，多数的新方法在发现类型不匹配的时候，都被设计为显式地抛出类型错误。一个典型的结果就是，在 ES3 时代，"TypeError"这个词在规范中出现 24 次，在 ES5 中出现 114 次，而在 ES6 中暴增到 419 次。

因此，越是早期的特性，越是更多地采用了带有"潜规则"的隐式转换规则。但遗憾的是，几乎所有的运算符和大多数常用的原型方法，都是早期的特性。所以，在类型转换方面，JavaScript 成了"潜规则"最多的编程语言之一。

18.2　问题：将数组和对象相加会发生什么

与 JavaScript 不同，在 ECMAScript 中讨论数据类型设计，需要从原始值（primitive value）开始，并且，这也是解开字符串、数值和隐式转换之谜的关键。

`typeof` 运算符可以将 JavaScript 的类型分成值类型与对象类型两大类，在值类型转换成对象类型时，是将值存入对应对象类型的一个内部槽中，这个内部槽就称为 `[[PrimitiveValue]]`[①]。在 ES6 之后还出现了 `Symbol.toPrimitive` 这个符号，它是将原本的 `[[PrimitiveValue]]` 内部槽及其访问过程标准化，然后暴露给 JavaScript 用户编程的一个界面。

所以，一种关于原始值的简单解释是：所有 5 种能放入内部槽（也就是说它们有相应的包装类）的值都是原始值，再加上两个特殊值 `undefined` 和 `null`，就是所谓原始值的完整集合了。

ECMAScript 规范中的表达式运算[②]，以及相关的类型转换，都是以这些原始值为基础进行的，其中包括非常复杂的细节和种种"潜规则"。下面的示例出自格雷·伯恩哈特（Gray Bernhardt）在 2012 年 CodeMash 大会上的分享[③]，这是一个非常著名的案例，足以说明隐式转换以及由隐式转换带来的"潜规则"有多么的不可预测。这个经典的示例是：将 `[]` 和 `{}` 相加，会发生什么？

尝试一下下面这个案例，会看到 4 种运算结果居然都不相同！

```
> [] + {}
```

---

① 这里一共用到了两个内部槽。以值 `false` 为例，当它转换为对象 `obj` 时，在 `obj.[[Class]]` 中存放着包装类 `Boolean()`，而 `obj.[[PrimitiveValue]]` 中存放着 `false`。在 ES6 中，将上述依赖项变成了一个，例如，只要一个对象有内部槽 `[[BooleanData]]`，它就是某个 `boolean` 值对应的对象。这样处理起来就简便了，不必每次做两项判断。

② 注意，这里没有提及"语句执行"，因为语句执行的结果其实就是将表达式求值的结果使用 `GetValue()` 来取值，然后放到完成记录的 `value` 字段返回。关于这一点，参见第 6 章，特别是图 6-1。

③ 参见 "A lightning talk by Gary Bernhardt from CodeMash 2012"。

```
'[object Object]'

> {} + []
0

> {} + {}
NaN

> [] + []
''
```

18.3 分析：隐式转换中的意图推断和转换过程

对于上面这个案例，有一点是特别需要注意的：输出的结果总是会收敛到两种类型——字符串（string）和数值（number）。这是因为，在 ECMAScript 中关于"隐式转换"的核心关键假设是：转换结果总是倾向于 string 和 number 两种值类型。

一般来说，运算符很容易知道运算数的类型，例如 a - b 中的减号，一看就知道是两个数值求差，所以 a 和 b 都应该是数值；又如，obj.x 中的点号的语义也很清晰，就是取对象 obj 的属性名字符串 x。

当需要引擎推断目的时，JavaScript 设定推断结果必然是 3 种基础类型（boolean、number 和 string）的值。因为 boolean 转换是通过查表进行的，所以就只剩下了 number 和 string 类型需要自动地、隐式地转换。

但是在 JavaScript 中，加号（+）是一个非常特别的运算符。上面那样简单的判断在加号（+）上就不行，因为它在 JavaScript 中既可能是字符串拼接，也可能是数值求和。另外还有一个与此相关的情况，object[x] 中的 x 很难明确地说是字符串还是数值，因为**计算属性**（computed property）的名字并不能确定是字符串还是数值，尤其是现在，它还可能是符号值（symbol）。

> **注意** 在讨论计算属性名（computed property name）时，JavaScript 将它作为预期为字符串的一个值来处理，即 r = ToPrimitive(x, String)。但是这个转换的结果仍然可能是 5 种值类型之一，因此在得到最终属性名的时候，JavaScript 还会再调用一次 ToString(r)。

由于加号（+）不能通过代码字面来判断意图，因此只能在运算过程中实时地检查运算数的类型。并且，这些类型检查都必须基于"加号（+）运算必然操作两个值数据"这个假设进行。于是，JavaScript 会先调用 ToPrimitive() 内部操作来分别得到 a 和 b 两个运算数可能的原始值类型。

所以，又回到了"如何转换为值"这一关键问题上。例如，对象到底会转换成什么？这个转换过程是如何决定的呢？

总的来说，这些转换方法可以分成 4 种情况：返回值本身、返回内部槽中的原始值、作为原始值处理或者使用传统的类型转换逻辑。

18.3.1 返回值本身

首先，JavaScript 约定：如果 x 原本就是原始值，ToPrimitive(x) 这个操作就直接返回 x

本身。这个很好理解，因为它不需要转换。也就是说：

```
# 1. 如果 x 是非对象，则返回 x
# 如下代码是不能直接执行的
> ToPrimitive(5)
5
```

18.3.2 返回内部槽中的原始值

接下来，JavaScript 约定：如果 x 是一个对象，且它有对应的 5 种 [[PrimitiveValue]] 内部槽之一，就直接返回这个内部槽中的原始值。由于这些对象的 valueOf() 就可以达成这个目的，因此这种情况下就是直接调用该方法（参见 18.3.3 节）。相当于如下代码：

```
# 2. 如果 x 是对象，则尝试得到由 x.valueOf() 返回的原始值
> Object(5).valueOf()
5
```

但是，在处理这个约定的时候，JavaScript 有一项特别的设定，就是对"引擎推断目的"这一行为做一个预设。如果某个运算没有预设目的，而 JavaScript 也不能推断目的，JavaScript 就会强制将这个预设为 number 类型，并进入传统的类型转换逻辑（参见 18.3.4 节）。

所以，简单地说（这是一个非常重要的结论）：**如果一个运算无法确定类型，那么在类型转换前，它的运算数将被预设为 number 类型。**

> **注意** 预设类型在 ECMAScript 中称为 *preferredType*，它可以是 undefined 或 "default"。但是 "default" 值是传统的类型转换逻辑所不能处理的，在这种情况下，JavaScript 会先将它重置为 "number"。也就是说，在传统的转换模式中，"number" 是优先的。

> **注意** 只有对象的符号属性 Symbol.toPrimitive 设置的函数才会被要求处理 "default" 这个预设。这也是在 Proxy/Reflect 这两个类中没有与类型转换相关的陷阱或方法的原因。

如果运算数被预设为 number 类型，那么转换规则会启用后述两种情况之一。

18.3.3 作为原始值处理

第三种情况就是作为原始值处理，并忽略预设。

如果运算数是 18.2 节说过的 5 种包装类对象，那么它们的 valueOf() 方法总是会忽略 number 这样的预设，并返回它们内部确定的原始值（就是 5 种 [[PrimitiveValue]] 内部槽之一的值）。

例如，为符号创建一个它的包装类对象，也可以在这种情况下解出它的值：

```
> x = Symbol()

> obj = Object(x)

> obj.valueOf() === x
true
```

正是因为对象（如果它是原始值的包装类）中的原始值总是被解出来，如果将数值 5 转换成

两个对象类型，并且再将这两个对象相加，那么其结果也会是数值 10（等效于它们的原始值直接相加）。代码如下：

```
> Object(5) + Object(5)
10
```

18.3.4 使用传统的类型转换逻辑

最后一种情况是接受预期，进入传统的类型转换逻辑。例如，"对象属性存取"就是一个显式有预期的运算——属性名的预期是字符串。又如，多数无法预期的运算会被引擎强制预设为 "number"。

这时就需要用到对象的 valueOf() 和 toString() 方法：当预设为"number"时，valueOf() 方法优先调用；否则 toString() 优先调用。重要的是，上面的预期只决定了上述优先级，而当调用优先方法仍然得不到非对象值时，还会顺序调用另一方法。这带来了一个结果：如果用户代码试图得到"number"类型，但 x.valueOf() 返回的是一个对象，就还会调用 x.toString()，最终得到一个字符串。

18.4 解题

接下来就可以解释 18.3 节中介绍的对象与数组相加带来的 4 种特殊效果了。

18.4.1 从对象到原始值的转换

在 a + b 表达式中，a 和 b 是对象类型时，由于加号（+）运算符并不能判别两个运算数的预期类型，因此它们被优先假设为数组（number）进行类型转换。

这样一来，无论是对象还是数组，它们的 valueOf() 方法调用的结果都将得到它们本身。如果用 typeof 看一下，结果仍然是 object 类型。接下来，因为调用 valueOf() 方法的结果不是值类型，所以会再尝试一下调用 toString() 方法。代码如下：

```
# 在预设为"number"时，先调用 valueOf() 方法，但得到的结果仍然是对象类型；
> [typeof ([].valueOf()), typeof ({}.valueOf())]
[ 'object', 'object' ]

# 因为上述的结果是对象类型（而非值），所以再尝试调用 toString() 方法来得到字符串
> [[].toString(), {}.toString()]
[ '[object Object]', '' ]
```

这里就可以看到一点点差异了：空数组转换出来是一个空字符串，而对象转换成字符串时是 '[object Object]'。

所以，18.2 节最后的 4 种运算变成了下面这个样子（它们都是对字符串相加，也就是字符串拼接的结果）：

```
# [] + {}
> '' + '[object Object]'
'[object Object]'

# {} + []
> ???
0
```

```
# {} + {}
> ???
NaN

# [] + []
> '' + ''
''
```

注意，在这个示例中，在做第二种和第三种转换的时候标注了 3 个问号（???）。因为只要按照上面的转换过程，它们无非就是字符串拼接，但结果它们却是两个数值，分别是 0 和 NaN。

怎么会这样？！

18.4.2　加号运算符的特殊性

现在看看下面这两个表达式：

```
{} + []
{} + {}
```

是不是觉得有一点熟悉？它们的左边是一对大括号，当它们作为语句执行的时候，会被优先解析成"块语句"，并且大括号作为结尾的时候，是可以省略语句结束符分号（;）的。

所以，这里终于碰到了 JavaScript 语言设计历史中最大的一块"铁板"，就是所谓的"自动分号插入"（ASI）。这样东西的细节在本书中略去不讲，但它的结果是什么呢？上面的代码变成下面这个样子：

```
{}; +[]
{}; +{}
```

但是这样的代码仍然是可以通过语法分析的，并且仍然是可以进行表达式求值的！

于是后续的结论就比较显而易见了。

由于加号（+）也是"正值运算符"，并且它很明显可以准确地预期后续运算数是一个数值，因此它并不需要调用 `ToPrimitive()` 内部操作来得到原始值，而是直接使用 `ToNumber(x)` 来尝试将 x 转换为数值。在 18.1 节开始讲到的两条规则中说："将引用转换为数值，可以使用它的包装类来转换"，在这里也就等效于 `Number(x)`。所以，上述两种运算的结果就变成了下面的样子：

```
# +[]将等义于
> + Number([])
0

# +{}将等义于
> + Number({})
NaN
```

18.4.3　字符串在加号运算符中的优先权

不过对字符串运算来说，加号（+）运算符中还有另一层面的优先级，而这是由加号运算符自己决定的，因此并不是类型转换中的普遍规则。

在加号运算中，因为运算的可能是数据和字符串，所以按照隐式转换规则，在不确定的情况下，优先将运算数作为数值处理，就是默认加号是做求和运算的。

但是，在实际使用中，结果往往会是字符串值。这是因为加号运算符约定，对于它的两个运算数，在通过 `ToPrimitive()` 得到两个相应的原始值之后，二者中任意一个是字符串就优先进行字符串拼接操作。也就是说，这种情况下另一个运算数会发生一次"值到值的转换"，并最终拼接两个字符串并作为结果值返回。

例如，如果对象 x 转换成数值和字符串，那么效果如下：

```
x = {
  valueOf() { console.log('Call valueOf'); return Symbol() },
  toString() { console.log('Call toString'); return 'abc' }
}
```

这个例子中声明了一个对象 x，它带有定制的 toString() 和 valueOf() 方法，用来观察类型转换的过程，其中 valueOf() 会返回一个符号值，也就是说，它是值类型，但既不是字符串，也不是数值。

接下来尝试用它跟一个任意值做 + 运算，例如：

```
# 示例 1：与非字符串做+运算时
> true + x
Call valueOf
TypeError: Cannot convert a Symbol value to a number
```

在试图处理"用对象与非字符串值做 + 运算"时，加号运算符会先调用 x 的 valueOf() 方法（操作 1），然后由于 + 运算的两个运算数都不是字符串，因此将再次尝试将它们转换成数值（操作 2）并求和。又如：

```
# 示例 2：与字符串做+运算时
> 'OK, ' + x
Call valueOf
TypeError: Cannot convert a Symbol value to a string
```

在这种情况下，由于存在一个字符串运算数，因此字符串拼接运算优先，于是会尝试将 x 转换为字符串。

需要注意的是，上面的操作 1 和操作 2 中都没有调用 x.toString()，都只是在 ToPrimitive() 内部操作中调用了 x.valueOf()。也就是说，在检测运算数的值类型是否是字符串之后，再次进行的"值到值的转换"操作是基于 ToPrimitive() 的结果值而非原对象 x 的。

18.4.4　预期情况与非预期情况下的处理

还有一个不同之处：当使用"... + {}"时，ToPrimitive() 转换出来的是字符串 [object Object]，而在使用"+ {}"时，ToNumber(x) 转换出来的却是值 NaN。所以，在不同的预期下，"对象到值的转换"的结果并不相同。

这之间有什么规律吗？

这要先将那些 JavaScript 不能确定用户代码预期的情况区分出来。总结起来很有限，包括：

● 加号（+）运算和等值（==）运算中，不能确定左运算数和右运算数的类型[①]；

● 在 new Date(x) 中，如果 x 是一个非 Date() 实例的对象，那么将尝试把 x 转换为基础类型 x1；然后，只要 x1 是字符串，就尝试从字符串中解析出日期值；否则尝试 x2 = Number(x1)，只要能得到有效的数值，就用 x2 创建日期对象。

---

① JavaScript 认为，如果左运算数和右运算数中有一个为 string、number、bigint 和 symbol 这 4 种基础类型之一，另一个是对象类型（x），就需要将对象类型转换成基础类型（调用 ToPrimitive(x)）来进行比较；并且，运算数将尽量转换为数值来进行比较，即最终结果将等效于 Number(x) == Number(y)。

● 同样是在 Date() 的处理中，一个 Date 类型的对象（x）转换为值时，将优先将它视为字符串[①]，即先调用 x.toString()，再调用 x.valueOf()。

在其他情况下，JavaScript 不会为用户代码调整或假定预设值。也就是说，按照 ECMAScript 内部的逻辑与处理过程，其他运算（运算符或其他 ECMAScript 的内部方法）对于对象 x 都是有目标类型明确的、流程确定的方法来转换为值类型的值的。

18.5　Date 特例的进一步分析

Date 对象之所以特殊，是因为 Date() 在调用 ToPrimitive() 这个阶段的处理顺序是反的：它会先调用 x.toString，从而产生不一样的效果。例如：

```
// 创建 MyDate 类，覆盖 valueOf() 和 toString() 方法
class MyDate extends Date {
  valueOf() { console.log('Call valueOf'); return Symbol() }
  toString() { console.log('Call toString'); return 'abc' }
}
```

测试运行效果如下：

```
# 示例
> x = new MyDate;

# 与非字符串做+运算时
> true + x
Call toString
trueabc

# 与非字符串做+运算时
> 'OK, ' + x
Call toString
OK, abc
```

那么，它是如何做到的呢？

简单地说，Date 类重写了原型对象 Date.prototype 上的符号属性 Symbol.toPrimitive。在任何情况下，如果用户代码重写了对象的 Symbol.toPrimitive 符号属性，那么 ToPrimitive() 这个转换过程就将由用户代码负责，而原有的顺序和规则就失效了。

由于调用 ToPrimitive(hint) 时的入口参数 hint 可能为 default、string 和 number 这 3 种值之一，而它要求返回的只是值类型结果，也就是说，结果可以是所有 5 种值类型中的任意一种，因此，用户代码对 ToPrimitive(hint) 的重写可以参考这个 hint，也可以无视它，还可以在许可范围内返回任何一种值。简单地说，它就是一个超强版的 valueOf()。

要知道，一旦用户代码声明了符号属性 Symbol.toPrimitive， valueOf() 就失效了，例如：

```
# 示例
> x = new Object;
> x.valueOf = () => console.log('watch valueOf');

# x.valueOf 是有效的
> 1 + x
```

[①] 相对于缺省时优先 number 类型来说，JavaScript 内部调整了 Date 在转换为值类型时的预设。

```
watch valueOf
NaN

# 重写 Symbol.toPrimitive
# valueOf()失效了
> x[Symbol.toPrimitive] = () => 3;
> 1 + x
4
```

ECMAScript 采用这种方式一举摧毁了原有的隐式转换的全部逻辑。这样一来，包括预期的顺序与重置，以及 toString() 和 valueOf() 调用等，都不复存在。

一切重归于零：定制 Symbol.toPrimitive，返回值类型；否则抛出异常。

> **注意**　Date 类中仍然是会调用 toString() 或 valueOf() 的，这是因为在它的 Symbol.toPrimitive 实现中只是调整了两个方法的调用顺序，而之后仍然是调用原始的内置 ToPrimitive() 方法。用户代码可以自行决定该符号属性（方法）的调用结果，无须依赖 ToPrimitive() 方法。

18.6　小结

- JavaScript 语言中的引用类型和值类型与 ECMAScript 中的原始值类型之间存在区别。
- JavaScript 语言中的引用类型与 ECMAScript 中的引用（规范类型）是完全不同的概念。
- 使用 typeof x 来检查 x 的数据类型在 JavaScript 代码中是常用且有效的方法。
- 原则上讲，系统只处理 boolean、string 和 number 这 3 种值类型（bigint 可以理解为 number 的特殊实现），其中 boolean 与其他值类型的转换是按对照表来处理的。
- 从很大程度上说，显式转换只能决定转换的预期，而它内部的转换过程仍然是需要隐式转换过程来参与的[1]。

---

[1]　例如，显式转换 Number(x) 只能确定其预期的目标是 'number' 类型，并会最终调用 ToPrimitive(x, 'number') 来得到结果，但 ToPrimitive() 会接受任何一个原始值（包括 null、undefined 等）作为结果返回，因此为了使结果符合预期，在内部的转换过程中还会发生一次类型的隐式转换。

## 第 19 章

JavaScript 实现动态执行时的基础设施

```
> (0, eval)("x = 100")
100
```

　　动态执行是 JavaScript 最早实现的特性之一，eval() 这个函数是从 JavaScript 1.0 就开始内置了的。最早的 setTimeout() 和 setInterval() 也内置了动态执行的特性：它们的第一个参数只允许传入一个字符串，这个字符串将作为代码体动态地定时执行。

　　关于这一点并不难理解，JavaScript 最早是被作为脚本语言设计出来的，因此把"加载脚本 + 执行"这样的核心过程通过一个函数暴露出来作为基础特性，既是举手之劳，也是必然之举。然而，这个特性从最开始就过度灵活，以至于后来许多新特性在设计中颇为掣肘，所以在 ES5 的严格模式出现之后，它就受到了很多的限制。

　　本章将揭开重重迷雾，让读者得见最真实的 eval()。

规范索引

概念或一般主题

- #sec-object-environment-records：对象环境记录（Object Environment Record）。

- #sec-declarative-environment-records：声明环境记录（Declarative Environment Record）。

- #sec-execution-contexts：执行上下文（参见第 5 章的"规范索引"）。

实现

- #sec-runtime-semantics-scriptevaluation：ScriptEvaluation() 抽象操作。注意，其中词法环境与变量环境在脚本块的执行上下文中都指向全局环境（*globalEnv*）。

- #sec-performeval：PerformEval() 抽象操作的实现。注意，直接调用和间接调用的词法环境与变量环境的置值是不同的。

- #sec-eval-x：eval() 的实现，将调用 PerformEval() 抽象操作。

- #sec-parseint-string-radix：parseInt() 函数的实现。

19.1 eval 执行对传入参数的理解

最基本也是最重要的问题是：eval 究竟是在执行什么？

在代码 eval(x) 中，x 必须是一个字符串，不能是其他任何类型的值，也不能是一个字符串对象。如果尝试在 x 中传入其他类型的值，那么 eval() 将直接以该值作为返回值。例如：

```
# 值 1
> eval(null)
null

# 值 2
> eval(false)
false

# 字符串对象
> eval(Object('1234'))
[String: '1234']

# 字符串值
> eval(Object('1234').toString())
1234
```

eval() 还会按照 JavaScript 语法规则来尝试解析字符串 x，包括对一些特殊字面量（例如八进制）的语法分析。这样的语法分析会与 parseInt() 或 Number() 函数实现的类型转换有所不同。例如，在解析八进制时，在 eval() 的代码中可以使用 '012' 来表示十进制的 10；但使用 parseInt() 或 Number() 函数就不支持八进制，会忽略前缀字符 0，得到十进制的 12。例如：

```
# JavaScript 在源代码层面支持八进制
> eval('012')
10

# 但 parseInt() 不支持八进制（除非显式指定 radix 参数）
> parseInt('012')
12

# Number() 也不支持八进制
> Number('012')
12
```

另外，eval() 会将参数 x 强制理解为语句行，这样一来，当按照"语句→表达式"的顺序解析时，{} 将被优先理解为语句中的大括号。于是，下面的代码就成了 JavaScript 初学者的经典噩梦：

```
# 试图返回一个对象
> eval('{abc: 1}')
1
```

在这种情况下，由于第一个字符被理解为块语句的开始，因此 abc: 会被解析成标签语句；接下来，1 会成为一个单值表达式语句。所以，结果是返回了这个表达式的值，也就是 1，而不是一个字面量声明的对象。

19.2 eval 执行对环境的要求

eval() 总是在当前上下文的当前位置执行代码。所谓的"当前上下文"，并不是它字面意思中的代码文本上下文，而是指与执行环境相关的执行上下文。

"环境"和"上下文"是 JavaScript 的执行系统的两个关键组件，并且在一些不太重要的场合中经常被混为一谈。然而，在讨论 eval() 执行的位置的时候，这两样东西必须厘清，因为严格来讲，"环境"是 JavaScript 在语言系统中的静态组件，而"上下文"是 JavaScript 在执行系统中的动态组件。

19.2.1　环境

在 JavaScript 中，环境可以细分为 4 种，并由 2 个类别的基础环境组件构成。这 4 种环境是全局环境（Global Environment）、函数环境（Function Environment）、模块环境（Module Environment）和 Eval 环境（Eval Environment）；2 个类别的基础环境组件分别是声明环境（Declarative Environment）和对象环境（Object Environment）[①]。

先讲一下声明环境和对象环境。它们是所有其他环境的基础，是两种抽象级别最低的基本环境组件。声明环境是名字表，可以是引擎内核用任何方式实现的一个"名字→数据"的对照表；对象环境是 JavaScript 的一个对象，用来"模拟/映射"到上述对照表中的一个结果，也可以看成对照表的一个具体实现。所以，

- 概念——所有的"环境"本质上只有一个功能，就是用来管理"名字→数据"的对照表；
- 应用——"对象环境"只为全局环境的 global 对象或 with (obj)...语句中的 obj 对象创建，其他情况下创建的环境都必然是"声明环境"。

因此，全局环境、函数环境、模块环境和 Eval 环境这 4 种环境，就是声明环境和对象环境这两种基础环境组件进一步应用的结果，其中，全局环境是一个复合环境，它由"对象环境+声明环境"组成；其他 3 种环境都是一个单独的声明环境。

需要关注的一个事实是：所有的 4 种环境都与执行相关——看起来是为每种可执行的东西都创建了一个环境，但是这些环境本身又都不是可执行的东西，也不是执行系统（执行引擎）所理解的东西。更准确地说：上述 4 种环境本质上只是为 JavaScript 中的每个"可执行的语法块"创建了一个名字表的映射而已。

19.2.2　执行上下文

JavaScript 的执行系统由一个执行栈和一个执行队列构成（它们的应用原理参见第 6 章和第 10 章），在执行队列中保存的是待运行的任务，也称为**作业**（job）。这是一个抽象概念，它指明在创建该任务时的一些关联信息，以便正式执行时可以参考它；而正式执行发生在将一个新的上下文推入执行栈的时候。

所以，上下文是任务运行或不运行的关键。如果一个作业只创建而未被当作任务运行，也就没有它的上下文；如果一个上下文从栈中撤出，就必须有地方能够保存这个上下文，否则可执行的信息就会丢失（这种情况并不常见）；如果一个新上下文被推入栈，那么旧上下文就被挂起并压向栈底；如果当前活动的上下文被弹出栈，那么处在栈底的旧上下文就被恢复。

---

① 注意，这里并没有"词法环境"。词法环境是在 19.2.2 节之后才开始详细讨论的概念。

> **注意**　很少需要用户代码（在它的执行过程中）去撤出和保存上下文，但这种情况的确存在。例如，在生成器上下文（Generator Context）或者异步上下文（Async Context）中，用户代码就需要去撤出和保存上下文。

每个上下文只关心两个高度抽象的信息：一是执行点（包括状态和位置），二是执行时的参考（也就是 19.2.1 节中说到的名字的对照表）。

所以，重要的是：每个执行上下文都需要关联到一个对照表。这个对照表就称为词法环境。显然，词法环境可以是上述 4 种环境之一，更重要的是，它也是两种基础环境组件之一！

上面是一般性质的执行引擎逻辑。对大多数通用的执行环境来说，这是足够的，但对 JavaScript 来说，这还不够，因为 JavaScript 的早期有一个能够超越词法环境的东西存在，就是 var 变量。大家知道，所谓"词法环境"，就是一个能够表示标识符在源代码（词法）中位置的环境，因为源代码是分块的，所以词法环境可以用"链式访问"来映射"块之间的层级关系"。但是 var 变量突破了这个设计限制。例如，经常被提及的变量提升，也就是在一个变量赋值前就能访问该变量；又如，所有在同一个全局或函数内部的 var x 其实都是同一个变量，而无论它隔了多少层的块级作用域。例如：

```
var x = 1;
if (true) {
  var x = 2;

  with (new Object) {
    var x = 3;
  }
}
```

在这个示例中，无论把 var x 声明在 if 语句后面的块中，还是声明在 with 语句后面的块中，值 2 和 3 所在的 var 变量 x 都突破了它们所在的词法作用域（即对应的词法环境），而指向全局的 x。

于是，自 ES5 开始约定，ECMAScript 的执行上下文将有两个环境，一个称为词法环境，另一个称为变量环境；所有传统风格的 var 声明和函数声明将通过变量环境来管理。

19.2.3　管理

使用两个环境"分别管理"只是概念层面的，实际用起来并不是这么回事。例如，所谓的全局上下文（例如 globalCtx）中的词法环境和变量环境其实都指向同一个环境，也就是：

```
# (如下示例不可执行)
> globalCtx.LexicalEnvironment === global
true

> globalCtx.VariableEnvironment === global
true
```

这就是实现中的取巧之处了。

对 JavaScript 来说，由于全局的特性就是 var 变量和词法变量共用一个名字表，因此一旦声明了 var 变量，就不能再声明同名的 let/const 变量。例如：

```
> var x = 100
> let x = 200
```

```
SyntaxError: Identifier 'x' has already been declared
```

也就是说，它们的确是同一个环境。

具体到 var 变量本身，在传统中，JavaScript 中只有函数和全局能够保存 var 声明的变量；而在 ES6 之后，模块全局也是可以保存 var 声明的变量的。因此，也就只有函数、全局和模块全局的变量环境是有意义的。但是，即使从原理上讲这 3 种执行上下文中的变量环境与对应的词法环境各有其用，两种环境仍然是指向同一个环境组件的。也就是说，之前的逻辑仍然是成立的：

```
# （如下示例不可执行）
> functionCtx.LexicalEnvironment === functionCtx.VariableEnvironment
true

> moduleCtx.LexicalEnvironment === moduleCtx.VariableEnvironment
true
```

那么，在规范中非要分别声明这两个组件又有什么用呢？答案是：对 eval() 来说，它的词法环境与变量环境存在其他的可能性。这将会在 19.2.5 节中详细讲述。

19.2.4 不用于执行的环境

环境在本质上是作用域的映射。作用域如果不需要被上下文管理，那么它所对应的环境也就不需要关联到上下文。

在早期的 JavaScript 中，作用域与执行环境是一对一的，所以也就常常混用，而到了 ES5 之后，有一些作用域并没有对应执行环境，所以就分开了。在 ES5 之后，ECMAScript 规范中就很少使用**作用域**（scope）这个名词，转而使用**环境**（environment）这个概念来替代它。

需要关联到上下文的作用域不太常见，一般的块级作用域都不关联到上下文。例如：

```
// 对象闭包
with (x) ...
```

很显然，这里的 with 语句为对象 x 创建了一个对象闭包，就是对象作用域，也是上面讨论过的对象环境。然而，由于这个语句也只需要在当前的上下文环境（函数环境、模块环境和全局环境）中执行，并不需要被关联到一个执行上下文，也不需要作为一个独立的可执行组件推入执行栈。因此，这时创建出来的环境，就是一个不用于执行的环境。

只有前面说过的 4 种环境是用于执行的，其他的所有环境（以及反过来对应的作用域）都是不用于执行的，因而它们与上下文无关。既然与上下文没有关联，也就不存在词法环境和变量环境了。

从语法上，可以在代码文本中找到除上述 4 种环境之外的其他任何一种块级作用域，每个块级作用域都有一个对应的环境：with 语句的环境用对象环境创建出来，而其他的（例如 for 语句的迭代环境，又如 switch/try 语句的块）是用声明环境创建出来的。

ECMAScript 直接约定了函数环境、模块环境和全局环境的创建过程，例如，对全局环境就称为 NewGlobalEnvironment()，因为它们都可以在代码的语法分析（parser）阶段得到，并且在代码运行之前由引擎创建出来。

唯有 Eval 环境是没有独立创建过程且是在程序运行过程中动态创建的，所以 Eval 环境是主要用于应对动态执行的环境。

19.2.5 eval()的环境

Eval 环境一方面主要用于应对动态执行，另一方面其词法环境与变量环境可能会不一样。这二者是相关的，并且还与严格模式这一特殊机制存在紧密的关系。

当 eval(x) 用一般的方式执行代码时，如果 x 字符串中存在 var 变量声明，那么会发生什么事情呢？按照传统 JavaScript 的设计，这意味着在它所在的函数作用域或者全局作用域会有一个新的变量被创建出来。这也就是 JavaScript 的动态声明（函数和 var 变量）和动态作用域的效果。例如：

```
var x = 'outer';
function foo() {
  console.log(x); // 'outer'
  eval('var x = 100;');
  console.log(x); // '100'
}
foo();
```

如果按照传统的设计与实现，这就会要求 eval() 在执行时能够引用它所在的函数或全局的变量作用域。进一步地，这也就要求 eval 有能力总是动态地查找这个作用域，并且 JavaScript 执行引擎还需要理解"用户代码中的 eval"这一特殊概念。为了避免这些行为，ECMAScript 约定在执行上下文中加上变量环境 VariableEnvironment 字段，以便在执行过程中，只需要查找当前上下文就可以找到能用来登记变量的名字表。

也就是说，变量环境存在的意义就是动态地登记 var 变量。因此，它也仅用在 Eval 环境的创建过程中。Eval 环境是唯一一个将变量环境与它自有的词法环境字段 LexicalEnvironment 指向不同位置的环境。

> **注意** 在函数中也存在一个类似的例外。这个处理过程是在函数的环境创建之后，在函数声明实例化阶段完成的，与这里的处理略有区别。由于是在函数声明实例化阶段处理，因此这也意味着每次实例化（即每次调用函数并导致闭包创建）时都会重复一次这个过程：在执行上下文的内部重新初始化一次变量环境与词法环境，并根据严格模式的状态来确定词法环境与变量环境是否是同一个。

这里既然提到了 eval() 自有的词法环境，那么下面就稍微解释一下它的作用。

对 Eval 环境来说，它自己也需要一个独立的作用域，用来确保在 eval(x) 的代码 x 中存在的那些 const/let 声明有自己的名字表，而不影响当前环境。这与使用一对大括号来表示的一个块级作用域是完全一致的，并且也是使用相同的基础组件（即"声明环境"）创建得到的。例如下面的示例，在其中的 eval() 内使用 const/let 是不影响它所在函数或其他块级作用域的：

```
# 示例1
function foo() {
  var x = 100;
  eval('let x = 200; console.log(x);'); // 200
  console.log(x); // 100
}
foo();
```

而下面的示例 2 稍有不同，将其中的 let 声明改成了 var 声明：

```
# 示例 2
function foo() {
  var x = 100;
  eval('var x = 200; console.log(x);'); // 200, x 指向 foo() 中的变量 x
  console.log(x); // 200
}
foo();
```

这两个示例的 Eval 环境中的变量环境是一样的，都是指向所在当前上下文（也就是 foo 函数的函数执行上下文）的变量环境：

```
# ( 如下示例不可执行 )
> evalCtx.VariableEnvironment === fooCtx.VariableEnvironment
true

> fooCtx.VariableEnvironment === fooCtx.LexicalEnvironment
true

> evalCtx.VariableEnvironment === evalCtx.LexicalEnvironment
false
```

但是，由于示例 2 中的 eval() 执行代码 var x = ... 是 var 变量声明，因此可以通过 evalCtx.VariableEnvironment 访问到 fooCtx.VariableEnvironment，并影响了函数中的变量 x，导致后续的输出跟示例 1 不同，变成了 200。

这里可以思考一个问题：为什么 eval() 在严格模式中不能覆盖/重复声明函数、全局等环境中的同名 var 变量呢？

答案很简单，只是一个小小的技术技巧：在严格模式的 Eval 环境对应的上下文中，变量环境与词法环境都指向它们自有的那个词法环境，这样一来，在严格模式中使用 eval("var x...") 和 eval("let x...") 的名字都创建在同一个环境中，它们也就自然不能重名了；并且由于没有引用它所在的（全局或函数的）环境，因此也就不能改写这些环境中的名字了。

那么，一个 eval() 函数所需的 Eval 环境究竟是严格模式还是非严格模式呢？

还记得严格模式的使用原则吗？eval(x) 的严格模式要么继承自当前的环境，要么就是代码 x 的第一个指令是字符串 "use strict"。对于后一种情况，由于 eval() 对代码 x 是动态分析语法的，因此它只需要检查一下语法分析后的抽象语法树（Abstract Syntax Tree，AST）的第一个结点是不是字符串 "use strict" 就可以了。

这就是切换严格模式的指示指令被设计成这个奇怪模样的原因了。

注意 按照 ES6 之后的约定，模块默认工作在严格模式下（并且不能切换回非严格模式），所以其中的 eval() 也就必然处于严格模式。这种情况下（即严格模式下），eval() 的变量环境与它的词法环境是同一个，并且是自有的。因此，模块上下文中的变量环境（moduleCtx.VariableEnvironment）将永远不会被引用到，并且用户代码也无法在其中创建新的 var 变量。

19.3 特殊的非严格模式的全局

本章标题下的 eval() 的代码说的是最后一种情况。在这种情况下，代码将访问一个 "未创建即赋值"的变量 x。按照 ECMAScript 的约定，在非严格模式中，向这样的变量赋值就意味着在全局环境中创建新的变量 x；而在严格模式中，这将不被允许，并会因此抛出异常。

由于 Eval 环境通过词法环境与变量环境分离隔离了严格模式对它的影响，因此上述约定在两种模式下实现起来都比较简单。

对非严格模式来说，代码可以通过词法环境的链表逆向查找，直到 global，并且因为无法找到 x 而产生一个"未发现的引用"。之前讲过，在非严格模式中，对"未发现的引用"的置值将实现为向全局对象 global 添加一个属性，于是就间接、动态地实现了添加变量 x。对于严格模式，向"未发现的引用"的置值触发一个异常就可以了。

这些逻辑都非常简单，而且易于理解。最关键和最重要的是，这些机制与本章所讲的内容，也就是变量环境和词法环境，完全无关。

然而，接下来需要读者尝试一下：**如果按本章标题下的代码去尝试写 eval()，那么无论是处于严格模式还是非严格模式，都将创建出一个变量 x 来**。也就是说，本章标题下的代码突破了严格模式的全部限制！例如：

```
# 从控制台使用--use-strict 参数使 node 全局环境进入严格模式
> node --use-strict
Welcome to Node.js ....

# 尝试 eval
> (0, eval)("x = 100")
100

# 变量名 x 泄露到了全局
> x
100
```

而这是在第 20 章中将要讲解的内容。

19.4　小结

本章是后续两章的先导，因此很大程度上是为了讲述"动态执行"而提前解释一些概念和基础组件，其中最为重要的是提出了 Eval 环境。

Eval 环境有两个特殊性是需要重点关注的：其一，在非严格模式中，它的变量环境与词法环境并不指向同一个环境，这是在 eval() 调用中可能"泄露出动态声明的变量名"的原因（例如它的变量环境可能指向外层的、活动中的函数）；其二，eval() 存在一种特殊的执行模式，它通过将 Eval 环境的变量环境与词法环境指向全局来实现，这就导致它的代码执行在全局而非当前作用域。本章（以及第 20 章）标题下的代码，就最终执行在这样的执行模式中。这是一种在"非严格模式的全局环境"中的动态执行。对第 20 章来说，这是 eval() 函数的"间接调用"的实现方法，而对第 21 章来说，动态函数也将通过这种方式来执行。

第 20 章

非严格模式的全局环境中的动态执行

```
> (0, eval)("x = 100")
100
```

第 19 章中提到过 `setTimeout()` 和 `setInterval()` 的第一个参数可以使用字符串，那么，如果这个参数使用字符串的话，代码将会在哪里执行呢？毕竟当定时器被触发的时候，程序的执行流程很可能已经离开了当前的上下文环境，而切换到未知的地方去了。

所以，如果采用这种方式来执行代码，代码片断就只能在全局环境中执行。这也是后来这一功能被部分限制了的原因，例如在某些版本的 Firefox 中这样做，很可能会得到一个称为上下文安全策略（Content Security Policy，CSP）的错误提示。

在全局环境中执行代码带来的问题远远不止于此。本章将更深入地挖掘这些问题的根源，其中尤其重要的是：所谓严格模式原本是在语法层面的、对运行期的限制，但执行环境本身并没有这样的属性。也就是说，引擎所谓的"运行期"总是在非严格模式中。

规范索引

概念或一般主题

- #sec-strict-mode-code：严格模式，有关代码中严格模式的定义与限制。
- #sec-parse-script：源码解析，实现为 `ParseScript()` 抽象操作。

实现

- #sec-function-calls-runtime-semantics-evaluation：函数调用的运行期语义操作（Evaluation）。注意其中对 `eval()` 的特殊处理过程：调用 `PerformEval()` 并置 `direct` 为 true。
- #sec-static-semantics-isstrict：检测严格模式操作（IsStrict），即 `ast.isStrict` 在源码解析中的实现。
- #sec-eval-x：`eval()` 函数的实现，将调用 `PerformEval()` 抽象操作。注意，它是作为

eval()的缺省处理过程描述的，这可能与读者的预期正好相反。

- #sec-initializehostdefinedrealm：InitializeHostDefinedRealm()抽象操作。
- #sec-scriptevaluationjob：ScriptEvaluationJob()抽象操作。
- #sec-runtime-semantics-scriptevaluation：ScriptEvaluation()抽象操作。
- #sec-grouping-operator：分组运算符()的实现。注意，它不会为表达式求值结果调用 GetValue，也因此可以返回"引用（规范类型）"的原始结果。

20.1　在全局环境中的 eval

早期的 JavaScript 是应用于浏览器环境中的，因此，当网页中使用<script>标签加载.js 文件的时候，代码就会在浏览器的全局环境中执行。这个过程是同步的，因此会阻塞整个网页的加载进度，有了 defer 这个属性来指示代码异步加载，就可以将这个加载过程延迟到网页初始化结束之后。不过即便如此，JavaScript 代码仍然是在全局环境中执行的。

在那个时代，<script>标签还支持 for 和 event 属性，用于将 JavaScript 代码绑定给指定的 HTML 元素或事件响应。当采用这种方式的时候，代码还是在全局环境中执行，只不过可能初始化为一个函数（的回调），并且 this 指向元素或事件。很不幸，有许多浏览器并没实现这些特性，尤其是 for 属性，它也许在 IE 中还存在，这一特性与 ActiveXObject 的集成有关。关于脚本的动态执行，绝大多数能在浏览器中玩儿的花样大概都在这里了。

当然，在 Ajax 还没有那么流行的时候，还可以在 DOM 中动态地插入一个<script>标签来加载脚本，或者在页面渲染结束之前使用 document.write()。

总而言之，为了动态执行点儿什么，那个时代的 Web 程序员绞尽了脑汁。

为什么不用 eval()呢？按照 JavaScript 脚本的执行机制，所有的.js 文件加载之后，它的全局代码只会执行一次。无论是在浏览器还是在 Node.js 环境中，或是在它们的模块加载环境中，都是如此。这意味着放在这些全局代码中的 eval()也就只在初始化阶段执行一次而已。eval()还有一个特别的性质，那就是它总是在当前上下文中执行代码。因此，所有放在函数中的其他 eval()代码都只会影响函数内的局部的上下文，而无法再影响全局。也就是说，除了直接放在全局代码块中，eval()无法在其他位置提供全局执行的能力。

不同的浏览器都有各自的内置机制来解决这个问题。IE 会允许用户代码调用 window.execScript()来实现那些希望 eval()执行在全局环境中的需求；而 Firefox 采用了另外的一条道路，称为 window.eval()，这从字面上就很好理解，就是"让 eval()代码执行在 window 环境中"，而 window 就是浏览器中的全局对象 global，也就是说 window.eval 与 global.eval 是等义的。

这带来了另外一个著名的 Firefox 早期实现的 JavaScript 特性，称为"对象的 eval()"。这个特性是在执行 obj.eval(x)的时候，将代码文本 x 执行在 obj 的对象闭包中（类似于 with(obj) eval(x)）。因为全局环境就是使用 global 创建的对象环境（对象闭包），所以这是在实现全局 eval()的时候顺手实现的特性。

但这意味着用户代码可以将 eval()函数作为一个方法赋给任何一个 JavaScript 对象，以及任何一个属性名字。例如：

```
var obj = { do: eval };
obj.do('alert("HI")');
```

20.2 名字之争：对 eval 安全性的权衡

现在，名字成了一个问题，在任何地方、任何位置、任何对象以及任何函数的上下文中都能"以不同的名字"来调用一段 eval() 代码文本。

这太不友好了！这意味着引擎、宿主或者某个具体的执行环境将永远无法有效地判断、检测和优化用户代码。一方面，这对程序员来说是灾难，另一方面，引擎的实现者也非常绝望。

于是，从 ES6 开始，ECMAScript 规定了标准而规范地使用 eval() 的方法：只有用户代码使用一个字面文本是"eval"字符串的函数名，并且作为普通函数调用的形式来调用 eval()，才算是直接调用的 eval()。

这个约定是非常罕见的。JavaScript 历史上几乎从未有过在规范中如此强调一个名字在字面文本上的规范性。在 ES5 之后，一共也只出现了两个，这里的"eval"是一个，而另一个是严格模式（这个稍后会详细讲到）。

根据 ECMAScript 的约定，下面这些都不是直接调用的 eval()：

```
// 对象属性
obj = { eval }
obj.eval(x)

// 更名的属性名或变量名（包括全局的或函数内局部的）
e = eval
var e = eval
e(x)

// Super 引用中的父类属性（包括原型方法和静态方法）
class MyClass { eval() { } }
MyClass.eval = eval;
class MyClassEx extends MyClass {
  foo() { super.eval(x) }
  static foo() { super.eval(x) }
}

// 作为函数（或其他大多数表达式）的返回值
function foo() { return eval }
foo()(x)
// （或）
(_=>eval)()(x)
```

总之，凡开发人员能想到的一切换名字或者作为对象属性的方式来调用 eval()，都不再作为直接调用的 eval() 来处理。那么，到底怎样才算是直接调用的 eval()，以及它有什么效果呢？

很简单，在全局、模块、函数的任意位置，以及一个执行中的 eval(...) 的代码文本的任意位置上，使用如下代码都被称为"直接调用"：

```
eval(x)
```

直接调用 eval() 意味着：**在代码所在位置上，临时创建一个 Eval 环境，并在该环境中执行代码 x**。

反过来，其他任何使 eval() 函数被执行的方式，都称为"间接调用"。本章标题下的代码

中的写法，就是一个经典的间接调用 `eval()`： [①]

```
(0, eval)(x)
```

后面会再详细讲解这个间接调用，接下来先介绍与它相关的一点基础知识，也就是严格模式。

20.3 严格模式是执行限制而不是环境属性

ES5 中推出的严格模式是一项重大的革新之举，它静默无声地拉开了 ES2015（ES6）~ES2019（ES10）这轰轰烈烈的时代序幕。

之所以说它是"静默无声"的，是因为这项特性刚出来的时候，大多数人并不知道它有什么用，有什么益处，以及为什么要设计成这个样子。所以，它几乎算是一个"被强迫使用"的特性，对多数开发团队来说如此，对整个 JavaScript 生态来说也是如此。

但是"严格模式"确实是好东西，没有它后来的众多新特征就无法形成定论，它奠定了一个稳定、有效、多方一致的语言特性基础，几乎被所有的引擎开发厂商欢迎、接受和实现。所以，如今新写的 JavaScript 代码大多数都是在严格模式环境中执行的。

这个结论正确吗？不太正确。上面这个结论对大多数开发人员来说是成立的，并能理解和接受，但若是在 ECMAScript 规范层面或者在 JavaScript 引擎层面来看，就会很奇怪："严格模式环境"是什么？

所谓"严格模式"，其实从来都不是一种环境模式，或者说，没有一个环境是具有"严格模式"这样的属性的。所有的执行环境[②]都没有"严格模式"这样的模式，也没有这样的性质。

所有的代码都工作在非严格模式中，而严格模式不过是代码执行过程中的一个限制。更确切地说，即便用如下命令行来启动 Node.js，也仍然是执行在一个 JavaScript 的非严格模式环境中的：

```
> node --use-strict
```

读者也许可以立即写出一行代码来反驳上述观点：

```
# （在上例启动的 Node.js 环境中测试）
> arguments = 1
SyntaxError: Unexpected eval or arguments in strict mode
```

但相信我：上面的示例只是一个执行限制，那些测试绝对是运行在一个非严格模式的环境中的！因为所有的 4 种执行环境（包括 Eval 环境），在它们创建和初始化时都没有严格模式这样的性质，并且，在全局环境初始化之前，在宿主环境中初始化引擎时，引擎也根本不知道所谓"严格模式"的存在。严格模式这个特性，是在环境创建完之后，在执行代码之前，从源代码文本中获取的性质。

为了说明这一点，下面通过伪代码的形式描述 JavaScript 引擎的一个完整的初始化过程：

```
// 初始化全局，参见 InitializeHostDefinedRealm() 内部过程
CALL SetRealmGlobalObject(realm, global, thisValue)
  -> CALL NewGlobalEnvironment(globalObj, thisValue)
```

---

① 之所以称为"经典的"写法，是因为在 ECMAScript 规范的测试项目 test262 中，所有间接调用相关的示例都是采用的这种写法。

② 所有在执行引擎层面使用的执行上下文以及它们所引用的环境，都不指明它是否是严格模式的。反倒是具体到某个函数、块的实例或引用等，才有属性来指示它，这些实际是在静态语法分析阶段就可以知道的性质。

```
// 执行全局任务（含解析源代码文本等），参见 ScriptEvaluationJob() 内部过程
s = ParseScript(sourceText, realm, hostDefined)
CALL ScriptEvaluation(s)

// 执行全局代码，参见 ScriptEvaluation() 内部过程
result = GlobalDeclarationInstantiation(scriptBody, globalEnv)
if (result.[[Type]] === normal) {
  result = ENGING_EVALUATING(scriptBody)
  ...
```

在这整个过程中，ParseScript() 分析源代码文本时，如果发现严格模式的指示字符串，就会将语法分析结果（例如抽象语法树）的属性 ast.IsStrict 标记为 true。但这个标记只作用于抽象语法树层面，在环境中并没有相关的标识——在模块中，这个过程是类似的，只是默认就置为 true 而已。

另外，函数的严格模式的指示字符串也是在语法分析阶段得到的，并作为函数对象的一个内部标记。但是，函数环境创建时并不使用它，因此也不能在环境中检测到它。

之所以列举这些事实，是为了说明严格模式是可执行对象的一个属性，但不是与之对应的执行环境的属性。因此，当执行引擎通过词法环境或变量环境来查找时，是看不到这些属性的。也就是说，对执行引擎知道的环境来说，并没有严格或不严格的区别。

那么严格模式是怎么被实现的呢？答案是，绝大多数严格模式特性都是在可执行对象创建或初始化阶段处理的。例如，严格模式约定：若没有 arguments.caller 和 arguments.callee，在初始化这个函数对象时不创建这两个属性就好了。

另外一部分特性是在语法分析阶段识别和处理的。例如，禁止八进制字面量，因为严格模式的指示字符串 "use strict" 总是在第一行代码，所以在处理其他代码之前，语法分析器就已经根据指示字符串配置好了语法分析逻辑，对八进制字面量可以直接抛出异常。

如此考察所有已知的严格模式的限制特性，会发现它们都并不需要执行引擎参与。进一步来说，引擎设计者也并不愿意处理这件事，因为这种模式识别将大幅降低引擎的执行效能，并且及使引擎优化的逻辑复杂化。

但是，现在引擎却在运行时遇到了动态的 eval() 调用，这时又该怎么处理它的严格模式问题呢？

20.4 直接调用与间接调用的对比

绝大多数严格模式的特性都与语法分析结束后在指定对象上置的 IsStrict 标记有关，它们可以指导引擎如何创建、装配和调用代码。但是到了执行器内部，为了避免引擎状态依赖特定环境的性质，并不检测或依赖严格模式标识，因此原则上 eval() 也不能知道当前的严格模式状态。

这也有例外。直接调用 eval() 是比较容易处理的，因为在使用 eval() 的时候，调用者（caller）[①] 可以在当前自己的状态中得到严格模式的值，并将该值传入 eval() 的处理过程。这在 ECMAScript 中是如下一段规范：

...

---

① 注意，这里的调用者并不是指执行引擎，而是指调用 eval() 的上下文，如函数、全局等。

```
- If strictCaller is true, let strictEval be true.
- Else, let strictEval be IsStrict of script
.
...
```

也就是说，如果调用者的严格模式是 true，则 eval(x) 继承这个模式，否则就从 x 的语法分析结果中检查 IsStrict 标记。

所谓"间接调用"，就是 JavaScript 为了避免代码侵入，而对所有非词法方式（即直接书写在代码文本中）的 eval() 调用所做的定义。ECMAScript 约定：**所有间接调用的代码总是执行在全局环境中**。这样一来，就没有办法向函数内传入一个对象，并用该对象来在函数内部执行一堆侵入代码了。

但是，回到前面的问题：如果是间接调用，那么这里的 *strictCaller* 是谁，又处于哪种严格模式状态中呢？答案是：不知道。因为在这样引用全局的时候，上下文/环境中并没有全局的严格模式性质，反向查找源代码文本或分析过的抽象语法树既不经济也不可靠。所以，就有另一个约定：**所有间接调用的代码将默认执行在非严格模式中**。也就是说，间接调用将突破引擎对严格模式的任何设置，因此总是拥有一个全局的非严格模式并且可以在其中执行代码。例如：

```
# （控制台）
> node --use-strict

# （Node.js 环境，严格模式的全局环境）
> arguments = 1
SyntaxError: Unexpected eval or arguments in strict mode
> 012
SyntaxError: Octal literals are not allowed in strict mode.

# 间接调用（示例 1）
> (0, eval)('arguments = 1')  // accept!
> arguments
1

# 间接调用（示例 2）
> (0, eval)('012')  // accept!
10

# 间接调用（示例 3，本章标题下的代码，将创建变量 x）
> (0, eval)('x = 100')  // accept!
> x
100
```

20.5　为什么本章标题下的代码是间接调用

最后一个疑问就是：为什么本章标题下的这种写法是一种间接调用？更有对比性地来看，下面这种写法为什么就不再是间接调用了呢？

```
# 直接调用
> (eval)('x = 100')
ReferenceError: x is not defined
    at eval (eval at ...)

# 间接调用
> (0, eval)('x = 100')
100
```

在 JavaScript 中，表达式的返回结果（Result）可能是值，也可能是"引用（规范类型）"。后一种情况有两个例子是比较常见却又常常被忽略的，包括：

```
# 属性存取返回的是"引用（规范类型）"
> obj.x

# 变量的标识符（作为单值表达式）是"引用（规范类型）"
> x
```

回顾之前说过的，所有引用（规范类型）的结果在作为左手端的时候是引用，作为右手端的时候是值。于是才会有 x = x 这个表达式的完整语义：将右手端 x 的**值**，赋给左手端的 x 的**引用**。

但是，还存在一个运算符，它可以原样返回之前运算的结果（Result）而无论该结果是引用还是值，这个运算符就是分组运算符 ()。因为这个运算符有这样的特性，所以当它作用于属性存取和一般标识符时，运算返回的仍然是最初的结果（Result），而不会对它再调用 GetValue() 取值。例如：

```
# 结果是 100 的值
> (100)

# 结果是 {} 对象字面量（值）
> ({})

# 结果是 x 的引用
> (x)

# 结果是 obj.x 的引用
> (obj.x)
```

所以，从引用的角度上来看，(eval) 和 eval 的效果也就完全一致，它们都是 global.eval 在当前上下文环境中的一个引用。但是，本章标题下的代码却略有不同，其中的分组表达式是这样的：

```
(0, eval)
```

这意味着，在分组表达式内部还有一个运算，称为**连续运算**（逗号运算符）。连续运算的效果是"计算每个表达式，并返回最后一个表达式的值（*Value*）"，而不是返回结果（Result）。所以，它相当于执行了下面的代码：

```
(GetValue(0), GetValue(eval))
```

因此，最后一个运算将使结果实现"Result→*Value* 的转换"，于是引用（的信息）丢失了。在它外层（也就是其后的）分组运算得到并最终返回的是 GetValue(eval) 了。这样一来，在用户代码中的 (eval)(x) 还是直接调用"eval 的引用"，而 (0, eval)(x) 就已经变成间接调用"eval 的值"了。

讲到这里，读者可能已经意识到：关键在于 eval 是一个引用还是一个值。的确如此！不过，在 ECMAScript 规范中，一个 eval 的直接调用除了必须是一个引用，还有一个附加条件——它还必须是一个环境引用。

也就是说，属性引用的 eval 仍然算间接调用。例如：

```
# 控制台，直接进入全局的严格模式
> node --use-strict

# 测试用的代码（在 Node.js 中）
```

```
> var x = 'arguments = 1'; // try source-text

# 作为对象属性
> var obj = {eval};

# 间接调用: 这里的确是一个引用, 并且名字是字符串文本"eval", 但它是属性引用
> (obj.eval)(x)
1

# 直接调用: eval 是当前环境中的一个名字引用 (标识符)
> eval(x)
SyntaxError: Unexpected eval or arguments in strict mode

# 直接调用: eval 是当前环境中的一个名字引用 (分组运算符保留了引用的性质)
> (eval)(x)
SyntaxError: Unexpected eval or arguments in strict mode
```

所以,无论如何,只要这个函数的名字是 eval,并且是 global.eval() 这个函数在当前环境中的引用,它就可以得到豁免,成为传统意义上的直接调用。例如:

```
// 一些豁免的案例, 下面是直接调用

// with 中的对象属性 (对象环境)
with ({ eval }) eval(x)

// 直接名字访问 (作为缺省参数引用)
function foo(x, eval=eval) {
  return eval(x)
}

// 不更改名字的变量名 (位于函数环境内部的词法/变量环境中)
function foo(x) {
  var eval = global.eval; // 引用自全局对象
  return eval(x)
}
```

20.6 eval()怎么返回结果

最后一个问题是: eval() 怎么返回结果?

这个问题的答案非常简单。因为 eval(x) 将代码文本 x 作为语句执行,所以它将返回语句执行的结果值。但所有语句执行都只返回值,而不返回引用,所以,即使代码 x 的运算结果 r 是一个引用,eval() 也只返回它的值,即 GetValue(r)。例如:

```
# 在代码文本中直接创建了一个 eval 函数的引用 (规范类型)
> obj = { foo() { return this === obj } }

# this.foo 调用中未丢失 this 这个引用
> obj.foo()
true

# 同上, 分组表达式传回引用, 所以 this 未丢失
> (obj.foo)()
true

# eval 将返回值, 所以 this 引用丢失了
> eval('obj.foo')()
```

```
false
```

20.7　小结

由于本章标题下的代码是一个间接调用 eval()，因此它总是执行在一个非严格模式的全局环境中，于是变量 x 也就总是可以被创建或重写。

间接调用是 JavaScript 非常少见的一种函数调用性质，它与 Super 调用可以合并起来，被视为 JavaScript 中执行系统中的"两大顶级疑难"。对间接调用的详细分析，涉及执行引擎的工作原理、环境和环境组件的使用、严格模式、引用（规范类型）的特殊性，以及最特殊的"eval 是作为特殊名字来识别的"等多个方面的基础特性。

间接调用对严格模式并非一种传统意义上的破坏，只是它的工作机制恰好绕过了严格模式。因为严格模式并不是环境的性质，而是代码文本层面的执行限制，所以当 eval() 的间接调用需要使用全局时，无法得到并进入这种模式。

最后，间接调用也是对传统的 window.execScript() 或 window.eval() 的兼容，因此有一定的实用意义。但是这个选择对系统的性能、安全性和可靠性都存在威胁，因此无论如何都应该限制它在代码中的使用。不过，它的确是 ECMAScript 规范中严格声明和定义过的特性，而并不是什么"黑科技"。

## 第 21 章

动态函数及其工作原理

```
> new Function('x = 100')();
```

本章对动态语言特性的分析将聚焦于动态函数的实现原理。所谓"动态函数"，就是对 Function 或它的子类做 new 运算创建的新函数。这些新函数从语义上讲，是"函数的对象"。

在 JavaScript 中，动态函数与函数声明和函数表达式基本上没什么区别。不过，它总是执行在全局环境中。除此之外，另一种动态地得到一个函数的方式是使用 eval()（参见第 20 章），而通过 eval() 得到的函数是可以创建在非全局环境中的。

规范索引

概念或一般主题

- #sec-ecmascript-function-objects：ECMAScript 函数对象，是指符合规范的全部函数，包括一般函数的结构定义、构造器、函数创建等主题。
- #sec-function-objects：函数对象，是指通过 new 运算创建出来的函数，其中，在 CreateDynamicFunction() 的内部将调用 OrdinaryFunctionCreate() 来得到实例。

实现

- #sec-createdynamicfunction：CreateDynamicFunction() 抽象操作。
- #sec-functionallocate：FunctionAllocate() 抽象操作。从 ES2020 开始，该操作被合并到 OrdinaryFunctionCreate() 的实现过程中。
- #sec-functioninitialize：FunctionInitialize() 抽象操作。从 ES2020 开始，该操作被合并到 OrdinaryFunctionCreate() 的实现过程中。
- #sec-ordinaryfunctioncreate：OrdinaryFunctionCreate() 抽象操作。
- #sec-isconstructor：IsConstructor() 抽象操作。
- #sec-iscallable：IsCallable() 抽象操作。

- #sec-parsetext：`ParseText()`抽象操作，从 ES2021 开始用来完成（或替代）原来的 `ParseScript()`和`ParseModule()`等代码语法分析的抽象操作及其实现过程。

其他参考

- 《JavaScript 语言精髓与编程实践（第 3 版）》的 6.6 节 "动态执行"。

21.1 动态创建函数的方法

本章标题下的代码比较简单，是常用且常见的。这里需要稍微强调一下的是最后一对括号的使用，由于运算符优先级的设计，它是在 new 运算之后才被调用的。也就是说，本章标题下的代码等义于：

```
// （等义于）
(new Function('x = 100'))()

// （或）
f = new Function('x = 100')
f()
```

此外，这里的 new 运算符也可以去掉。也就是说：

```
new Function(x)

// vs.
Function(x)
```

这两种写法没有区别，都是动态创建一个函数。

21.1.1 得到函数的几种途径

如果在代码中声明一个函数，那么这个函数必然是具名的。具名的静态函数声明有两个特性，一是它在所有代码执行之前被创建，二是它作为语句的执行结果将是 empty。

这是早期 JavaScript 中的一个硬性约定，但是到了 ES6 开始支持模块的时候，这个设计就成了问题。模块是静态装配的，这意味着它导出的内容 "应该是" 一个声明的结果或者一个声明的名字，因为只有声明才是静态装配阶段的特性。但是，所有声明语句的完成结果都是 empty，是无效的，不能用于导出。

这对具名函数来说没问题，但是对匿名函数就有问题了。

因此，ECMAScript 才在支持匿名函数的缺省导出（export default ...）时，引入了**函数定义**（function definition）的概念。在这种情况下，函数表达式是匿名的，但它的结果会绑定给一个名字，并且最终会导出那个名字。这样一来，函数表达式就有了 "类似声明的性质"，但它又不是静态**声明**（declaration），所以概念上叫作**定义**（definition）[1]。

除了声明函数、类，以及这里说到的函数定义这些静态的方式，用户代码还可以动态地创建自己的函数。这同样有好几种方式，其中一种方式是使用 eval()，例如：

```
# 在非严格模式下，这将在当前上下文中声明一个名为 foo 的函数
> eval('function foo() {}')
```

---

[1] 关于匿名函数对缺省导出的影响，参见第 4 章。

　　还有一种常见的方式，就是使用构造器动态创建，这些构造器可以是旧式的一般函数或者 ES6 之后的类。

21.1.2　几种动态函数的构造器

　　在 JavaScript 中，动态创建一样东西，意味着这样东西是一个对象，它创建自构造器（或类）。Function() 是一切函数缺省的构造器（或类）。尽管内建函数并不创建自它，但是所有的内建函数也通过简单的映射将它们的原型指向 Function()。除非经过特殊的处理，否则所有 JavaScript 中的函数的原型最终均指向 Function()，因此 Function() 是所有函数的祖先类。

　　这种处理和设计使 JavaScript 中的函数有了完整的面向对象特性，函数的"类化"实现了 JavaScript 在函数式编程语言和面向对象编程语言在概念上的大一统。于是，一个内核级别的概念完整性出现了，也就是"对象创建自函数，函数是对象"，如图 21-1 所示。

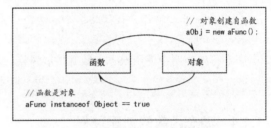

图 21-1　JavaScript 统一语言范式的基本模型

　　在 ES6 之后，有赖于类继承体系的提出[①]，JavaScript 中的函数也获得了"子类化"的能力，于是用户代码也可以派生函数的子类了。例如：

```
class MyFunction extends Function() {
  // ...
}
```

　　但是，用户代码无法重载函数的执行能力。很明显，这是执行引擎自身的能力，除非重写引擎，否则重载执行能力就无从谈起。

　　除这种用户自定义的子类化的函数之外，JavaScript 中一共只有 4 种可以动态创建的函数，包括一般函数（Function）、生成器函数（GeneratorFunction）、异步生成器函数（AsyncGeneratorFunction）和异步函数（AsyncFunction）。也就是说，用户代码可以从这 4 种函数之一开始派生它们的子类，在保留它们的执行能力的同时扩展接口或功能。

　　但是，这 4 种函数在 JavaScript 中有且只有 Function 的构造器是显式声明的，另外 3 种都没有直接声明它们的构造器，需要用如下代码得到：

```
const GeneratorFunction = (function* (){}).constructor;
const AsyncGeneratorFunction = (async function* (){}).constructor;
const AsyncFunction = (async x=>x).constructor;

// 示例
(new AsyncFunction)().then(console.log); // 输出 undefined
```

21.1.3　函数的 3 个组件

　　本书前面详细讨论过函数的 3 个组件，包括参数、执行体和结果[②]，其中结果的返回是由代码

---

① 关于类、派生及其在对原生构造器进行派生时的贡献，参见第 15 章。
② 关于函数的 3 个组件以及基于它们的变化，参见第 8 章、第 9 章和第 10 章。这 3 章分别讨论 3 个组件、改造执行体以及改造参数和结果。

中的 `return` 子句负责的，而另外两个组件则是动态创建函数必需的。这也是上述 4 个函数（以及它们的子类）拥有如下相同界面的原因：

```
Function(p1, p2, ... , pn, body)
```

其中，用户代码可以使用字符串来指定 p1...pn 的形式参数，并且使用字符串来指定函数的执行体（*body*）。类似如下：

```
f = new Function('x', 'y', 'z', 'console.log(x, y, z)');

// 测试
f(1,2,3); // 1 2 3
```

JavaScript 也允许用户代码将多个参数合写为一个，也就是变成类似如下形式：

```
f = new Function('x, y, z', ...);
```

或者在字符串声明中使用缺省参数等扩展风格，例如：

```
f = new Function('x = 0, ...args', 'console.log(x, ...args)');
f(undefined, 200, 300, 400); // 0 200 300 400
```

21.1.4　动态函数的创建过程

所有 4 种动态函数的创建过程都是一致的，它们都将调用内部过程 `CreateDynamicFunction()` 创建函数对象。但相对于静态声明的函数，动态创建的函数有着自己不同的特点和实现过程[①]，如图 21-2 所示。

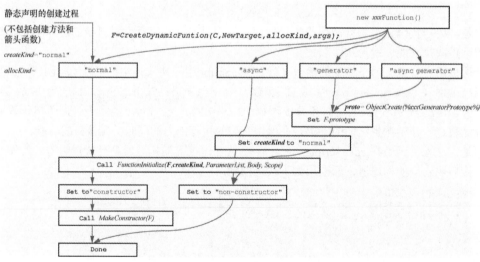

图 21-2　动态函数创建的实现过程

JavaScript 在创建函数对象时，会为它分配一个称为 `allocKind` 的标识。相对于静态创建，这个标识在动态创建过程中反而更加简单，正好与 21.1.2 节中所述的 4 种构造器一一对应，也就不再需要进行语法级别的分析与识别。除 `normal` 类型（它所对应的构造器是 `Function()`）之

[①] 关于对象的构造过程，参见第 13 章。

外，另外 3 种都不能作为构造器创建和初始化。所以，只需要简单地填写它们的内部槽，并设置相应的原型（原型属性 F.prototype 以及内部槽 F.[[Prototype]]）就可以了。

最后，当函数作为对象完成创建之后，引擎会调用 FunctionInitialize() 内置过程来初始化那些与具体实例相关的内部槽和外部属性[①]。

这样，函数就创建完了。

事实上，在引擎层面，所谓的"动态函数创建"其实什么也没有发生，因为执行引擎并不理解"静态声明一个函数"与"动态创建一个函数"之间的差异。试想一下，如果一个执行引擎要分别理解这两种函数并尝试不同的执行模式或逻辑，那么这个引擎的效率得有多差。

21.2　动态函数与其他函数的一致性

通常情况下，还需要一个变量来引用这个函数对象，或者将它作为表达式运算数，它才会有意义。如果它作为引用，那么它跟普通变量或其他类型的数据类似；如果它作为一般运算数，那么它应该转换成值类型才能进行运算。[②]

所以，如果不讨论"动态函数创建"内在的特殊性，那么它的创建与其他数据并没有本质的不同：创建结果一样，对执行引擎或执行环境的影响也一样。而这种没有差异反而体现了函数式编程语言的一项基本特性：函数是数据（也就是说，函数可以作为一般数据来处理，例如对象，又如值）。

函数与其他数据的不同之处，仅在于它是可以调用的。动态创建的函数与一般函数相比较，在调用和执行方面有什么特殊性吗？答案仍然是：没有。在 ECMAScript 的内部方法 Call() 或者函数对象的内部槽[[Call]]和[[Construct]]中，根本没有任何代码来区别这两种方式创建出来的函数[③]。它们之间几乎毫无差异。

不过，如果考察一下动态函数被创建出来之前所发生的事情，还是能找到唯一一点不同。这也将是接下来要揭示的最后一个秘密。

21.3　动态创建函数与间接调用 **eval()**的唯一差异

在函数初始化这个阶段中，ECMAScript 破天荒地约定了几行代码，这段规范文字如下：

```
Let realmF be the value of F's [[Realm]] internal slot.
Let scope be realmF.[[GlobalEnv]].
Perform FunctionInitialize(F, Normal, parameters, body, scope).
```

这是什么意思呢？规范约定：需要从函数对象所在的域（即引擎的一个实例）中取出全局环境，然后将它作为父级的作用域（scope）传入 FunctionInitialize() 来初始化函数 F。换

---

① 在 ES6 中，动态函数的创建过程主要由 FunctionAllocate() 和 FunctionInitialize() 两个过程完成。但从 ES2020 开始，ECMAScript 规范将这两个抽象过程的主要功能归入 OrdinaryFunctionCreate() 中（并由此规范了函数作为对象的创建过程），还有一小部分的初始化工作则直接交由不同类型的函数在动态创建过程中处理了。

② 关于引用、操作数和值类型等，参见第 1 章和第 18 章。

③ 不仅如此，我还尝试过用很多方式来识别不同类型的函数（例如构造器、类、方法等）。除极少的特例之外，在用户代码层面是没有办法识别函数的类型的。就现在的进展而言，isBindable()、isCallable()、isConstructor() 和 isProxy() 这 4 个函数的类型是可以识别的，类似 isClassConstructor()、isMethod() 和 isArrowFunction() 的函数都没有有效的识别函数的类型的方式。

句话说，所有的动态函数的父级作用域都指向全局！

也就是说，绝不可能在当前上下文（环境/作用域）中动态创建动态函数。和间接调用 eval() 一样，所有动态函数都将创建在全局中。

要知道，在这种情况下，eval() 不仅仅是在全局执行，而且会突破全局的严格模式，代码将执行在非严格模式中[①]！动态函数既然与间接调用 eval() 有相似之处，是不是也有类似的性质呢？答案是：的确有！

出于与间接调用 eval() 相同的原因——在动态执行过程中无法有效地通过上下文和对应的环境检测全局的严格模式状态，动态函数在创建时只检测代码文本中的第一行代码是否为"use strict"指示字符串，而忽略它外部作用域是否处于严格模式。

因此，即使用户在严格模式的全局环境中创建动态函数，它也是执行在非严格模式中的。动态创建函数与间接调用 eval() 的唯一差异仅在于多封装了一层函数。例如：

```
# 让 Node.js 在启动严格模式的全局
> node --use-strict

# （在上例启动的 Node.js 环境中测试）
> x = "Hi"
ReferenceError: x is not defined

# 执行在全局环境中，没有异常
> new Function('x = "Hi"')()
undefined

# x 被创建
> x
'Hi'

# 使用间接调用 eval() 创建 y
> (0, eval)('y = "Hello"')
> y
'Hello'
```

21.4 小结

回到本章标题下的代码上，事实上它与第 20 章所讲的间接调用 eval() 的效果一致，同样也会因为在全局中向未声明变量赋值而导致创建一个新的变量名 x，并且这一效果同样不受严格模式的影响。

在 JavaScript 的执行系统中出现这两种语法效果的根本原因是，执行系统试图从语法环境中独立出来。如果考虑具体环境的差异性，那么执行引擎的性能会比较差，且不易优化；如果不考虑这种差异性，那么严格模式这样的性质就不能作为（执行引擎理解的）环境属性。

在这个两难中，ECMAScript 做出了选择：牺牲一致性，换取性能[②]。

当然，这也带来了一些好处。例如，终于有了 window.execScript() 的替代实现，而且通过 new Function() 创建的动态函数，JavaScript 终于赢得了在并发环境下实现安全代码的一个良好开端。

---

① 关于间接调用 eval()，参见第 20 章。
② 关于间接调用 eval() 对环境的使用，以及环境相关的执行引擎组件的设计与限制，参见第 19 章。

第五篇

从有序中抽离时间：
并行的本质不是有序而是重复

在之前的讨论中出现的所有语法概念，都集中在静态语言与动态语言的集合中，或者出现在命令式编程语言或函数式编程语言的集合中。总之，这些概念都与过去几十年的主流的语言实践相契合，是程序员固有思维体系中的，或者说，是顺序编程理念体系下的积淀。然而，接下来要说的异步编程，却是非顺序、非时序逻辑下的编程范式。

异步、并行、非时序讨论的是本质上近似的东西，或者说，它们是在相同领域下对同一事物从不同视角的认识。在 JavaScript 语言的主要特性中，异步出现得最晚，但也是如今 JavaScript 最受重视的特性之一。异步带来了新的编程体验，以及对 ECMAScript 后续规范的强大挑战。

本篇除了帮助读者厘清这些主要概念，还将解释这些概念在 ECMAScript 规范中的实践与阐发。读者将了解到标准化组织是如何快速、有效地吸引来自社区的、业界的最佳实践，并将它完美融合到一门高速发展的、有着最庞大的开发人员群体的编程语言中的。

本篇将会拆解并行特性的关键组件，并展示细节设计中的主要权衡。除此之外，本篇还会介绍并发编程在 ECMAScript 中的设计与实现，它与并行编程是同一问题域中有显著而深刻差异的两种解决方案。最后，本篇还会介绍并发编程思想在分布式环境中的应用，这反映了语言问题与系统问题在抽象模型上的高度一致性。

第 22 章

Promise 的精华：then 链

```
> Promise.resolve('Hello world!').then(console.log)
hello world!
```

  ES6 是 JavaScript 有史以来最重大的一次语言特性增补，并行是其中提出的最重要的语言基础特性，而 Promise 则是其最关键的实现。

  对于一些没有关注早期社区技术发展的开发人员，理解 Promise 以及相关的概念是一个巨大的挑战，以至于任何早期关于 ES6 并行特性的参考资料都无法提供一个又简单又正确的示例程序，甚至无法指导开发人员写一个异步的 "Hello world!"。

  本章将简单回顾 JavaScript 中并行逻辑的历史，并详细讲解 Promise 技术的概念抽象、核心设计和应用思想。

规范索引

概念或一般主题

- #sec-promise-objects：Promise 对象。
- #sec-promisecapability-records：Promise 容器记录（PromiseCapability Record），即三元组/并生体。
- #sec-promisereaction-records：Promise 响应记录（PromiseReaction Record）。
- #sec-promise-jobs：Promise 任务（PromiseJob），包括 ResolveThenableJob 和 ReactionJob 以及其他异步任务的创建等主题。
- #sec-promise-executor：Promise 类与执行器。

实现

- #sec-promise-resolve-functions：Promise 中每个实例的 resolve() 置值器的实现，另请参考正文中的 stepsOfResolve() 伪代码。

- #sec-promise-reject-functions：Promise 中每个实例的 `reject()` 置值器的实现。
- #sec-createresolvingfunctions：`CreateResolvingFunctions(p)` 抽象操作的实现，用于为实例 p 成对创建 `resolve()`/`reject()` 置值器。
- #sec-promise.resolve：`Promise.resolve()` 函数的实现。
- #sec-newpromisecapability：`NewPromiseCapability()` 抽象操作。
- #sec-triggerpromisereactions：`TriggerPromiseReaction(p)` 抽象操作。注意，当 p 就绪时触发 `p.[[xxxReactions]]` 列表的实现逻辑。（注意，下文中统一用 `p.[[xxxReactions]]` 指代 `p.[[PromiseFulfillReactions]]` 和 `p.[[PromiseRejectReactions]]`。）
- #sec-performpromisethen：`PerformPromiseThen()` 抽象操作，包括 `then()` 方法的主要实现逻辑。

其他参考

- 《JavaScript 语言精髓与编程实践（第 3 版）》的 7.1.1 节"并行计算的思想"。
- 在 MDN 中有关 `setTimeout()` 和 `setInterval()` 的讲解。

22.1　早期 JavaScript 中的并行逻辑

早期的 JavaScript 应用环境是有服务器端的。在 Netscape 时代就已经有了服务器端的 JavaScript，稍晚一些的 ASP 也有 JScript 以及 JScript.NET 的实现。这些服务器端的脚本中普遍不支持并行（至少在早期是如此）。原因也很简单：JavaScript 一开始就被设计为单进程、单引擎（单个运行期）的，因此它只支持串行的时序逻辑。

但浏览器环境中的 JavaScript 开发从一开始就支持并行。尽管早些时候 `setTimeout()` 和 `setInterval()` 被作为 JavaScript 手册的内容记述，但这些实际上是浏览器（作为 JavaScript 引擎的宿主）提供的能力。它们采用的模式与宿主在提供网页中响应元素行为的能力是一致的，即事件回调。因此，以下两组代码在宿主看来是相互一致的回调逻辑——它们都是并行的：

```
// 第 1 组：两种触发回调函数的代码
setTimeout(func, 1000)
aImage.onclick = func;

// 第 2 组：两种激活回调脚本的代码
setTimeout("alert('hi')", 1000)
<img id="aImage" src="..." onclick="alert('hi')">
```

`setTimeout()` 和 `setInterval()` 并不像它们的接口所暗示的那样会在某个确定的时间触发回调，因为内部时钟并不能确保这一点。执行环境（包括 CPU）只能按照某种时间刻度来提供处理能力，而时间刻度总是能被无限分割下去，因此回调时间总是存在"细微的不确定性"。可以与之类比的是，用户在浏览器中何时点击图片的行为也是不确定的。

这些时间上的不确定性代表了具有类似特性的一组行为总是有潜在并行的可能。简单地说，总存在用户点击一张图片与内置时钟的超时值同时发生的可能。

浏览器不可避免地需要并行，而 JavaScript 是串行执行的。随后出现的 JavaScript 主要开发环境都面临了类似的困境。Node.js 需要处理的是服务器端应用，高性能的服务器端环境中并行处理文件 I/O、网络 I/O 等慢任务是它的典型问题。因此，在 Node.js 中一开始就引入了非阻塞（并行）的多任务机制，具体来说就是事件循环与 libuv 库。其中事件循环与浏览器中的事件机制是类似的，即触发回调。

至此，所有 JavaScript 的主要应用场景都看到了早期并行技术带来的恶果：在它简单可用的背后，是代码中的"回调地狱"（callback hell）。

22.2 从回调到 Promise 的 then 链

"回调地狱"并不是运行期技术的问题。在顺序机器上，回调是经典的问题解决方案，例如物理系统的中断指令，或者操作系统的设备驱动，本质上都是在回调中处理逻辑的。但是，当这种底层机制浮现在应用层的代码中时，问题就被放大了无数倍。冗长的关联逻辑、过深的嵌套层级、破碎的事务片段等，背后隐藏着程序员最深刻的担忧和最惨痛的教训：在代码的最黑暗之处总会隐藏着不知何时会触发的错误。

JavaScript 出现 10 年之后（2007 年），反对回调的声音已经不容忽视。Dojo 框架最早借鉴一个名为 Twisted 的 Python 库中基于回调的异步处理技术，添加了一个名为 `dojo.Deferred` 的对象来处理"需要被延迟的回调"。又过了两年（2009 年），由 CommonJS 主导编写了称为"Promises/A spec.1"的规范，这标志着 Promise 正式进入 JavaScript 标准化组织的视野，并且有了一个它的著名实现版本"Q"，这是 Promises/A 规范的一个相当简单的实现。而真正让 Promise 成为"时新技术"的，是 2011 年 1 月在 jQuery 1.5 中添加的 `jQuery.Deferred` 对象。它表现为一种对 Promise 的实现，随着 jQuery 的流行，它庞大的前端开发群体真正体验到了 Promise 的优异之处，尽管在当时它仍被称为 "一种回调管理系统"，更具体的解释是"用于将多个回调注册到回调队列"。[①]

借助社区的力量，ES6 开始提出 Promise 并行技术。从表面上看，Promise 解决的问题是"回调地狱"，例如让代码变得更"扁平"，但事实上，从 `dojo.Deferred` 到 ECMAScript Promise 的进化过程中，它瞄准的一直都是所有问题的根源——"何时"。Promise 采用了并行问题最经典的解决方案——消灭时间，因为并行在本质上就是"非时序环境"下的逻辑，所谓非时序就是"没有时间"。

22.2.1 then 链与其他主要概念之间的关系

出于对 Promise 并行技术起源的误解，它总是被视作回调的替代器或者管理器。事实上，在开发人员的眼中，它并不是一开始就以并行技术（或并行语言特性）的身份出现的，在早期我也将 Promise 理解为对回调的封装。

于是，仍然存在旧式的逻辑如何塞入 Promise 框架的问题，这就是著名的"红绿灯大战"爆发的背景和根源[②]。在那个时候，甚至我也还未能意识到面向并行编程的 Promise 是对传统逻辑的颠覆，还试图在 Promise 中尝试解决"如何循环"的问题。

在所有有关并行编程的难点中，最核心的影响和改变都来自程序员对抽象逻辑的理解程度。这一共包括两个方面的抽象概念：一是函数作为可执行结构的 3 个基本组件，即参数、执行体和

[①] 在发布文档中它被称为"a callback management system"，并且在手册中将它的机制又进一步解释为"to register multiple callbacks into callback queues"。

[②] "红绿灯大战"是 2015 年 4 月 10 日发生在前端圈中的一次有关 Promise 技术应用的讨论，被"奇舞周刊"选入某期的大事件。许多前端圈知名人物卷入该事件，并贡献了精彩的示例代码，这些代码收入在 w3ctech code 在线网站中。

结果；二是 3 种基础逻辑，即顺序、分支与循环。

Promise 削减和重构了这些概念。在 Promise 中，参数与结果被表达为 then 链上数据的状态。无论是参数，还是执行体返回的结果，都不再是一个确定的数据，而是某个数据的状态（确定与否）。例如：

```
// 两个回调函数
let f1 = x1 => new Promise(..);
let f2 = x2 => new Promise(..);

// x 是未确定的数据
Promise.resolve(x)
  .then(f1)
  .then(f2);
```

在这个例子中，原始数据 x 既可能是一个立即可知的数据，也可能是另一个 Promise 对象（因此数据状态不确定）。例如：

```
// x 是字面量（值）
let x = 1;

// 或者，x 是另一个 Promise 对象
let x = new Promise(..);
```

x 的不确定性要等到整个程序执行到链式调用中的第一个 then() 并触发 f1() 时才会打破，并以值 x1 的身份（即以 f1() 的参数的身份）出现。到这时，x1 才是确定的。但是，f1() 的返回仍然可能是另一个不确定的东西，同样要等到 f2 触发，才会在 f2() 的调用界面上通过 x2 得到，并确定它的值。

状态的"确定/不确定"就这样通过 then 链在界面上传递，直到 then 链的末端。这整个过程看起来是有序的，但却对时间刻度完全没有要求。换言之，then 链重现了顺序、分支与循环这 3 个基本逻辑中的"顺序"[①]，而没有依赖具体的时间刻度。

"时序"变成了"有序"，"时间先后"被理解为"状态联动"，逻辑上的相关性代替了时间上的连续性，这就是并行计算的本质。

22.2.2　并生体：从 then 链的本质来理解时间剥离

在创建一个 Promise 对象时，总是要提供一个称为**执行器**（executor）的函数，并在它的参数中使用两个函数来决定这个 Promise 对象交付怎样的数据，这两个函数就是 resolve() 和 reject()。例如：

```
// 在执行器界面上的 resolve() 和 reject() 置值器
let aExecutor = function(resolve, reject) {
 ...
}

let p = new Promise(aExecutor);
...
```

但绝大多数人并不知道这个执行器中能访问的 this 就是那个被创建出来的 Promise 对象。例如：

```
// 在执行器中创建一个 this 的外部引用
```

---

① 这里不详细分析在非时序环境（或并行环境）中如何重构分支与循环逻辑，这部分内容读者可以参见《JavaScript 语言精髓与编程实践（第 3 版）》。

```
let p2, aExecutor = () => (p2 = this);
let p = new Promise(aExecutor);

// 检测
console.log(p === p2); // true
```

这意味着 this、resolve() 和 reject() 是并生的（也就是说，在 new Promise() 的时候，它们是同时被构造出来的），并且 resolve() 和 reject() 这一对函数都带有一个特殊的内部槽，用以存放那个新创建出来的 this[①]，而 this 用于反向查找与其一起创建出来的那个 Promise 对象。this（也就是 Promise 类的具体实例 p）还具有两个内部槽，即 [[PromiseFulfillReactions]] 和 [[PromiseRejectReactions]]，这两个内部槽是为 then 链准备的，是两个列表。由于 p.then() 方法有两个参数（回调函数 onFulfilled() 和 onRejected()），因此两个内部槽也就对应地存放它传入的回调函数。例如：

```
p = new Promise(...);
p.then(f1, f2);
p.then(f3);
...
```

这样一来，在内部槽 p.[[PromiseFulfillReactions]] 列表中就有两个函数 f1 和 f3，而 p.[[PromiseRejectReactions]] 中则只有 f2。仔细阅读上面的两个 then() 调用就能明白造成这一事实的原因。

所以，p.then() 调用与 resolve() 和 reject() 之间并不需要发生任何直接关联，就可以通过 p.[[*xxx*Reactions]] 列表来决定在 resolve() 和 reject() 发生时的后续动作。也就是说，当 resolve() 和 reject() 之一被用户逻辑调用时，引擎都将通过 resolve.[[Promise]] 或 reject.[[Promise]] 反向找到那个并生的 this，也就是具体的 Promise 对象 p。接下来从 p.[[*xxx*Reactions]] 取出那些回调函数逐一调用。并生的作用就是建立"置值器→this/p→p.[[*xxx*Reactions]]"之间的那些一对一的联系。

只要回溯这些联系，就可以回到并生创建的起始点，如同 this、resolve() 和 reject() 一同创建一样，那些响应（*xxx*Reactions）也相当于并生创建和无视时序地执行的。

当行为是"联动"时，一开始创建和延迟创建又有什么区别呢？只要确定状态发生时那些联动对象都被触发了就行了。

22.3　then 链的起始端：resolve()/reject() 置值器

至此，我们已经知道了 then() 与 resolve()/reject() 置值器之间的关系，并且观察到它们是通过一个具体的 Promise 实例（如 p）关联起来的。但是，这种关系又是如何在下面这样的代码中建立起来的呢？

```
// 本章标题下的代码可以理解为如下示例
p = Promise.resolve("hello world!");
p.then(console.log);
```

为了理解代码中的 Promise.resolve()，可以先尝试分析一下与 p 并生的 resolve() 的

[①] 这个内部槽名为 [[Promise]]，一般记作 resolve.[[Promise]] 或 reject.[[Promise]]。

逻辑。下面的伪代码重现了这一逻辑的具体步骤：①

```
// resolve(x)的逻辑
// 参见#sec-promise-resolve-functions
function stepsOfResolve(resolution) {
 let p = resolve.[[Promise]]; // resolve()是当前活动的函数对象

 // 1. 函数 resolve()/reject()将共享一个[[AlreadyResolved]]状态
 //    这将确保它们只调用一次
 if (isAlreadyResolved(resolve)) return;
 setAlreadyResolved(resolve.[[AlreadyResolved]]);

 // 2. 如果尝试传入的 x 是自身
 let x = resolution;
 if (x === p) {
   // 使用 reject()来交付一个称为 selfResolutionError 的异常结果
 }

 // 3. 如果 x 是非对象
 if (typeof x !== 'object' || x === null) {
   // x 是一个有效的值类型的 resolve()调用结果
 }

 // 4. 如果有 x.then()方法
 if (('then' in x) && (typeof(x.then) == 'function')) {
   // 向异步执行队列推入一个 Promise 任务，该任务是 x.then(resolve)回调
 }

 // 5. 否则 x 是一个有效的对象类型的 resolve()调用结果
 ...
}
```

　　伪代码 stepsOfResolve()说明了一个 Promise 对象的值的交付过程，并且这一过程总是发生在异步的任务队列中。这里的意思是，填写 p.[[PromiseResult]]内部槽并读取 *xxx*Reactions 列表的过程，总是会被该函数封装为 Promise 任务②，并在 resolve()、reject()和 p.then()过程中推入异步执行队列。

　　一对并生的 resolve()/reject()置值器就是将 p 与最终交付给 p 的值绑定起来的具体过程。这也是这两个置值器需要[[Promise]]内部槽以便反向查找的原因。而 Promise.resolve()/Promise.reject()只不过是重现了这一过程，内置地预先创建了一个 Promise 对象而已（步骤2）：

```
// Promise.resolve(x)的逻辑
// （参见#sec-promise.resolve）
class Promise {
  static resolve(x) {
    // 1. 如果是相同类构造的 Promise 对象，则直接返回
    if (x.constructor === this) return x;
    // 2. 创建一个 Promise 对象和它并生的函数
    let [p, resolve, reject] = new this;
    // 3. 通过异步执行队列交付 x
    resolve(x);
    // 4. 返回这个创建出来的 Promise 对象
```

---

① 其中的步骤 4 是很重要的逻辑，第 23 章会详细讲述。

② 这样的任务一共有两种，分别为 ResolveThenableJob 和 ReactionJob。所有 Promise.*xxx*()和 p.then()方法带来的异步执行过程最终都被处理为这两种任务之一，并最终推入异步队列。

```
    return p;
  }
}
```

由此可见，如下代码可以完全替代 Promise 类方法中的 resolve() 和 reject()，而在逻辑或效率上没有差异：

```
// 替代 p = Promise.resolve(x) 的逻辑
p = new Promise(resolve => resolve(x));

// 替代 p = Promise.reject(x) 的逻辑
p = new Promise((_, reject) => reject(x));
```

22.4 通过 then 链交付数据

在正式接触 then 链之前发生了下面两件事：

- 用 new Promise 或 Promise.*xxx* 创建了对象 p 和与之并生的 resolve()/reject() 置值器；
- 用 Promise.resolve() 和 Promise.reject() 或者并生的 resolve()/reject() 置值器来交付数据，并完成 p.[[PromiseResult]] 内部槽写值。

在这个时候，p.[[*xxx*Reactions]] 内部槽中可能已经有一些（之前）通过调用 p.then() 填入的回调函数了。因此，在交付数据后，内部逻辑还会推动一次这些响应的调用[1]。当然，它们也是被推给 Promise 任务队列并交由执行引擎处理的。

这时一个具体的响应是怎么调用的呢？换言之，在下例中，console.log() 函数在被作为一个回调异步唤醒时，它是如何得到那个已经交付的数据的呢？又或者，数据是如何从 p.[[PromiseResult]] 中取出并传递的呢？

```
p.then(console.log);
```

对此需要先明确的是：具体的响应在被封装为 Promise 任务之前，上述两种交付的数据总是已经被填写到 p.[[PromiseResult]] 中了。

22.4.1 p.then(f) 中 f 的传入值

无论是 p = new Promise(..) 还是 p = Promise.resolve(..)，内部槽 p.[[*xxx*Reactions]] 初始都是空的，当 p.then() 调用时才会向其中添加。由于与 p 并生的 resolve()/reject() 置值器总是异步调用的，因此那时 p.[[*xxx*Reactions]] 中可能已经添加了回调过程，也可能仍然为空。

一旦调用 resolve()/reject() 置值器，Promise 任务的内部处理逻辑就会扫描 p.[[*xxx*Reactions]] 列表，并将每个回调函数封装为一个新的异步过程扔回到队列中去。也就是说，无论谁调用了 resolve()/reject() 置值器，都会导致对应的 p.[[*xxx*Reactions]] 列表中的每个项变成新的 Promise 任务，每个都称为 Promise 响应任务（PromiseReactionJob），简称为响应任务。

响应任务只在两种情况下会被创建并扔到队列中去：一是在与 p 并生的 resolve()/reject() 置值器被调用的时候，二是在已就绪 p 的 p.then(f) 方法被调用的时候。这个响应任务的创建界面如下：

---

[1] 这是指在内部过程 FulfillPromise()/RejectPromise() 中会触发一次 TriggerPromiseReactions() 调用。

```
job = NewPromiseReactionJob(reaction, argument) .
```

前面说过，当 resolve(x)/reject(x) 交付（或就绪）一个值时，这个 x 已经填写到 p.[[PromiseResult]] 中了，所以响应任务创建时就直接引用这个值 x 作为 *argument* 传入；而参数中 *reaction* 就是 resolve()/reject() 置值器被调用之前通过 p.then(f) 进入 p.[[*xxx*Reactions]] 中的那些 f。

所以，这些响应任务最终以 *reaction*(*argument*) 的形式完成异步回调时，无异于调用的就是 f(x)。唯一需要说明的就是，如果在调用 p.then(f) 时 p 已经是就绪的，就不必要将 f 塞入 p.[[*xxx*Reactions]] 了，直接使用 f 作为 *reaction* 创建上述响应任务就可以了。

22.4.2 p.then(f)中 f 的返回值

如前面提及的，在 then 链的使用中存在一个简单事实[①]：**当 p.then(f1, f2) 调用时，总是会立即产生一个 p2**，无论 p 中的值是否就绪，也无论 f1 或 f2 将来是否（或何时）被调用。此外，**每次 .then() 调用总会产生新的 p2**。

仍以下面的代码为例：

```
p2 = p.then(f1, f2)
```

其中函数 f1() 或 f2() 会在将来被调用并传入值 x，并且它们的返回值与接下来的 p2 是有相关性的。具体而言（下面的规则中用 f 统称 f1/f2）[②]：

- 如果 f() 返回一个值或一般对象，那么它将使 p2 就绪；
- 如果 f() 返回一个 Promise 对象 px，那么当 px 就绪时 p2 会获得相同的就绪值；
- 如果 f() 调用中出现未捕获的异常，那么 p2 会得到以该异常为 *reason* 的 reject 值。

这一复杂的规则是如何实现的呢？换个角度来思考：既然 p.then() 总是创建 p2，并且 f1 与 f2 的返回就是 p2 就绪的值（PromiseResult），试想一下，f1 和 f2 起到的作用岂不是与 p2 的 resolve() 和 reject() 置值器完全相同？

由于它们总是被封装成一个任务调用，因此它们的返回也总是被该任务获得。这时，任务的处理逻辑就会将 p2 作为调用 f1()/f2() 的结果容器（*resultCapability*）[③]，并向 p2 中填入值。填写的过程就是调用 p2 并生的 resolve()/reject() 置值器。

包括 then() 和 catch() 等方法在内，所有需要在回调中支持返回值的方式都无一例外地采用下述逻辑[④]：隐式地创建一个 Promise 实例，然后将它作为回调句柄的结果容器交由任务处理过程填值。这也意味着，它们返回值的规则是相似的[⑤]，并且这些方法最终也总是将隐式创建的

---

① 这一点很重要。这意味着，同一个 p 对象的多次 then(f1, f2) 中的回调（f1 和 f2 之一）会各自运行在不同的新并生的 p2 和 resolve()/reject() 置值器中。

② 无论是 f1 还是 f2，它们的返回值规则是一样的。这与它们关联的 Promise 对象 p 的当前状态无关，例如在 onRejeced 回调中返回的也可以是 p2 的 resolve 值。

③ then() 传入的回调 f1/f2 并不是直接作为函数添加到 *xxx*Reactions 列表中的，而是先封装成一个响应结构。与这个结构同时保存的，就还有一个并生的 [p2, resolve, reject] 三元组，其中 resolve 和 reject 分别指向函数 f1() 和 f2()，也称处理器（handler）。ECMAScript 中将这样的三元组统称为容器（Capability）或 Promise 容器（PromiseCapability）。

④ 例如 PerformPromiseThen() 或 HostCallJobCallback() 等内部过程。

⑤ 几乎所有的方法都采用了这一逻辑，所以 PerformPromiseThen() 的退出通常是 Return *resultCapability*.[[Promise]]。

Promise 实例作为方法的返回值（例如 `p.then()` 返回的对象 p2）[①]。

22.5 小结

综上所述，本章标题下的代码等效于：

```
p = Promise.resolve("Hello world!");
p2 = p.then(console.log);
```

在这个过程中，JavaScript 隐式地创建了 p 和 p2，并将 p 的值（字符串`"Hello world!"`）作为数据传递给它的 `then()` 中的 `onFulfilled()` 回调函数，也就是 `console.log`。接下来，`then()` 的内部逻辑会创建新的 p2，与并生的 `resolve()`/`reject()` 置值器一起作为三元组与函数 `log()` 封装成单个响应，最后将这个响应添加到 *xxx*Reactions 列表中[②]。直到 p 实例中的数据是已决的，`resolve()`/`reject()` 置值器的处理过程会读取 *xxx*Reactions，并让那些响应成为异步执行队列中的响应任务。这里的响应任务是与 p 相关的，而与 p2（暂时）无关。

当响应任务（以及封装到 *xxx*Reactions 列表的 `log()` 函数）被异步执行队列处理后，与它一起封装的`[p2, resolve, reject]`三元组被取出来。JavaScript 将这个三元组作为响应处理的结果容器（*resultCapability*），并将 `log()` 的返回值填给结果容器中的 p2。至此，p2 的值也就绪了。

---

① 在 then 链中总是可以安全地返回一个值或一般对象。此外，如果在 then 链中返回一个 Promise 对象（例如 p2），那么它在返回之前也可以不做 `p2.catch()` 调用；如果一个 Promise 对象是孤立的（它没有在 then 链中用 `return` 传出），那么这个 Promise 对象的 then 链的末端必须以 `catch()` 结束。

② 在这里，`"Hello world!"`是一个字符串值（而非一个异步值），所以它总是立即存入 p1.`[[PromiseResult]]`。这意味着，在调用 `then()` 时 p 的状态就是已决的了。因此，`then()` 处理时并不会将响应函数存入列表，而是直接封装成异步任务添加到异步队列中。这里为了简化说明 `then()` 与 *xxx*Reactions 的关系，忽略了上述处理细节，请读者留意。

then 链中的异数 : Thenable 对象与类型模糊

```
> Promise.resolve({then: setTimeout}).then(console.log)
undefined
```

本章的核心是 then 链中的数据——Thenable 对象。

Thenable 这一概念的提出,再一次用"状态联动"置换了与"时间先后"相关的逻辑(用逻辑上的相关性代替了时间上的连续性)。Promise 从特定对象进一步抽象为行为化的对象,这让任何逻辑都可以通过封装变得在系统全局范围内无视时间与时序。这是 ES6 以来最大的进步,并行执行自此从引擎特性摇身一变,成了系统的全局特性。

这当然是有代价的,其中一个代价就是存在永远不会进入 RunJobs() 的待处理队列的 Promise 实例。

规范索引

规范类型

- #sec-abstract-closure:抽象闭包(Abstract Closure)规范类型。这是高版本 ECMAScript 中为支持并行与跨域而给引擎的任务执行机制加入的规范类型。

概念或一般主题

- #sec-newpromiseresolvethenablejob:Thenable 对象以及对 Thenable 任务的支持。
- #sec-invoke:唤起。在 ECMAScript 中直接调用对象属性的内部方法。
- #sec-host-promise-rejection-tracker:与未处理的拒绝异常相关的主题,包括它的跟踪与处理,以及 HostPromiseRejectionTracker() 抽象操作的实现等。

实现

- #table-internal-slots-of-promise-instances：Promise 实例的内部槽表，包括结果值（Result）、状态（State）、响应列表（*xxx*Reactions）和是否处理（IsHandled）标记。
- #sec-performpromiseall：PerformPromiseAll() 抽象操作。
- #sec-promise.all-resolve-element-functions：Promise.all() 函数的实现逻辑，注意本章中对 then() 方法在 p2 中的被动唤起过程（Promise.race()、catch() 等方法处理唤起时的逻辑与此类似）。

其他参考

- 《JavaScript 语言精髓与编程实践（第 3 版）》的 7.3.2.4 节"通过接口识别的类型（thenable）"。

23.1　Thenable 是行为化的 Promise

Thenable 就是一个有 then() 方法的对象。它的定义很简单，但是在具体的某个 promise 以及整个 Promise 框架看来，Thenable 绝对是一个异数：它有 then() 方法，但又不确定是 Promise 实例。

想通过 Promise 来制造一个很纯粹的 Thenable 对象是很容易做到的：

```
// 取得一个 Promise 的三元组
let [x, resolve, reject] = new PromiseCapability();

// 让 x 成为一个 Promise 原子对象
Object.setPrototypeOf(x, null);

// 添加一个 then() 方法
x.then = Promise.prototype.then;
```

这段代码先通过 PromiseCapability() 创建三元组来剥离 x、resolve 和 reject 之间的关联，使它们可以在不同的上下文中使用。当然，这也意味着，x 本身存在失去置值能力的可能，成为一个"游离的 Promise"。接下来使用 Object.setPrototypeOf() 来重置 x，这进一步让 x 从游离态变成了一个原子对象。这样一来，它既不再是一个 Promise 实例，也不再有可确定的 resolve()/reject() 行为。至少从表面上看[1]，它现在是原子态的。示例最后为对象 x 添加了它的第一个（也是唯一一个）属性——x.then。正如所见，这个方法直接复制自 Promise 原型中的 then()。

现在的 x 是一个很纯粹的 Thenable 对象，它不再有 Promise 实例的其他任何成员、属性或数据性质[2]。换言之，Thenable 是行为化的 Promise。

23.1.1　Thenable 是通过特定界面向外界陈述自身值的对象

Thenable 是行为化的，但它究竟有没有"值的意义"（即它是不是一个数据）呢？这个问题颇

---

[1] 这里强调这一点，是因为 x 还有一些内部槽是由 Promise() 创建的，而 Promise 原型中的 then() 方法会用到这些内部槽，这也是 x.then 能够使用原型中的 then() 方法的原因。

[2] 不过（按 ECMAScript 规范），在 JavaScript 引擎内部，是通过检测内部槽来确认 x 是不是 Promise 实例的。

难解释，因为这需要反过来问：既然 Thenable 只有行为化的界面，那么这个界面的作用是什么呢？

上面的示例中借用了 Promise.prototype.then 来作为 x.then() 方法。从 Thenable 的概念定义上看，这是可行的。但是，它很容易混淆 Thenable 的 then() 函数与 Promise 的 then() 方法。这二者在行为本质上很是不同。

Promise 对象 p.then() 方法会返回一个新的 Promise 对象 p2。p2 与 p 缺省通过相同的构造器创建，并且通常来说 p2 对于用户代码是有意义的：形成 then 链。然而 Thenable 的 then() 函数去除了这一切限制，从定义上讲，它只有一项要求——名字是 then。这正是本章标题下的示例代码中能将它声明成 setTimeout 的原因：

```
// 本章标题下的 Thenable
x = {then: setTimeout};
p = Promise.resolve(x)
```

然而，当调用 Promise.resolve(x) 的时候，x.then 的行为仍然是有意义的。在 22.3 节的伪代码 stepsOfResolve() 中对此略有提及[①]：

```
// resolve(x) 的逻辑
// ECMAScript® 2023 Language Specification
function stepsOfResolve(resolution) {
...
 // 4. 如果有 x.then() 方法
 if (('then' in x) && (typeof(x.then) == 'function')) {
  // 向异步执行队列扔一个 Promise 任务，该任务是 x.then(resolve) 回调
 }
...
}
```

也就是说，当 p = Promise.resolve(x) 时，发生的回调是：

```
// p.[[resolve]] 指向与 p 并生的 resolve
x.then(p.[[resolve]])
```

然而，在 stepsOfResolve() 中，x.then() 的具体逻辑没有人关心。因为这个方法是 Promise.resolve() 的实现，也包括其他 resolve() 的具体实现，所以它需要 x 实现的是"调用与 p 并生的 resolve"，以确定地返回某个值（例如 v）来使 p 就绪。

调用 resolve(v) 这个过程在回调逻辑中约定了吗？很遗憾，没有。所以，这只能视为"Thenable 的隐藏价值"。不过，至少在 Promise 中，Thenable 只会用在那些调用 resolve() 的地方，因此"向 resolve() 传入值 v"是它在 Promise 中的唯一作用。这也是一个没有说明的"潜规则"。

所以，Thenable 必须具备一种"向外部系统交付一个值"的能力（这个值通常是它自有的）。这使得在多数情况下，可以将 Thenable 理解为一个"通过特定界面向外界陈述自身值"的对象。

在上面的示例中，这个 Thenable 隐式的值是 undefined。

23.1.2　then 方法需要有执行回调的潜在能力

但"谁调用 resolve()"仍然是存疑的。

在 stepsOfResolve() 的实现中，的确会异步调用 then() 方法，但这个过程只是将 resolve()/reject() 这一对置值器传给 then() 方法而已。在 then() 接收了

---

① stepsOfResolve() 是对 resolve() 的伪代码实现，参见 #sec-promise-resolve-functions。

resolve/reject 值之后，它们的唤起并不是由外部过程负责的。

也就是说，对象 x 自身，或者说 x.then() 方法自身，需要一种执行回调（将 resolve()/reject() 置值器唤起）的能力。Thenable 并不要求这个过程一定是异步的，但按照约定，它总是能唤起 resolve() 和 reject() 置值器之一，并按上述约定传入值 v。

这一切与 Promise.prototype.then 几乎是完全一致的，所以 Promise 类是一个 Thenable 的实现，而 Promise 实例也是 Thenable 兼容的。只是在 [p, resolve, reject] 三元组解耦之后，它作为纯粹的 Thenable 对象就需要自己的唤起过程了。例如，下面的 setTimeout()：

```
# 参见前例，获得一个纯粹的 Thenable 对象
> let [x, resolve, reject] = new PromiseCapability();
> Object.setPrototypeOf(x, null);
> x.then = Promise.prototype.then;

# 将 Thenable 对象 x 用作就绪值
> Promise.resolve(x).then(console.log);

# 使用 setTimeout() 触发 x 并生的 resolve
> setTimeout(resolve);
undefined
```

可以在上述过程的基础上重现本章标题下的代码的核心逻辑。逐行解析如下：

```
// 示例代码的核心逻辑
//  Promise.resolve({then: setTimeout}).then(console.log)
// 1. 调用 console.log()
let [p, resolve, reject] = new PromiseCapability();
p.then(console.log);

// 2. 调用 resolve()
let x = { then: setTimeout };
x.then(resolve);
```

其中执行回调的潜在能力是通过 setTimeout 实现的。

类似的潜在回调的能力也可以通过第三方来实现，例如 jQuery 的 Ajax 中的回调。下面的示例实现了将回调转换成使用 Promise 并行的方案：

```
let url = "http://...";
let x = { then: cb => $.get(url, cb) };

// 将启动 $.get() 并且回调 Promise 的 then 链
Promise.resolve(x).then(responseTxt => {
  ...
});
```

23.2 Thenable 值的可变性及其影响

Thenable 的接口说明中并没有要求它的自身值是不可变的（尽管对 Promise 来说必然如此）。这意味着 x.then() 的多次调用中，对象 x 不需要保持传入值不变。同样，也没有要求 x 的自身值在数据变化时，以何种形式触发 then() 方法中传入的回调。

这带来了一种另类的代码编写方式：一种可变的异步数据获取逻辑。

在现实系统中，传感器产生的数据是持续变化的，例如温度计；伺服服务响应是随机的，例如 Web 服务器。这些系统的数据不规则、非时效，因此非常难于使用 Promise 的逻辑（数据一次确定且不可变）。但可以用 Thenable 来对它进行一次封装，再通过 Thenable 转换成 Promise 完成后续处理。例如，下例模拟了这样一个数据发生系统：

```
// 用生成器来模拟数据发生
function* makeGenerator(x = 1) {
  while (true) yield x += x;
}

// 用生成器来模拟数据发生
let tor = makeGenerator();
// 有数据 x，它的值每 3 秒更新一次
let x = { value: 0 };
setInterval(function update() {
  x.value = tor.next().value;
}, 3*1000);
```

现实中可能在任何不确定的时间访问 x.value，并且它的值可能会变化，也可能不变。例如：

```
# 简单地访问并输出 x.value
> setTimeout(()=>console.log(x.value), RANDOM_TIME);
...
```

因此，可以给 x 提供这样一个性质：当每次使用 **x.then()** 访问 **x** 时，得到的都可能是一个随机的结果。例如：

```
// 模拟随机时间（0~2s）的访问
let Time = {
  get anytime() {
    return Math.floor(Math.random() * 2*1000)
  }
}

// 在一个异步过程中调用 resolve()
x.then = function(resolve, reject) {
  // setTimeout(() => resolve(this.value), Time.anytime);  // 混乱
  setTimeout(resolve.bind(null, this.value), Time.anytime);  // 增序
}
```

这样的 x 就是一个 Thenable 对象，可以被 Promise.resolve() 处理。例如：

```
// 随机产生一个新的 Promise 来做 x 的读取器
let outputProcesses = [];
setTimeout(function reader() {
  outputProcesses.push(Promise.resolve(x));
  setTimeout(reader, Time.anytime); // 随机读取
}, 0);
```

其中的 Promise.resolve(x) 实现了 Thenable 到 Promise 的转换，因此现在的处理队列 outputProcesses 中的都是 Promise 实例。简单地输出处理如下：

```
// 每 5 秒扫描一次队列
setInterval(function shift() {
  let processing = outputProcesses.splice(0);
  if (processing.length > 0) {
    Promise.all(processing).then(console.log);
  }
}, 5000);
```

回顾这个示例，队列 outputProcesses 中通过 Thenable 隔离了可变的 x 实时值。对其中

的 Thenable 对象 x 来说，x.then() 是外部系统访问 x 的一个数据界面。这一点深刻地反映了一个事实[①]：**Thenable 是通过行为来定义的一种数据对象**。

之所以强调这一点，是因为此前操作的数据通常是一个变量（变量自身反映的是存储的内容），而 Thenable 却在另一个层面对数据进行了说明——数据是一种行为的结果。

23.3　Thenable 中 then() 的返回值

在应用中，许多读者都会对一个问题混沌不清：如果 then() 是被异步调用的，那么 then() 方法的返回值去了哪里？

这个问题在 Promise 上是有解的：Promise 对象 p 的 then() 方法返回一个新的 promise，即 p2 = p.then(..)。然而，Thenable 自身并不见得是 Promise 实例，它又怎么可能通过 then() 来返回一个 promise 呢？再进一步，如果它不返回 promise，那么 Promise.resolve() 在异步调用 x.then() 之后，又怎么处理它的返回值呢？答案是：和所有函数一样，返回值的使用是由它的外部系统（作为调用者）来决定的。也就是说，then() 中返回什么都可以，但（外部的）promise 可以自行决定如何理解它。

在 Promise 系统中（即在 Promise.resolve() 方法和 resolve()/reject() 置值器中），对 Thenable 有两种处理。

（1）忽略 then() 中的任何返回值，示例如下：

```
// 忽略.then的返回值(timer id)
let x = { then: setTimeout };
Promise.resolve(x).then(console.log);
```

（2）如果 then() 抛出异常 e，将调用 reject(e) 作为结果：

```
// then()中的异常被作为reject值
let x = {
  then: function() {
    throw new Error('Exception in x.then');
  }
}
// Error: ' Exception in x.then'
Promise.resolve(x).catch(console.log);
```

正是出于这个原因，本章标题下的代码中的 {then: setTimeout} 才等效于如下代码：

```
// 代码 Promise.resolve({then: setTimeout})的完整实现
Promise.resolve({
  then: function(resolve,reject) {
    try {
      setTimeout(resolve, 0);
    }
    catch(e) {
      reject(e);
    }
  }
})
```

---

① 这个定义是对行为化的 Promise、陈述自身值的界面和潜在回调的一个总结。"Thenable 是数据"也可能带来新的系统构建方向与思想。

23.4　then()的主动唤起与被动唤起

如果将用户代码中调用 p.then() 称为"主动唤起",那么相应地,在 JavaScript 引擎内部调用 then() 方法就是"被动唤起"。后者是一种隐式的调用行为,Promise 中是常见的类似 all()、race() 和 catch() 等方法的内部实现。

Thenable 处理 Promise 对象 p 的 then() 时采用的是(类似于)主动唤起的过程。因为 Thenable 并不能区分 then() 是不是属于一个 Promise 对象,因此 Thenable 只能像外部过程一样去调用 then()。而当 p.then() 是主动唤起时,就会创建一个 p.constructor 的实例 p2。这在用户代码中就是:

```
p2 = p.then(..)
```

而在 Thenable 看来 p2 就是一个"看不见的 promise"(由外部系统决定 then() 的返回值的意义)。值得庆幸的是,ECMAScript 规范约定由 PromiseResolveThenableJob 任务来处理这一过程中抛出的异常,因此不会出现 p2 被拒绝的情况。进一步讲,虽然 p2 不进入任务队列(也就是说它不在 then 链),但也不会导致未处理的拒绝异常(unhandled rejection)。

大多数被动唤起 p.then() 方法时都会处理返回的 p2,包括所有 Promise.*xxx*() 和 p.*xxx*(),它们都依赖 p.then() 过程来返回 promise 并形成 then 链[1]。但是,也可能存在 then() 的调用不返回 promise 的情况,例如在处理异步模块加载后的初始化过程,或者异步等待一个结果时。在这些情况下,由于当前执行过程并不需要一个返回的 Promise 对象来形成 then 链,因此既不需要返回结果,也不存在 Thenable 那种浪费 promise 对象的情况[2]。

23.5　Thenable 的概念转换与类型模糊

Thenable 对象是指:一个对象 x

- 有一个 then() 方法,总是接受两个函数作为参数,即 x.then(f1, f2);
- x 会在某个时候将 f1 和 f2 中的一个作为函数 f() 调用[3],并传入一个值,即 f(v)。
  - ◆x.then() 可以被多次调用,x 应自行决定这一行为的意义。
  - ◆外部系统决定 then() 和 f(x) 的返回值的意义。

既然能将 Thenable 理解为通过行为交付的数据(v),那么所谓 Promise.resolve() 也就是调用这个用于交付的行为,并将由此所得的 v 作为 Promise 就绪的结果。这样一层的简单概念转换可以用如下逻辑来重现:

---

[1] 这在引擎中通常是用 Call(then, ...) 或 Invoke(then, ...) 实现的,是对 then() 方法的直接调用,因此是有返回值的。

[2] 这些情况下并不调用 then(),而是通过在调用 PerformPromiseThen() 时不传入结果容器(*resultCapability*)来实现的,这避免了提前创建容器的开销。

[3] Thenable 中的 then() 并不确保 f 会在何时调用,也并不确保它是异步的还是同步的。将它封装为异步调用的过程称为 NewPromiseResolveThenableJob(),主要发生在 Promise 对象 p 并生的 resolve() 置值器中。确切地说,这也分为两种情况:当 p 是已决的,则 f 是立即作为响应任务放入执行队列的;当 p 是未决的,将来则 f 会由 resolve() 置值器放入队列。两种情况下的 f 都是异步调用的,因为它们都将被封装为异步队列中的任务。

```
// x 是一个 Thenable 对象
Promise.resolve(x).then(console.log);

// 如上等义于
let [p, resolve, reject] = new PromiseCapability();
p.then(console.log);
// x 通过行为将数据 v 交付给 p
x.then(resolve, reject); // 将调用 p 并生的 resolve(v) 置值器
```

这里的 x.then() 将在 PromiseResolveThenableJob 任务中被调用，它的返回值（*thenCallResult*）将被废弃。

然而，如果 Thenable 是一个一般的 Promise 对象，那么 Promise.resolve(p2) 的行为就相当于反向调用 p2.then()。也就是说：

```
/**
 参见 23.4 节
 p = Promise.resolve(p2) 将等效于
**/
let [p, resolve, reject] = new PromiseCapability();
p2.then(resolve, reject);
```

其中 p2.then() 总是返回一个 Promise 对象 p3。按之前的分析，这个 p3 是被忽略的，因此会出现一个永远不会进入任务队列的 promise[1]。如果不是在 Promise.resolve(p2) 中，而是直接向 p 的 resolve() 中传入 p2，如下例：

```
/**
 参见 23.4 节，
 p = new Promise(resolve => resolve(p2)) 将等效于:
**/
let [p, resolve, reject] = new PromiseCapability();
resolve(p2);
```

那么 PromiseResolveThenableJob 任务将在 p 的 stepsOfResolve() 过程中创建，重要的是，p 被 resolve() 过程处理了两次：

- 第一次是调用 p 原生的 resolve() 过程检测了 p2 是 Promise 实例，并决定调用 NewPromiseResolveThenableJob() 创建异步任务；
- 第二次是在创建该任务的过程中，再次为 p 创建了并生函数 resolve() 和 reject()，并且用类似调用 p2.then(resolve, reject) 的方式[2]塞入 p2.[[*xxx*Reactions]] 队列中。

23.6 小结

Thenable 对象也称"类 Promise"（Promise-like）对象，就其概念来说，Thenable 对象是一种实现了 Promise 接口的对象。但是反过来，也可以说 Promise 对象是实现了 Thenable 接口的对象。这两种描述都是可行的，只是视角不同。

但这两种描述都缺乏对数据可变性的解释，因为接口只说明了界面上的数据类型，而缺乏对

---

[1] 由于 PromiseResolveThenableJob 任务在回调 resolve() 时自身处理了异常，因此不会出现 reject 值。进一步讲，p3 虽然不进入任务队列——它不在 then 链中，但也不会导致未处理的拒绝异常。

[2] 确切地说，这里调用的是 HostCallJobCallback()，也就是该任务被创建出来之后就立即呼叫宿主来调用了它。

数据实体的性质的描述。一旦描述后者，系统的复杂性就大大增加了，这也是实时系统和非实时系统的复杂性不是同等量级的原因。

本章在讲述 Thenable 对象的性质时主要关切"特定界面（陈述自身值）"和"执行回调"两个方面，也是基于上述考虑。Thenable 对象正是清除了 Promise 对象中"数据不可变"这一假设带来的各种设计，才变成了"行为化的 Promise"。当然，在一定程度上讲，所谓"行为化的"也是"接口"这一普遍概念的本意。

第 24 章

Promise 类与子类

```
> new Promise(setTimeout)
```

大多数开发人员不会直接遇到"写 Promise 的子类"或者通过 Promise() 创建实例的状况，这主要是因为 Promise 类自身并不提供异步处理。如何在异步环境中调用并生的 resolve()/reject() 置值器是用户代码自己的事。

JavaScript 是通过异步函数来将代码执行在异步环境中的（这将是第 25 章的内容）。这也是本书之前总是在使用 setTimeout() 来提供延时（以模拟一种异步环境）的原因。

本章将讲解有关子类化 Promise 的诸多细节。

规范索引

概念或一般主题

- #sec-promise-objects：Promise 对象的概念与内部结构。
- #sec-promisecapability-records：Promise 容器记录（PromiseCapability Record）的概念与内部结构。
- #sec-promisereaction-records：Promise 响应记录（PromiseReaction Record）的概念与内部结构。
- #sec-promise-constructor：Promise 构造器及构造过程。

实现

- #sec-newpromisecapability：NewPromiseCapability() 抽象操作，是创建三元组的主要过程。
- #sec-newpromisereactionjob：NewPromiseReactionJob(r) 抽象操作，为响应对象 r 创建对应的异步任务。
- #sec-promise.prototype.finally：Promise.prototype.finally() 方法的实现。
- #sec-speciesconstructor：SpeciesConstructor() 抽象操作，使用构造器的 Symbol.species 属性创建实例。

24.1　Promise 类的应用：以"Hello world"程序为例

本章标题下的代码展示了一种使用 new 创建 Promise 对象的简单方式，但它并不那么易懂。要知道即使按标准方式用 Promise() 来写的"Hello world"程序，也不是那么易懂的。这样的尝试劝退了许多初次上手的程序员，这是因为它不但需要耗费不少代码，而且在逻辑上相当令人费解。例如：[①]

```
var p = new Promise(function(resolve, reject) {
    setTimeout(function() {
        resolve('hello world');
    }, 2000);
});

p.then(function(data) {
    console.log(data);
});
```

首先，new Promise() 需要传入一个函数作为 *executor* 参数，即：

```
// 传入函数 f 作为 executor 参数
p = new Promise(f);
```

参数 *executor* 拥有确定的函数界面：

```
function executor(resolve, reject) {
    ...
}
```

接下来，还需要确保用户代码在某个时候（例如使用 setTimeout()）去调用 resolve()/reject() 置值器之一。resolve()/reject() 置值器也拥有确定的函数界面：

```
function resolve(value) { ... }
function reject(reason) { ... }
```

用户代码在 new Promise() 阶段需要做的事情就这么多。然后（基于某种用户所不知道的机制），在某个时候 p.then() 中的响应函数就会被回调了，并且当回调发生时，响应函数收到的参数就是函数 resolve() 和 reject() 中传入的 *value/reason*。

这的确很绕，这其实等同于：

```
console.log('Hello world');
```

那些冗长曲折的逻辑，无非是要实现上面这样简单的逻辑而已！

24.1.1　用三元组替代 Promise 的行为

既然 new Promise() 创建了一个并生的[p, resolve, reject]三元组，那么用下面的代码来实现"Hello world"程序在逻辑上就会稍微清晰一些：

```
// 得到一个并生的三元组
let [p, resolve, reject] = new PromiseCapability();

// 绑定了值（"Hello world"）的 resolve() 置值器将在不确定的未来被调用
setTimeout(resolve.bind(null, "Hello world"), 0);

// 当（then）上述值就绪时，回调 console.log()
```

[①] 这个示例出自 CodinGame 的"Your First Code with Promises"。

```
p.then(console.log);
```

稍有区别的是：在使用 Promise 类的异步框架中，resolve()/reject() 置值器是在引擎管理的异步执行队列中被唤醒的，而上面的示例中是使用 setTimeout() 来替代的。

在 ECMAScript 规范中也是使用 PromiseCapability() 来管理那些三元组的。PromiseCapability() 用来确保这些三元组总是同时产生，并且 resolve()/reject() 置值器总是用作对应 p 的一次性置值。

24.1.2　执行器中的其他逻辑

执行器在上述逻辑中往往起不到什么作用，因为如果用户代码在执行器中直接调用 resolve()，那么这个 Promise 对象的值就将是同步获得的，失去了它并行的本意。例如：

```
// 这里的 resolve() 是同步调用的
let p = new Promise(function(resolve, reject) {
  resolve('hello world');
});
```

另外，这样的示例（在多数情况下）并不使用 reject()，因此也同样令人生疑。总之，在执行器中"何时以及如何"处理 resolve()/reject() 置值器，是使用 Promise 类的过程常见的问题。

另一些问题出在执行器中的异常处理中。通常情况下会像下面这样使用结构化异常：

```
// 使用 try..catch 的结构化异常示例
let p = new Promise(function(resolve, reject) {
  try {
    setTimeout(() => resolve('hello world'), 2000);
  }
  catch (e) {
    reject(e);
  }
});
```

但这往往是不必要的：

（1）setTimeout() 的回调中发生的异常不会被 catch(e) 捕获；

（2）resolve() 中发生的异常会自动由引擎调用 reject() 置值，也不会被 catch(e) 捕获；

（3）即使在执行器中发生其他的异常（而不被处理），它也会自动被引擎调用 reject() 置值。

所以，上面的结构化异常表面看起来很严谨，实则百无一用。那么，哪种情况下才是需要用到结构化异常的呢？简单来说：如果用户代码需要自行处理异常（而不是以 reject 状态就绪），就可以在执行器中用到上述逻辑。例如：

```
let p = new Promise(function(resolve, reject) {
  ...
  catch (e) {
    console.log(e); // 自行处理 e, 而不是用 reject(e)
  }
});
```

只不过这样一来，reject() 就更显无用了。

24.2　类上的原型方法：以异常处理为例

一个典型的结构化异常是用 try..catch..finally 语句来构造的。Promise 实例 p 也添加了相对应的方法 p.catch() 和 p.finally()。但是，它与结构化异常语句的实现效果却是有一定区别的，其中 p.catch() 是对 then() 方法的一个快捷调用。下面两种写法有完全一致的效果：

```
p.catch(f2)
p.then(undefined, f2)
```

并且，在如下代码中新的 Promise 对象 p2 的值是由 f1 和 f2 来决定的：

```
p2 = p.then(f1, f2)
p2 = p.catch(f2)
```

但 p.finally(f3) 的实现却与之不同，因为按照 try..finally 的语义，finally{}语句块中的代码"应该不会"影响到 try{}块中的操作，这也就意味着 p.finally(f3) 不应该有自己的有意义的返回值。也就是说，then 链中后续的 p2 将不能使用 f3() 的返回来置值[①]。按照这一思路，p2 的值将必然是 finally() 中的入参。也就是说：

```
// 代码 p2 = p.finally(f3) 等同于
p2 = p.then(value => {
  try {
    // 在异步环境中调用 f3() 并忽略返回值
    async_call_finally(f3);
  }
  catch(e) {
    throw(e);
  }
  return value;
})
```

为了达到这一效果，ECMAScript 约定 finally() 的实现中临时为 f3() 执行创建一个 Promise 对象以及 f3() 可用的环境[②]。因此，最终效果等同于如下代码：

```
// 代码 p2 = p.finally(f3) 中 finally() 的实现逻辑
Promise.prototype.finally = function(onFinally) {
  if (onFinally instanceof Function) {
    let callFinally = x => new Promise(setTimeout).then(onFinally).then(()=>x);
    return this.then(callFinally, e => callFinally(Promise.reject(e)));
  }
  return this.then(onFinally, onFinally);
});
```

根据约定，当 then/finally 的入参（onFinally/onFillfuled/onRejected）为非函数时，它将总是返回 Promise 对象自己（例如 p）。所以，上例中如果 onFinally 为非函数，则直接调用 p.then() 来达到返回 p 的目的；如果 onFinally 是一个有效的函数，则会通过 callFinally() 来实现它的异步调用。在 callFinally() 中：

（1）new Promise(setTimeout) 用于制造 Promise 对象 p 且让并生的 resolve() 执行在一个超时回调中，这基本上相当于 p = Promise.resolve(undefined)；

（2）p.then(onFinally) 用于将 onFinally() 执行在 then 链上。由于 then 链不会抛出异常，因此它总是返回包含 resolve/reject 值的一个新的 Promise 对象 p2；

（3）对 p2.then(()=>x) 来说，在 p2 因为 onFinally() 调用异常时会持续向 then 链上传递那个 reject 值，反之它总是返回最开始传入的那个值 x。无论 x 是任何的东西，都将它作为

[①] 这里 p.finally() 也不应该返回 p2，但是这将导致 then 链在这里断开，不能使用后续的 then()，因此 ECMAScript 在设计上做了一些折中。

[②] 在规范中这里会创建一个抽象闭包规范类型，以确保 f3() 最终执行在独立的异步环境中。这与异步函数是类似的，因此这里如果使用异步函数来实现，会更加简单。

值返回（注意这个假设，下面会用到它）。

注意，没有办法在 then 链上简单、直接地用变量 x 来传递一个 Promise 对象,让它作为 then() 回调的传入。因为 resolve() 置值器会先将这种 Promise 对象中的值先取出来，然后才能在 then() 的回调界面中传递。出于这个缘故，函数 callFinally() 是不能直接作为 onRejected() 回调函数使用的。因此，下一行代码用 Promise.reject() 封装了一个 onRejected() 值：

```
return this.then(callFinally, e => callFinally(Promise.reject(e));
```

上面在实现 p.finally() 时利用了 then 链中会将异常抛出转换成 p2 的 reject 值这样的特性，但是，如果能将 onFinally() 封装在自己的 try..catch 中，就不需要 then(()=>x) 这个回调了。例如，可以像下面这样实现 callFinally()：

```
// 这里将 setTimeout() 作为执行器是为了创建一个异步过程，真实的引擎中并不需要
let callFinally = x => new Promise(setTimeout).then(()=> {
  try {
    onFinally(); // 忽略 onFinally() 的返回值
  }
  catch(e) {
    throw e;  // 将 e 作为 reject 值返回，相当于 return Promise.reject(e)
  }
  return x; // 将 x 作为 resolve 值返回，相当于 return Promise.resolve(x)
});
```

24.3　子类及其构造方法的界面

在之前的例子中，有一个知识点总是被刻意地忽略了：Promise() 的执行器中的 return 是无意义的。例如：

```
// 示例中的 p 总是 Promise 实例，而不会是用户创建的对象
let p = new Promise(function(resolve, reject) {
  return new Object;
});
```

之所以在此强调这一点，是因为它与子类构造器中的规则有些潜在的、不明显的混淆。例如：

```
// 示例中的 p 总是 Promise 实例，而不会是用户创建的对象
class MyPromise extends Promise {
  constructor(...args) {
    super(...args);
    console.log('this ->', this.constructor.name); // 'MyPromise'
    return new Object; // 这里是子类构造器的返回，与执行器无关
  }
}
let p = new MyPromise(new Function);
console.log('p ->', p.constructor.name); // 'Object'
```

24.3.1　定制执行器逻辑及其返回

由于可以派生 Promise 类的子类，因此也可以修改上述规则，使执行器的返回有逻辑含义。例如：

```
class MyPromise extends Promise {
  constructor(executor) {
    let [p, resolve, reject] = new PromiseCapability();
    if (executor(resolve, reject) {  // 检测执行器的返回值
    ...
    }
    return Object.setPrototypeOf(p, MyPromise.prototype);
```

```
  }
}
```

不过这个例子本质上与 Promise 类的子类派生没有关系，而是封装了它的一个工具类。改成下面这个样子也没有多大的不同[①]：

```
// 不声明 "extends Promise" 的工具类
class MyPromise {
  constructor(executor) {
    ...
  }
}
```

24.3.2　定制构造方法的界面

当试图让用户代码更自由地创建 Promise 时，就需要更灵活的构造器接口。举例来说，若想让一个 Promise 对象与一个端口关联起来，使用者可能会希望有下面这样的创建方式：

```
p = new MyPromise(executor, port);
```

因此，需要设计如下的子类派生：

```
class MyPromise extends Promise {
  constructor(executor, port) {
    super(executor);
    this.port = port;
    ...
  }
}
```

这仍然是第 13 章中讲过的关于面向对象的内容，并且至少目前看起来一切还好。但在使用 then 链时，就会发现一些意想不到的事情。那些在 class MyPromise 中声明的属性或方法还会存在，并且能读写或调用，但是，通过构造器界面传入的参数就没有了。例如：

```
> let foo = new Function; // 示例用

> p = new MyPromise(foo, 8080);
> console.log(p.port);
8080

> p2 = p.then(foo);
> console.log(p2.port); // 在 then 链上丢失了一些成员或构造信息
undefined
```

那么，原本给 p 绑定过的属性（例如构造过程中添加的 this.port），在 then 链上如何持续存在呢？这与 Promise 在 then 链中隐式地创建 p2..pn 的方式有关。简单地说，它总是使用 p.constructor 属性或者使用 p.constructor.[[Symbol.species]] 创建链上的新实例，并且总是（也只能是）按 Promise() 的缺省参数来传入。因此，如果需要在链上传递非标准构造的 MyPromise 实例，就需要重置上述属性来确保创建过程的有效性。例如：

```
class MyPromise extends Promise {
  constructor(executor, port) {
    super(executor);
    this.port = port;
```

[①] 从类继承的角度来说，这里是稍有差异的。在使用 extends ... 时 new 运算并不会主动创建 this，需要用户代码调用 super()；在不使用 extends ... 时这个 this 对象是由 new 运算主动创建的。换言之，"派生但不调用 super()" 可以节约一个 this 对象创建的过程。

```
  // 为链上的 MyPromise 声明一个标准的创建界面
  if (this.constructor === MyPromise) {
   let AgentClass = class extends MyPromise {};
   AgentClass[Symbol.species] = function(executor) {
    return new AgentClass(executor, port);
   };
   // 重置 p.constructor
   // （确保在子类实例中只会执行一次）
   this.constructor = AgentClass;
  }
}
```

这样一来，then 链中的第一个 Promise 将是由 new MyPromise() 构造的，而链上后续的其他 Promise 则将是通过 AgentClass() 创建的，并通过闭包链访问到原构造方法中的 port 参数。

24.4　小结

- 执行器（executor）的返回值会被废弃，即使执行器是一个异步函数也不例外（其返回值——另一个 Promise 对象同样也会被废弃）。

- 如果为 Promise 类的子类设计了一个新的构造器界面，那么一定要同时修改该子类的 Symbol.species 符号属性。

- 在执行器中发生的异常会自动被引擎调用 reject() 置值，从而触发 new Promise() 创建实例（即 this 实例）的 then 链上的 onRejected() 回调。

- 在 then 链的回调 onFulfilled/onRejected/ finally 中得到的 this，是正在处理的那个 Promise 对象。注意，如果使用箭头函数作为回调函数，那么 this 的绑定取决于当前上下文。

- 抽象闭包并没有什么特殊的，在 ECMAScript 中加入这个概念更多地只是想说明"这里有一个闭包"，表明它有着独立、持续的环境回溯的链。所以，在多数情况下，创建抽象闭包可以直接理解为"这里临时创建了一个函数"。

- 在 then/catch/finally 中返回任何一般的值或对象都是安全的，反而是返回一个 Promise e 对象时要小心一些，因为一个被拒绝的 Promise 对象可能触发后续的 catch()，或者在异步函数中触发异常。返回一个 Thenable 对象（如 x）时有着完全相同的风险，它等同于返回了 p = Promise.resolve(x) 的结果对象 p。

## 第 25 章

精巧的设计：await/async

```
> await 0
0
```

　　使用关键字 async 来声明的异步函数是真正地创建了一个异步执行上下文，这意味着在引擎级别确保这个上下文是在异步执行队列中处理的。作为一种出错处理机制，所有在该上下文中抛出的异常都被作为"一个 Promise 对象的 reject 值"传出。当然，异步函数的返回值就是这个 Promise 对象，这确保了真实的值总是在将来才能得到，并通过 then 链传递。

　　唯一在 then 链外使用这个值的方法就是 await。

规范索引

概念或一般主题

- #table-state-components-for-all-execution-contexts：所有执行上下文的状态组件表。
- #table-additional-state-components-for-ecmascript-code-execution-contexts：ECMAScript 代码执行上下文的附加状态组件表。这是面向 JavaScript 用户代码的执行上下文，不支持宿主原生代码。
- #sec-keywords-and-reserved-words：关键字与保留字。
- #await：await 完成。它是通过 await() 抽象操作来实现的，await() 是返回完成记录的特定操作。

实现

- #sec-async-functions-abstract-operations-async-function-start：AsyncFunctionStart() 抽象操作，其中包括创建异步上下文的过程。
- #sec-asyncblockstart：AsyncBlockStart() 抽象操作，是在异步上下文中执行代码体的主要过程。

- #sec-createbuiltinfunction：`CreateBuiltinFunction()` 抽象操作。
- #await-fulfilled 和 #await-rejected：在低版本规范中它被称为"Await Fulfilled/Rejected Functions"，是指 `await` 创建在 then 链上的响应函数（用作 `onFulfilled/onRejected`）。从 ES2022 开始，它们实现为 `Await()` 抽象操作中的抽象闭包（规范类型），并最终与低版本一样表现为可调用的内建函数。

25.1 异步函数与异步上下文

在本章之前，本书只在两个地方讨论过执行上下文的问题，一是第 10 章中的生成器，二是第 19 章中的 eval。这是因为要实现这两种执行过程（它们也都是可执行结构），就需要对上下文的结构或性质有所要求。

同样，所谓并行、异步的执行也对上下文提出了要求。但是，在之前讨论 Promise 的时候却没有任何地方提及执行上下文，这是在 ES2015（ES6）～ ES2016（ES7）期间，ECMAScript 规范小组的一项重要的成就：Promise 被设计为引擎无关的。

Promise 所对应的三元组中，`resolve()/reject()` 置值器都是一般函数。它们表现出并行特性而又引擎无关的原因有两点：一是它们创建出来之后其调用权就交给了用户代码，在这个阶段中引擎并不知道它们的存在；二是与 p 对应的 then 链上，所有 `onFillfuled()/onRejected()` 回调函数都被暂存到 `p.[[xxxReactions]]` 队列中，因此引擎同样不知道它们的存在。换言之，引擎的设计可以无视这一语言特性，而等到 Promise 对象就绪之后，then 链中以及其后的 *xxx*Reactions 都被创建成 Promise 任务放到一个待执行队列中。这个队列才与引擎的执行过程相关。

即便如此，ECMAScript 规范小组仍然没有对执行引擎的设计提出要求，因为执行队列是从 JavaScript 创世以来就存在的一个基础机制。JavaScript 一开始就被设计为单线程单执行队列的。TC39 规范小组只是小心地在这个原始设计上延长了队列的长度，也就是说，它们只是让新的 Promise 任务队列在原队列执行完之后顺序执行。甚至为了减少对原有设计的影响，在 ES8 之前执行队列的处理逻辑称为 `NextJob()`，它依赖各种任务执行结束时的主动调用来推动引擎切换到新任务。

从 ES8 开始，这个执行逻辑就做了一点儿变化：新的处理过程称为 `RunJobs()`。它被设计为一个无限循环，并且每次都主动尝试处理一个候选队列，从而避免了具体任务总是要在结束时影响执行引擎（调用 `NextJob()`）。即便如此，所有的队列仍然可以视作一个相互连续的单个队列。它们之间没有依赖，但是是在同一个单线程的处理过程中的。

与这一变化同时到来的就是异步函数（即对 async/await 关键字的支持）和异步上下文。

25.1.1 异步上下文的独特之处

在此之前，旧式的上下文一共有两种，一种是一般的执行上下文（execution context），另一种为 ECMAScript 代码执行上下文（ECMAScript code execution context）。

执行上下文是引擎直接管理的，面向引擎宿主的原生代码、引擎的初始代码、任务队列的初始代码等都是执行在这种上下文中的，它的特点是没有环境记录，也就是说它本身不能也不应该去访问那些用户代码中的名字（变量、标识符等）。

　　ECMAScript 代码执行上下文才是真正执行用户的 JavaScript 代码的上下文，调用函数要创建它，eval() 执行也要创建它，全局代码、模块顶层等所有的可执行结构也都要创建和使用它。ECMAScript 代码执行上下文是有环境记录的，并且对用户代码来说，ECMAScript 代码执行上下文的特点就是映射环境记录中对应的标识符、名字等，而引擎则依赖 ECMAScript 代码执行上下文（也包括执行上下文）做执行调度、资源分配和异常处理等。

　　执行上下文或 ECMAScript 代码执行上下文都是被创建出来的[①]，这使得它的实例依赖于引擎的自身处理或用户代码中可执行结构的具体操作。但是，异步上下文有着与这两种旧式上下文不同的产生逻辑：**它必须是（当前函数的）执行上下文的一个副本。**

25.1.2　异步在多次调用的不同表现

　　就目前来说，异步上下文是唯一一种采用复制机制创建出来的执行上下文。这个设计源自异步环境中对调用（异步函数）的特殊解释。举例来说，在普通函数中，**引用一个具名函数意味该函数的实例被创建和作为结果交付，引用一个函数表达式意味着得到它的一个闭包。**

　　这二者有着小小的差别，但最终总是实现为创建该函数的一组环境，并将这个环境置于一个执行上下文中。于是，**这个环境总是当前环境的一个子级环境，并且，只要发生了函数调用，一个新的上下文就被压入执行栈。**例如：

```
// 示例: 闭包队列
function f1() {
  let closures = [];
  for (let i = 0; i<3; i++) {
    closures.push(function f2() {
      ...
    });
  }
}
f1();

// 示例: 简单递归
function f3(v = 1) {
  return v > 100 ? v : f3(v*2)
}
f3();
```

　　在 f1() 中，由于 f2() 是函数表达式，因此为它创建的子级环境（作为闭包）被塞入 closures 列表；并且，由于 f2() 总是未被执行，因此并没有任何执行上下文被创建出来；而在 f3() 中，由于每次递归执行的都是函数 f3() 的新实例，因此相对应的子级环境和执行上下文都被创建出来了。[②]

　　所以，从概念来说，函数或其他任何执行体的执行上下文都应该是唯一的，它可以跟闭包（或者某些情况下跟函数实例）一一对应。但异步函数不同。当调用异步函数时，函数体并没有被立即执行，而是返回一个 Promise 对象 p。例如：

----

① 在旧式上下文中，生成器上下文（*genContext*）是略有不同的。它是 ECMAScript 代码执行上下文的一种，但会多出一个[[Generator]]成员，这用于在 yield 运算中由引擎向生成器对象回写一个状态（因为 yield 只能用在生成器函数中，因此通过当前函数的执行上下文就能找回对应的生成器对象）。

② 如果这里没有做尾递归优化，子级环境的层次就等于递归的深度，这意味着存在一个不受控制的、增长的执行栈，显然是危险的。

```
async function f() {
  console.log('in async f');
}
p = f();
p.then(..);
```

由于这时函数调用运算符 () 已经发生了（函数也可能在没有显式地调用运算符的情况下执行，例如回调或者属性的读写器等），因此一个实际的函数实例和它的执行上下文都被创建了出来，像之前的 f3() 那样。

也就是说，对象 p 就是创建在这个上下文中的，并且创建并生的 resolve()/reject() 置值器的逻辑也需要执行在这个上下文中。这个并生的三元组作为一个 Promise 容器对象被扔给一个异步函数启动过程 AsyncFunctionStart()。启动过程复制了一份当前 f() 函数的执行上下文，以确保后续的异步函数的函数体（*AsyncFunctionBody*）总是执行在这个复制出的异步上下文（*asyncContext*）和它关联到的那组环境记录中。这可以让它们看起来就跟执行在 f() 中一模一样。

所以，同一个函数在这里存在了下面两种逻辑走向，并依赖完全相同的两个上下文。

（1）f() 需要执行结束以返回一个 Promise 对象[①]，即完成 p = f()。

（2）f() 需要一个独立的流程来并行执行代码。

启动过程 AsyncFunctionStart() 总是采用异步方式执行第二种逻辑，以确保它将来被唤起，因此，当前执行流程的第一种逻辑总是能退回到函数的执行上下文并返回对象 p。随着函数的退出，函数的执行上下文被销毁，而与它完全相同的异步上下文则继续用于将来执行异步函数的函数体。如果这个函数体执行结束，那么它退出时的值（即通过完成记录传出的返回值）就将作为 Promise 容器中 p 的值来完成置值过程。

异步函数的函数体才是 await 登场的地方。

25.2 await 上演的帽子魔法

上面说异步函数的函数体总是执行在它的异步上下文中，这存在以下两种可能。

（1）如果函数体中没有 await，那么它总是能一次执行完成并退出。

（2）如果函数体中有 await，那么它在遇到 await 时就会退出。

那么，如果在这个过程中遇到一个 await 运算，会发生什么呢？

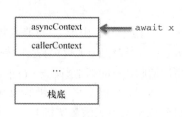

图25-1 在 await 执行时栈中的初始堆叠次序

25.2.1 执行栈上的细节变化

在进一步分析之前，需要先确定此时执行上下文在执行栈中的"堆叠次序"。具体来说，它总是有两个执行上下文，如图 25-1 所示。

在遇到 await 运算时，当前总是执行在异步上下文中，它

[①] 必须保证这个流程对异步上下文没有副作用（不访问环境记录或其他任何资源），因为函数的真实代码是在下一个逻辑过程中完成的。

是异步函数的函数体对应的执行环境。对启动过程来说，它的调用者上下文（*callerContext*）和异步上下文（*asyncContext*）是一样的（之前说过，异步上下文是调用者上下文的一个副本）；而对之后的执行来说，调用者上下文将是其他"某个过程"的上下文，如果它不是被某个用户函数唤起，那么在可能的情况下，这个调用者上下文会是引擎在 RunJobs() 过程中为某个 Promise 任务创建的执行上下文。这个上下文用于一次性地执行一个排队中的任务，例如 then 链上的一个回调。

await 利用了以下两种机制。

（1）执行栈上的这种队列状态——异步上下文外层有一个加载它的调用者上下文。

（2）await x 运算中的 x 被约定为一个 Promise 对象。

await 会将一个 Promise 对象 p 添到 x 的 then 链上，然后将自己所在的内层的异步上下文从栈上移除，使当前流程失去控制权。这样就完成了一切工作。接下来它只是等着（awaiting）在 x 就绪时将执行权转交回来。这件事总会发生，因为 p 在 x 的 then 链上。

then 链上的回调会让执行上下文再次切换回异步上下文。这意味着它恢复（或继续）执行函数上次挂起之后的代码。但这个函数挂起在什么位置呢？正如所知，它被 await 挂起，所以恢复点就在 await 之后。代码通常类似下面这样：

```
var value = await x;
```

也就是说，await x 应该在等待结束之后返回一个值（也可能这个值被废弃而不是赋值给其他变量）。await 运算符在这里唯一的作用就是从上面（通过完成记录返回的）这个结果中取得值[①]，再作为它的运算结果传出。

这时执行栈中的上下文仍然是异步上下文。因此，代码中的

```
var value = ...
```

得以执行，并且继续执行后续流程，直到遇到下一个 await 或者异步函数退出。无论是这两种情况中的哪一种，异步上下文都将再次从执行栈上移出，执行权交回给引擎[②]。

由于这是异步系统，因此引擎最终会回到 RunJobs()，调度队列中的下一个 Promise 任务或者闲置等待。

25.2.2　处理数据 x 的详细逻辑

简单回顾一下执行栈上的情况：await 通过切换上下文将执行权限交出，并通过 x 的 then 链上的响应函数来再次将上下文切换回来，从而唤醒 await 后续代码的执行。这里涉及两个细节，一是如何切换上下文，二是 await 等待的 x 可能并不是一个 Promise 实例。

仅从流程上说，引擎处理任何类型的 x 都没有差异。在 await 的实现中，首先为传入的 x（无论它是哪种类型）创建了一个全新的三元组，并向它的 resolve() 置值器传入 x。按照之前在 23.1 节中所说的，如果 x 是 Promise 对象，那么 resolve() 置值器就会将它作为一个 Thenable 对象去处理（p 的 resolve() 置值器将添加到 x 的 then 链上），否则会作为一个普通值处理。也

---

① 引擎中的情况比这里稍复杂一点儿。这时候应该位于 AsyncFunctionAwait() 调用的结束处，并通过完成记录中的 *resumptionValue* 来返回值并回到 await 运算符的处理逻辑。ECMAScript 规范中对这里的步骤有特殊的解释，指明实际的返回行为并没有发生，其结果（*resumptionValue*）交回给 await 表达式作为求值结果。

② 引擎在这里并不会直接回到 RunJobs()，因为 await 是在 resolve()/reject() 置值器执行过程中被唤醒的，所以在当前上下文的调用者上下文（*callerContext*）下，将是 then 链上封装置值器的 Promise 任务，再往栈底才会遇到 RunJobs()。不过，通常 then 链会很长，因此真实状况往往复杂得多。

就是说，存在以下两种可能的模式（它们最终都会以 Promise 任务的形式推入异步执行队列，所以也都是异步的）：

```
// 当 x 是一般值或对象时
let p = Promise.resolve(x);

// 或者，当 x 是 Promise 对象或 Thenable 对象时
let [p, resolve, reject] = new PromiseCapability();
x.then(resolve, reject);
```

而真正"如何处理所得到的 x 值"的逻辑被添加到对象 p 的 then 链上。也就是说，它类似于如下代码：

```
// 在表达式 await x 中获取真正的 x 的值
p.then(x => {
  // await 后续的处理逻辑
})
```

接下来就需要处理异步上下文的切换。之前说过：**await 执行时，它总是位于当前异步上下文中，且 await 的等待过程总是在 p 的 then 链的回调中被唤醒**。

因此，为了确保它能回到异步上下文中继续执行，引擎为 await 创建了一对用于响应 p.then() 的回调函数 onFulfilled()/onRejected()，这由两段代码构成，称为"Await Fulfilled Functions"和"Await Rejected Functions"。它们除了有作为一般函数的自己的上下文，还在创建时添加了一个特殊的内部槽 [[AsyncContext]] 来存放异步上下文。这样一来，当它们被回调唤醒时，就能切换回异步上下文来执行后续的处理逻辑，然后通过异步代码块中的退回操作返回响应函数自身[①]。这两个函数将总是返回 undefined，并且实例 p 也总是会被废弃。

还有一点点问题。在下面的代码执行之后还会返回一个 p2：

```
p.then(onResolved, onRejected)
```

这个 p2 的值理应是 onFulfilled()/onRejected() 返回的 undefined 或者异常。这个 p2 去哪儿了呢？考虑到这个细节，在处理 p.then 产生的 then 链时，引擎约定了一个用于接收这个值的 Promise 对象（是的，p2 也被创建了）。p2 同样添加到了 p 的 then 链上，用来接收这个返回的 undefined，最终 p2 也被废弃了。

保证 p 和 p2 这两个 Promise 对象[②]可以被安全地废弃的唯一方式就是让 onFulfilled() 和 onRejected() 绝对可靠[③]。所以，再次强调的事实是：这两个响应函数除了切换上下文，以确保异步上下文中的代码顺利执行，再无其他逻辑了。

所以，无论 x 是值，还是一般对象，又或者是包含了 resolve/reject 值的 Promise 对象，它总是作为一个（通过 then 链回调传递的）值，以 await 运算结果的形式交还给异步上下文。在这个时间点上，执行权仍在异步上下文中，而后续的 p 和 p2 将在回调的上下文中被废弃。

[①] 25.2.1 节中说过，异步上下文中后续的 await、return 或函数结束总会导致这样的退回，从而触发上下文的切换。

[②] 这里发生的是一个隐式的 p2 = p.then(onFulfilled, onRejected) 调用，引擎会确保对象 p/p2 最终都不会因为 reject 值或 throw 语句而成为未处理的。

[③] 在 ECMAScript 中，这个 p2 是作为 *throwawayCapability* 传入 then 链的，但它并没有发生什么异常的机会，所以它创建后 [[PromiseIsHandled]] 内部槽就被置为 true 了。这只在 ES2017 和 ES2018 中规范过，在更高版本的 ECMAScript 中则直接省去了这个 p2 的创建，让 then 链在这种情况下直接抛弃了返回值。

25.3 async/await 以及 yield 等特殊的名字

异步函数的设计面临一个巨大的历史遗留问题：async/await 在早期 ECMAScript 规范中并不是保留字①。这导致新规范在兼容旧代码时变得相当困难，因为无法确保旧代码中是否会使用 async/await 来命名一个变量名、函数名或者标签。

为此，ECMAScript 规范制定者开创性地引入了一些规则，例如 async 将不作为保留字。由此带来的编程体验将非常丰富而多变。举例来说，可以在任何时候使用 async 作为名字，它只是作为函数关键字 function 的前缀或者箭头函数的语法前缀时，才会有语法意义（甚至可以将异步函数的和 async 看成语法关键字）。例如：

```
// 名为 async 的异步方法
let obj = {
  async async() {
    ...
  }
}

// 声明变量 async，并且赋初值为一个异步箭头函数
let async = async() => {
  ...
})
```

当然，用户代码中并没有理由非要使用 async 作为名字。在大多数情况下，这样做只会带来混淆与困扰，在多数团队中这样的代码最多"苟活"到代码评审阶段，并被无差别地否决掉。不过"兼容旧代码"确实给了 ECMAScript 规范制定者相对充分的理由留下这样的特性，在这一点上，await 比 async 更突出一些：await 是上下文相关的关键字。例如：

```
// 这是合法的
function f(await) {
  console.log(await);
}

// 在异步函数中将是不合法的
async function f(await) {
  ...
}
```

随着 yield 的加入，这个问题处理起来更复杂了。例如，在异步函数中可以使用 yield 作为变量名，或者反过来在生成器函数中使用 await 作为名字，又或者在异步生成器函数中它们都是表达式运算符（关键字）。例如：

```
// 单独使用 yield 时将生成值 undefined
function* f() {
  yield;
}
console.log(f().next().value); // undefined

// 在异步函数中 yield 可以用作变量名
let yield = 100;
```

---

① 面临相同问题的还有 yield、static 和 let。在新规范中，这些被补充征召的关键字（或标识符）采用了与 async 和 await 类似的思想来处理冲突，这些冲突一部分是与历史遗留问题相关的，另一部分则是要考虑未来兼容（例如 enum 关键字）。

```
async function f() {
  return await yield;
}
f().then(console.log);  // 100

// 在异步生成器函数中 yield 也是运算符
async function* f() {
  return await (yield);  // 强制 yield 先运算，并生成 undefined
}
f().next().then(console.log);  // {value: undefined, done: false}

// 也可以使用 yield 生成一个 await 值
async function* f() {
  return yield await 100;
}
f().next().then(console.log);  // {value: 100, done: false}
```

因为运算符的优先级，上例中的 await yield 必须使用一对括号将 yield 强制先做表达式运算。yield 的返回值将是 next() 的传入值，而 await yield ...本质就是在等待这个传入值。例如：

```
async function* f() {
  let x = await (yield 100);
  console.log('await resolved:', x);
  return x + 10; // 将 x+1 作为 tor.value 返回并结束生成器
}

// 第 1 次调用，生成值 100，并且忽略掉 f() 的入参
let tor = f();
tor.next("ignored").then(console.log); // {value: 100, done: false}

// 输出 "await resolved: 1000"。注意，返回值中的 done 为 true 值
tor.next(1000).then(console.log); // {value: 1010, done: true}
```

相对来说，反过来使用 yield await ...就要简单些，接下来讲述这种情况。对异步生成器来说，生成器当然是主要特性，因此为了使其中的 yield 与 await 能配合起来，ECMAScript 约定所有在异步生成器函数中使用的 yield 都伴随一个隐式的 await。也就是说，如下示例中的 3 个 f() 效果完全相同：

```
async function* f() {
  yield x;
}

async function* f() {
  yield await x;
}

async function* f() {
  yield await Promise.resolve(x);
}
```

所有这些都发生在特定类型的函数里，它不会影响这个函数（的上下文）之外的名字、标识符或关键字规范。所以，某些情况下需要甄别上下文的类型。例如：

```
// 下例将触发错误并显示: Uncaught SyntaxError: Illegal await...
async function f(x = await 100) {
  console.log(x);
}
```

这是因为函数参数的实例化过程并不运行在函数体内，因此它并不能使用 await。但是它也不在外层的（其他函数的）作用域内，因此即使嵌套在另一个异步函数中，也是不行的：

```
async function f() {
  // 与上例相同的错误: Uncaught SyntaxError: Illegal await...
  let foo = async(x = await 100) => {
    console.log(x);
  }
  // ...
}
```

25.4　小结

　　与 yield 一样，await 被设计为一个影响执行流程的运算符。除此之外，其他影响执行流程的都是语句，例如 return 或 break。显然，所有影响执行流程的行为本质上都是操作执行栈，即它们都是执行上下文的调度过程的具体表现。

　　同样的原因，所谓的“生成器上下文”（Generator Context）也是存在的，它是由生成器函数持有的(是函数对象的一个内部槽)。在异步函数中类似的机制就是“异步上下文”(Async Context)，二者的不同在于异步上下文总是当前执行上下文（即第一次执行异步函数时的函数环境）的一个副本。

　　await p 的返回值仍然是通过在 p 的 then 链上添加响应函数的方式来捕获的，也因此隐式地存在一个 then() 方法返回的 p2。在所有版本的 ECMAScript 规范中，这个 p2 都被抛弃了。

## 第 26 章

并发与多线程

> Atomics.wait(x)

如果不得不使用并发来解决问题，这真的就是一个悲剧。

规范索引

规范类型

- #sec-data-blocks：数据块（Data Block）规范类型，是共享数组缓冲区以及内存模型的基础数据类型。

概念或一般主题

- #sec-agents：代理，是线程的托管对象。
- #sec-agent-clusters：代理簇，一组可通过共享内存通信的线程。
- #surrounding-agent：外围代理，相对于执行线程，其外围就是托管它的代理。
- #executing-thread：执行线程。
- #sec-forward-progress：推进，指执行线程从锁住转到解锁（并在之后恢复执行）的代理行为。
- #sec-memory-model：内存模型，包括与事件同步有关的基础机制，主要为在多线程间实现共享数组缓冲区访问而提出结构与实现。

实现

- #sec-agentsignifier：AgentSignifier()抽象操作，返回线程的通知信号（用于唤醒）。
- #sec-atomics-object：Atomics 对象，包括 Atomics.wait()、Atomics.notify()等方法的实现。
- #sec-sharedarraybuffer-objects：共享数组缓冲区（SharedArrayBuffer）对象。

- #sec-dataview-objects：数据视图（DataView）对象。

其他参考

- 《JavaScript 语言精髓与编程实践（第 3 版）》的 7.4 节 "JavaScript 中对并发的支持"。
- 在 MDN 中对关键词 "Worker（Web Workers API）" 的讲解。

26.1 ECMAScript 中的线程并发模型

在 JavaScript 中，并行出现得比并发要早，例如早期的 `setTimeout()` 和 `setInterval()` 在一定程度上可以理解为并行特性。早期 JavaScript 没有在解决并发问题的方向上做任何尝试，主要是因为其环境是单线程的，并不是典型意义上的并发环境。

ES2017（ES8）开始引入了 "多线程环境" 作为它阐述并发的叙述背景。这与 async 和 await 这些并行语言特性被加入规范的时间是一样的，不过二者并没有任何的实际联系：并发与并行在 ECMAScript 中代表着对 "时序" 这一问题的两种完全不同的理解与发展方向。

26.1.1 多线程并发执行环境

在 ECMAScript 规范中描述的多线程并发执行环境，与现实中并不一样。

首先，ECMAScript 规范中并没直接使用 "多线程" 的有关概念，而是直接用**代理**（agent）来替代了**执行线程**（executing thread），并包含一组用于指代引擎环境的信息：执行上下文栈、执行上下文和任务队列[①]。但是，代理所称的 "执行线程" 并不完全对应于操作系统中的**线程**（thread），因为多个代理是可以共享同一个执行线程的。将它们的执行线程指向同一个即可。但即便如此，这些代理之间也完全是相互独立的，除可以被同样地执行线程调度之外[②]，并不共享任何资源。

无论是否使用相同的执行线程，一组代理总是可以组成一个**代理簇**（agent cluster）并且在任何时候，同一个代理簇中的代理只有一个能向共享存储中写入信息，其他代理在此时都应该是被阻塞的。代理被执行线程激活时即意味着它被执行，这在一个代理簇中被称为**推进**（forward progress）。这会使得代理簇中所有的未锁代理都处于执行中[③]。需要强调的是，一次 "推进" 的实际执行周期是不确定的，因为这决于执行线程在操作系统层面的调度机制。总的来说，**在概念上，代理是线程的抽象，而代理簇是集群中所有工作线程的抽象。**

回到现实中那些 "实现了 ECMAScript 规范约定的多线程环境的" 引擎中，真正按这些抽象概念来逐层级实现的并不多。典型的如 Node.js 的多线程，实际上是一个模块（或库），可以像下面这样加载它：

```
const { Worker } = require('worker_threads');
```

这样会得到一个工作线程类（Worker），这就是操作系统的线程了。

---

① 这些正是 ECMAScript 执行机制所需的全部组件，并且在之前的章节中都逐一讨论过了。不同的是，在先前那些内容中有且仅有一个执行上下文栈。这意味着那些讨论的背景总是在单个代理（也就是单个执行线程）中的。反过来，（线程的）执行上下文栈可以将其外部环境理解为外围代理（surrounding agent），这样就可以通过外部环境来让渡它的执行权限给代理簇中的其他代理。

② 这意味着，这样的代理的内部槽[[CanBlock]]应置为 true，表明工作线程可以锁住它以便在多个代理之间调度。

③ 若是有指向相同的执行线程的代理，则应由执行线程的调度算法来决定激活哪一个。

26.1.2 资源争用：并发执行的核心冲突

让系统处在多线程环境中，甚至包括与之等价的多任务环境中，都不是并发执行的关键问题。这样的环境本身并不会给编写程序带来什么困扰，但是，一旦在这样的环境中出现多线程共享的某种资源，资源的争用就立即演变成并发执行中的核心冲突。

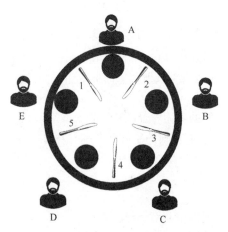

图 26-1 哲学家就餐问题的示意图

迪杰斯特拉（Dijkstra）提出的"哲学家就餐问题"（Dining Philosophers）是经典的描述资源争用的模型：有 5 位哲学家围坐在圆桌上，每个人面前都有食物，有 5 把餐刀间隔摆在哲学家的左边（如图 26-1 所示），并且当哲学家饥饿时：

- 只有他拿到左右最靠近的两把餐刀才能进餐；
- 进餐完毕后哲学家会放下餐刀继续思考。

在这个问题模型中，餐刀是哲学家之间竞争的资源[①]：任何一位哲学家有邻近者就餐时，他就会因为拿不到某一侧的餐刀而无法进餐；而当他开始进餐时，他左右的哲学家都无法同时进餐。

迄今为止，解决资源争用问题的思路可以概括为以下 3 种。

- **引入仲裁者**。这种思路要求加入一个仲裁者来处理各个资源请求，通常将模型解释为"调度/协调"。这一方案要求仲裁者了解和分配全部的资源，而所有的请求者都能与仲裁者平等通信，这也意味着仲裁者既是性能瓶颈，又是单点风险。
- **持锁访问**。请求者在使用资源时加锁，其他请求者在资源被锁时不得使用（并通常进入等待状态）[②]。这一方案要求资源的"锁状态"在所有请求者之间必须是共享和互斥访问的，在不同的算法下可能导致死锁、饥饿或者闲置。
- **协商机制**。请求者与它的争用者之间预先订立资源的使用协议，并严格按照协议有序使用和释放资源。这一方案要求请求者之间要有成组通信的能力，另外（在开放系统中）可能会存在欺诈者不遵循协议的"吸血"问题。

接下来就以哲学家就餐问题为例，讲解在 JavaScript 中如何实现这 3 种经典求解方案。

26.2　工作线程及其调度

ECMAScript 中并不约定工作线程的任何细节，因此按规范实现的 JavaScript 引擎也并没有多线程支持。例如，Node.js 中的多线程模块（`worker_threads`），以及浏览器中的 Web Workers，都是由宿主提供的。

---

① 餐刀的使用通常会被复杂化：哲学家不可能在同一时刻"拿起/放下"两把餐刀。"拿起餐刀"是两个（非原子的）行为，将使他左右相邻的哲学家的等待状态会发生不一致，而这更符合一般系统的实际状况。

② 这本质上是将"资源共享"映射成"状态共享"，以适用系统级别的可用于状态的锁机制来解决问题。

　　如果让每个**工作线程**（worker）代表一位哲学家，那么哲学家"拿取餐刀/进餐"就变成了**请求**（require）某种资源的行为。如前所说，解决资源争用问题的方法之一就是引入一个仲裁者，下面称其为**主线程**（main）[①]。

　　主线程可以简单地将所有哲学家（工作线程）的请求排队，然后根据当前餐桌的状态来决定响应哪些哲学家的请求。显然，由于这里有了全知的主线程，因此哲学家的请求可以是"进餐"这样较大粒度的行为（而不必总是分解为"拿取两把餐刀"）。进一步地，全知的主线程还可以在"积极或消极地响应某些请求"这样的问题上动态地决策。例如，如果一位哲学家进餐太多次，就稍稍延迟一下响应他的请求；又如，如果一位哲学家的请求还未被满足时又进入了思考状态，则他的进餐请求可以废弃。

　　总之，主线程/工作线程模型可以做非常多的精细处理。因此，现今几乎所有操作系统分配和管理底层资源的核心逻辑都采用这种方式，这是线程优先级、进程优先级、执行队列等概念的发端。当然，多数情况下使用者只会接触到"任务管理器"这样的应用界面。

　　依赖多线程模块，在特定的 JavaScript 环境中实现这个模型并不需要 ECMAScript 规范语言层面的一些特性的支持[②]。在多数情况下，只要主线程可以与工作线程通信，就可以完成主线程对工作线程的控制。例如，下面是一个工作线程的简单设计（每个工作线程对应一位哲学家）：

```
const { parentPort, workerData: {name, seq} } = require('worker_threads');

class Philosopher {
  pick() { /* 拿取两侧的餐刀，该方法总能成功完成 */ }

  drop() { /* 放下两侧的餐刀，该方法总能成功完成 */ }

  doThatAndThen(action, f) {
    console.log(` - ${name} ${action}`);
    setTimeout(f, 3000); // 或者使用随机值
  }

  eat() {
    this.pick();
    this.doThatAndThen('eating...', ()=> { // 最后的调用
      this.drop();
      parentPort.postMessage('FINE'); // NOTIFY_FINE
      this.think();
    });
  }

  think() { // 这里的 think()方法是始终安全的
    this.doThatAndThen('thinking...', () => {
      parentPort.postMessage('REQUIRE'); // NOTIFY_REQUIRE
    });
  }
}

// 创建实例（如果需要的话，可以设计一些可选项）
const philosopher = new Philosopher(name);
```

[①] 在系统设计上，主线程既可以是工作线程之一，也可以是独立线程，这些形式的系统模型都是有的，例如 Nginx 就是采用"主线程+工作线程"模型的典型应用。

[②] 这并不全对，后面会再次阐述这个模型对锁机制的依赖。

```
parentPort.on('message', message => {
  switch (message) {
    case 'accept':
      philosopher.eat(); break;
    case 'reject':
      philosopher.think(); break;
    default:
      console.log('WAF?!');
  }
});

// 启动一次
philosopher.think();
// 系统日志
console.log(`[START] ${name} ready at ${seq}`);
```

接下来创建一个主线程，让它把每位哲学家对应的工作线程加载起来：

```
const { Worker } = require('worker_threads');

let philosophers = ['Aristotle', 'Kant', 'Spinoza', 'Marx', 'Russell'];
const resources = Array(philosophers.length).fill(0);
const RIGHT_HANDLE = i => (i + 1) % resources.length;

process.on('REQUIRE', function(worker, i) {
  let ref = RIGHT_HANDLE(i);
  if ((resources[i] == 0) && (resources[ref] == 0)) {  // 状态 0
    resources[i] == 1; // 状态 1
    resources[ref] == 2; // 状态 2
    worker.postMessage('accept');
    console.log(`[ENTER] ${philosophers[i]} to eat mode`);
  }
  else {
    worker.postMessage('reject');
  }
});

process.on('FINE', function(worker, i) {
  let ref = RIGHT_HANDLE(i);
  // assert(resources[ref] == 2, "Resource manger crash.");
  resources[i] = resources[ref] = 0;
  console.log(`[LEAVE] ${philosophers[i]} to think mode`);
});

// 主线程
let workers = philosophers.map((name, seq) => {
  let worker = new Worker('./worker.js', {
    workerData: {name, seq} // 在主线程和工作线程之间交换数据
  });
  worker.on('message', message => process.emit(message, worker, seq));
});
```

测试运行效果如下：

```
> node main.js
[ENTER] Aristotle to eat mode
[START] Aristotle ready at 0
 - Aristotle eating...
[ENTER] Kant to eat mode
...
```

26.2.1　通知与数据交换

在上述实现方案中，主线程是唯一知道哪些资源可以归谁合法使用的，因为所有的哲学家只有向主线程发起请求（REQUIRE），并在得到 accept 之后才能进入进餐模式，任何其他进入进餐模式的方式都是不合法的。

一旦哲学家的请求获得 accept，它就总是可以拿起两侧的全部餐刀，工作线程完全不需要考虑资源的合法性——因为主线程应该已经检测过这些资源并使之就绪了。但是，它必须在结束过程中进行一次安全的调用，确保这些资源被释放①，并向主线程返回消息通知（FINE）。

主线程利用 REQUIRE 和 FINE 这组成对消息来维护每位哲学家的状态。考虑到这个算法的特点，这个状态也同时反映了他们资源占用的方式：

- 进餐时，他总是拿取自己的餐刀（状态 1）和右侧下一位哲学家的餐刀（状态 2）；
- 进餐结束后总是放下两把餐刀（状态 0），并进入思考。

主线程根据餐刀的状态可以决定是接受（accept）还是拒绝（reject）哲学家的请求，并通过消息通知将决定发回给哲学家。如果哲学家的请求被拒绝，那么它需要调用 this.think()回到思考状态，直到下一次发出请求。

26.2.2　游离状态与调度模型

工作线程发出的请求并不总是能被满足。从它发出请求到主线程返回响应的这段时间足够发生很多事情，例如主线程可以稍微挂起这个请求一点点时间，直到它需要的资源被释放或超时。通常来说这是可行的策略，毕竟通信的代价，以及工作线程切换模式的代价，可能会大于这一点点时间的付出。但是，这就意味着，哲学家这时的状态很"游离"：他已经停止了"思考"，但还没有被授权"进餐"。②

主线程裁决哲学家"是否可以占用资源"的具体方式，称为调度模型。这个模型可以有很多的算法、很复杂的逻辑和很多层次的优先级与权值设定。主线程在调度线程的同时，也决定了每个工作线程（即哲学家）处于游离状态的时间长短。这实际影响的是系统的业务处理能力和用户感受，例如吞吐率、性能和终端等待的时长等。所以，调度系统对一个系统的稳定性和可用性来说，往往非常重要。

26.2.3　现实环境

现实环境通常更加复杂。例如，如果工作线程的请求不是"用餐"而是"拿起左边餐刀"和"拿起右边餐刀"，并且这两个请求③并不总是同时发生的，那么这个模型将立即出现如下的许多局限性和效率问题。

- 相邻两个工作线程发起请求时，4 个请求是交错到达队列的，在所有 4 个请求没有全部到达时，如何决策"接受/拒绝"工作线程的请求？

---

① 在现实中这往往是难以实现的，例如线程异常导致意外退出，从而使它占用的资源无法释放。因此，在现实系统中，主线程往往也会负责这些资源的状态检测和回收。

② 在哲学家就餐问题的经典算法中，上述模型也被称为"待应生算法"。

③ 这里的"两个请求"映射的是"一个行为的多个依赖条件"是否同时满足的情况，例如事务的原子性就是这类问题。

- 考虑到某个工作线程的请求还在队列中等待时，该工作线程又进入了思考状态（不再进餐），在新的请求部分或全部进入队列时，如何处理？
- 当某个工作线程的请求未能全部到达队列，且第二个甚至后续的请求将永远不能到达时，如何设计应对"非完整请求"的处理机制？
- 当工作线程足够多的情况下，队列长度以及队列中的超时机制如何设计？
- 如果需要队列中的多个请求才能决策单个工作线程的行为，那么每个请求都存在"扫描整个队列"的潜在需求，如何避免这种性能灾难？
- 某个工作线程的请求是顺序到达的吗？如果请求到达的顺序翻转了呢？
- 所有工作线程与主线程的时钟是严格校准的吗？如果是，如何实现校准？如果不是，以哪一端的时间为准？

当然，关键是主线程的有效性。这是整个系统的瓶颈，当这个线程故障时所有的请求都被阻止，系统锁死且无法恢复。因此通常会考虑这个节点的负载均衡、主备冗余、灾难恢复等，但无论如何，单点设计都会带来潜在崩溃和数据冗余，以及在主备同步上的大量性能损失。[①]

26.3 持锁访问

从系统中去除这个单点显然是当务之急。考虑到某位哲学家在现实中只会影响他的左右两侧，因此让他们的行为进入全系统的（主线程的）队列，成为系统全局的负载，是不划算的。

典型的方案是在这些有关联的哲学家间结对为"对等者"（peers），对等者之间会存在相互影响的逻辑，而与系统中其他参与者无关。显然，这一方案与之前的仲裁者方案有一个关键的不同点：**仲裁者要求调度的粒度大一些，这样调度逻辑会比较简单，通过降低复杂度来提升稳定性；结对时管理的粒度要小一些，这样就可以通过减少对等者对全局范围的影响，降低对系统全局的性能耗损。**

放在哲学家就餐问题中，就是将"就餐"问题（一个行为）转换成"拿起左边餐刀"或者"拿起右边餐刀"（两个行为）的问题。任何哲学家的一个拿起餐刀的行为只会对某一侧的单位哲学家产生影响。

如果让每组（有相互影响的）行为都使用一个锁来管理，那么锁的数量就等于（有互斥访问请求的）资源的数量。换言之，这里是用"管理锁的逻辑"替代了"哲学家的逻辑（或称为业务的逻辑）"。锁的逻辑是一组抽象的、通用的、可以纯算法表述的逻辑。这些逻辑在现在通常被称为"互斥访问逻辑"或者"基于锁的并发访问逻辑"。

但仍然有两样东西貌似是需要单点来处理的：一是分组，例如对工作线程或持锁行为结对；二是对各分组中的共享数据的管理，例如对锁本身的管理。同样是在哲学家就餐问题中，可以通过如下代码来展示这些问题[②]。首先，仍然是工作线程：

```
const { parentPort, workerData: {name, sab} } = require('worker_threads');
const Locker = require('./Locker.js');
```

---

① 即使不是单节点多请求的，也需要考虑队列的长度和完整扫描的性能代价，并在减少队列锁的前提下设计系统优先方案。

② 注意，下面的代码是可运行的，但存在问题，接下来会逐渐讨论并完善它。

```
const EAT = 'eating...', THINK = 'thinking...';
const LEFT = 0, RIGHT = 1;
const locker = new Locker(sab);
class Philosopher {
  pick() {
    if (locker.lock(LEFT) && locker.lock(RIGHT)) {
      // 取用资源
    }
  }

  drop() {
    try {
      locker.unlock(LEFT);
      locker.unlock(RIGHT);
      // 释放资源（例如可能占用的句柄）
    }
    catch {};
  }

  doThatAndThen(action, f) {
    console.log(` - ${name} ${action}`);
    setTimeout(f, 3000); // Or randomize
  }

  eat() {
    this.pick();
    this.doThatAndThen(actions.EAT, ()=> {
      this.drop();
      this.think();
    });
  }

  think() {
    this.doThatAndThen(actions.THINK, () => {
      this.eat();
    });
  }
}

// 创建实例
const philosopher = new Philosopher(name);

// 启动一次
philosopher.think();
// 系统日志
console.log(`[START] ${name} ready.`);
```

注意，在工作线程中，哲学家的行为不再依赖于任何来自或发向主线程的消息通信。哲学家总是自主地在思考模式和进餐模式间切换，当它需要调用 pick() 来占用资源时，它会先用一个基于共享数组缓冲区（SharedArrayBuffer）的锁分别锁住（lock）左边和右边的资源，以表明自己将排他性地占用它们，然后进餐。

主线程会管理这些哲学家之间的关系（例如座次），并给它们分配用于持锁访问的共享数组缓冲区（sab）。主线程代码如下：

```
const { Worker } = require('worker_threads');
```

```
let philosophers = ['Aristotle', 'Kant', 'Spinoza', 'Marx', 'Russell'];

// 主线程
var sab = new SharedArrayBuffer(Int32Array.BYTES_PER_ELEMENT * philosophers.length);
let workers = philosophers.map((name, seq) => {
  // 锁/资源分派
  let data;
  if (seq == philosophers.length-1) {
    data = [ // schema-1
      new Int32Array(sab, seq*Int32Array.BYTES_PER_ELEMENT, 1),
      new Int32Array(sab, 0, Int32Array.BYTES_PER_ELEMENT, 1)
    ];
  }
  else { // schema-2
    data = new Int32Array(sab, seq*Int32Array.BYTES_PER_ELEMENT, 2);
  }

  // 启动工作线程
  let worker = new Worker('./worker.js', {
    workerData: {name, sab: data} // swap data
  });

  // 仅转发 (是一种可选的处理机制, 用于建立工作线程自有的通道)
  worker.on('message', message => process.emit(message, worker));
});
```

注意, 代码中的 sab 是一个全长 5×4 字节的共享数组缓冲区[1], 但每位哲学家 (工作线程) 只分配其中的两个位置 (2×4 字节), 作为他持锁访问的共享数据块。

最后, 在工作线程中还将使用到一个 Locker 类[2]。下面是这个类的实现代码, 也是后续主要讨论的内容:

```
const STATE_UNLOCKED = Number(false);
const STATE_LOCKED = Number(true);

class Locker {
  constructor(sab) {
    this.location = ArrayBuffer.isView(sab) ? x => [sab, x] : x => [sab[x], 0];
  }

  lock(index) {
    let [sab, i] = this.location(index);
    // 如果是'not-equal', 则不加锁并立即返回
    while (Atomics.wait(sab, i, STATE_LOCKED)) {
      let old = Atomics.compareExchange(sab, i, STATE_UNLOCKED, STATE_LOCKED);
      if (old == STATE_UNLOCKED) return true; // 加锁: 从未加锁状态切换为加锁状态
    }
  }

  unlock(index) {
    let [sab, i] = this.location(index);
    // (或者) Atomics.store(sab, i, STATE_UNLOCKED);
    if (Atomics.compareExchange(sab, i, STATE_LOCKED, STATE_UNLOCKED) !== STATE_LOCKED) {
      throw new Error ("Try unlock twice");
    }
```

---

[1] 这里使用的是 Int32Array 的字节长度。在较新版本的规范中, 这里也支持 64 位值, 因此长度计算也可以不同。不过这样一来, 对应 sab 创建的数据视图的类型 (DataView) 也需要改变, 例如 BigInt64Array。

[2] 这个类是来自《JavaScript 语言精髓与编程实践 (第 3 章)》的 7.4.3.1 节 "锁" 中的一个简单修改版。本书后续还会对这个类再做一些修补与增强。

```
    Atomics.notify(sab, i, 1); // 唤醒一次
  }
}

module.exports = Locker;
```

26.3.1 Atomics.wait()的细节

ECMAScript 所规范的引擎中是通过**共享内存**（shared memory）来支持所谓的线程并发模型的。共享内存被用来在多个线程中交换数据，或者实现持锁访问。这二者略有不同，前者被视为用户行为，后者则是一种（内置的）引擎机制。

换言之，用户代码和引擎都将使用共享内存，甚至在某些情况下它们使用的还是同一块共享内存[1]。前面示例中的 Locker 类可以同时应付这两种共享数据使用的模式，new Locker(sab) 接受的输入有以下两种。

- 可以传入一个每个元素都是一个数据视图对象的一般数组。这个数组用于管理一组 "SharedArrayBuffer 的视图"，在 locker.lock(index) 中使用的就是该数组的下标，而锁是每个视图的第 0 个位置（其他位置可用来交换数据），例如主线程中的 schema-1。
- 可以传入单个数据视图，它关联的 "SharedArrayBuffer 的每个成员"都是一个锁，因此 locker.lock(index) 中使用的就是锁的下标，例如主线程中的 schema-2。

这在一定程度上也说明了 ECMAScript 所规范的引擎是单机的（可以是跨进程或线程的），而不是直接支持物理集群的。例如，在一个 Node.js 集群中，使用集群组织与管理起来的一组节点间是不存在共享内存这样的机制的，用户必须规划一个或一组类似于目录服务（注册服务或数据中心等）的节点，用来替代共享内存，起到与锁机制或交换数据等相似的作用。但就整体而言，其处理并发的模型和逻辑与此处所论并无二致。

示例中的 Locker 类是用 Atomics.wait() 实现的，这是 ECMAScript 中的多线程和并发机制的核心 API。仅对 Atomics.wait() 来说，ECMAScript 主要是约定了共享内存在引擎层面的使用方式，包括[2]：

- 如何维护一个等待列表；
- 如何理解和使用共享内存中的状态数据；
- 如何处理等待列表中的超时。

这 3 个方面的问题构成了一个处理锁的全部逻辑，一如这个 API 的调用界面所示：

```
Atomics.wait(typedArray, index, value[, timeout])
```

ECMAScript 规范要求这里必须使用一个数据视图（DataView）——准确地说是它的子类

---

[1] 通常情况下会将"锁分配"和"用户分配"的共享内存分开，以降低内存管理的复杂度。即使如此，"锁分配"的共享内存仍然是用户可访问的，并且"锁的状态"也是用户逻辑需要的一种数据/信息，所以这往往会让人混淆。

[2] 和其他规范有些许不同，在 ECMAScript 规范中有关 Atomics.*xxx* 的实现，只规定了"如何做"，而不是"如何做到"。这些"如何做"的具体步骤只是逻辑的、抽象层次较高的叙述，而具体到操作系统或引擎中可以代码实现的部分是完全没有的。这与它描述并发模型的背景有关：那些线程和线程处理的逻辑都是抽象的，而非特定应用于某种系统环境。

TypedArray。因为视图总是关联到缓冲区①，所以 wait() 方法内部还会将 index 转换成基于源缓冲区（也就是 sab）的字节偏移（该缓冲区的位置）。接下来，wait() 方法会使用"缓冲区+位置"参数对(*buffer*, *position*)来找到对应的等待列表对象（*WL*），这个等待列表对象用于在系统内部实现引擎层面的"锁"。显然，"缓冲区+位置"代表一个锁，对应于一个等待列表，因而一个 sab 可以包含锁的最大数量就等于它的长度，并且也可以有相同个数的等待列表。

在"缓冲区+位置"所指示的 sab 位置上第一次发生等待时，引擎会负责创建对应的等待列表。引擎会根据位置上的当前值 *w* 来决定是否让当前线程加入等待列表 *WL*（即进入 waiting 状态）：

- 如果当前值 *w* 与线程试图等待的值 *Value* 相同，就挂起线程进入等待状态（直到它将来被通知唤醒）；
- 如果当前值 *w* 与线程试图等待的值 *Value* 不同，就直接向 Atomics.wait() 返回调用结果值"not-equal"。

所以，Atomics.wait() 并不一定挂起当前线程，它有可能立即返回字符串。

一旦当前线程被挂起等待，它就需要被唤醒。这个唤醒行为是由引擎负责的，准确地说，这就是 ECMAScript 使用代理（agent）管理工作线程的原因。代理使用[[Signifier]]内部槽存放一个与该工作线程唯一绑定的标识，Atomics.wait() 方法总是使用这个标识来调用 SuspendAgent() 内部过程以挂起线程；反过来，当这个线程被其他线程（例如主线程或引擎自己）唤醒时，也需要持有这个标识来触发唤醒。

在 Atomics.wait() 中，这个"挂起等待→唤醒"的过程比较佶屈聱牙，主要原因是，一旦调用 SuspendAgent() 挂起时，当前线程就立即失去了控制（所以它需要先离开基于等待列表 *WL* 创建的临界区）。于是，这个线程需要干预者（其他线程或引擎的超时机制）持有上述[[Signifier]]中的标识来唤醒②，然后再次进入临界区，并切换回 SuspendAgent() 原来的执行流程，返回字符串"ok"以表明发生了通知并置内部状态为 notified，或者返回字符串"timed-out"。

所以 Atomics.wait() 一共会返回 3 种结果字符串：

- "not-equal"——指定位置的值 *w* 不等于需要等待的值 *Value*，无须等待并立即返回；
- "ok"——指定位置的值 *w* 是要等待的值 *Value*，线程经历了挂起并在被通知后返回；
- "timed-out"——与上面一样经历了挂起，但是是因为超时而返回的。

并且：

- 一个参数对(*buffer*, *position*)指示的位置可以有一个等待列表 *WL*，该列表会在通知发生时根据自己的策略决定唤醒所登记线程的数量和方式；
- 一个线程不可能发生多个等待，因为它不会有多个挂起点。

26.3.2 lock()方法的使用以及它存在的问题

在 Locker 类中，lock() 方法用一个循环来检测 Atomics.wait() 的状态。如 26.3.1 节所

---

① 视图可以关联到数组缓冲区或者共享数组缓冲区，这两种缓冲区的[[ArrayBufferData]]内部槽会指向不同类型的数据，前者称为数据块（DataBlock），后者称为共享数据块（SharedDataBlock），都是规范类型。这意味着这些数据是被规范约定，且是被规范的内部过程识别和处理的。例如，Atomics.wait(obj) 将首先调用内部过程 IsSharedArrayBuffer() 来判断 obj.[[ArrayBufferData]]，如果不是 SharedDataBlock 则抛出异常。

② ECMAScript 之后，唤醒（wake）被改称为通知（notify）。这可能是因为其他线程并没有能力唤醒某个等待中的线程，而只是通知了等待列表"在指定位置上发生了变化"。真正的唤醒行为是由引擎负责的。

述，`Atomics.wait()` 方法会返回 3 个字符串之一，所以 `lock()` 中会有一个死循环，如下：

```
while (Atomics.wait(sab, i, STATE_LOCKED)) {
  let old = Atomics.compareExchange(sab, i, STATE_UNLOCKED, STATE_LOCKED);
  if (old == STATE_UNLOCKED) return true; // 加锁：从未加锁状态切换为加锁状态
}
```

在这里，检测 `Atomics.wait()` 返回值有什么意义呢？3 个字符串都是 `true`，所以永远不会通过退出循环返回外层（并返回 `undefined`）。它唯一的出口就是 `return true`。使这段奇异代码可用的原因是：这里的锁只有两个状态（`STATE_UNLOCKED` 和 `STATE_LOCKED`）。因此，

- 要么 `lock()` 返回"not-equal"并进入循环体，这时状态值是 `STATE_UNLOCKED`；
- 要么因为 `lock()` 发现 `STATE_LOCKED` 状态而挂起线程并随后（在状态切换时）被唤醒，这时的状态也正好切换成了 `STATE_UNLOCKED`。

然后，循环体中的 `compareExchange()` 调用就正好用于将这个 `STATE_UNLOCKED` 状态交换为 `STATE_LOCKED`，这表明当前线程成功获得锁。因此，这个算法在特定需求下是可行的（只支持双状态锁/开关锁），对之前的示例来说也"刚好够用"：要么无限等待，要么就返回 `true` 并成功持锁。

但现实环境中还会用到超时值。一方面，`wait()` 如果无休止地执行下去的话，当前线程也就失去了处理其他事件的能力。例如，通常情况下（或者说现实中），如果哲学家等不到可用的餐刀，那么他最可能选择的是再次思考，而不是等到死。另一方面，当调用 `pick()` 去拿取餐刀时，总是顺序判断左、右两个锁也是不合理的。例如：

```
pick() {
  // 这里存在问题，一是可能软死锁，二是顺序等待效率过低（注意使用 Atomics.wait() 的其他参数）
  if (locker.lock(LEFT) && locker.lock(RIGHT)) {
    // 取用资源
  }
}
```

对正常人来说"拿不到左边的，就先拿右边的"可能才是正常行为。所以，应当为 `lock()` 方法添加等待超时检查的功能，并返回 `false`。例如：

```
lock(index) {
  let [sab, i] = this.location(index);
  switch (Atomics.wait(sab, i, STATE_LOCKED, 1000)) { // 超时 1 秒
    case 'not-equal':
    case 'ok':
      let old = Atomics.compareExchange(sab, i, STATE_UNLOCKED, STATE_LOCKED);
      return old == STATE_UNLOCKED;
  }
  // ASSERT: is 'timed-out', or unknow/undocument, etc.
  return false;
}
```

这样，当 `lock()` 返回 `false` 时，是否需要再次尝试锁，或者何时尝试，都将是用户代码负责了。也就是说，原本在 `lock()` 中用于重复检测的循环被移出来交由用户决策，因此 `pick()` 方法也就可以实现如下：

```
pick() {
  let resources = [LEFT, RIGHT];
  while (resources.length > 0) {
    resources = resources.filter(x => ! locker.lock(x));
  }
```

```
  // 已锁住所有资源
}
```

这个实现中使用了 `resource[]` 列表来保存所有未锁住的资源，直到列表清空。这是抢占式的，只要有机会就先占用资源，直到获得全部资源。

26.3.3 资源规划、竞争与死锁

即便如此，也避免不了并发编程中的死锁。在哲学家就餐问题模型中，由于"拿起餐刀"的行为分别由左、右两个锁来管理，这就必然会导致系统在一段时间之后出现一种资源竞争的终态：**所有哲学家"都成功地拿到了左边餐刀，并同时都在等待右边餐刀"，于是大家都处于饥饿状态，都在等右边解锁。**

要知道，与并发访问相关的算法至少有一半的精力用于"避免死锁"[①]。在哲学家就餐问题中，解决死锁问题的两种经典算法都需要设定对资源的有序访问（有序地锁住资源，而不是抢占式地占用资源[②]）。但是，之前的算法并不能确保有序，例如：

```
pick() {
  if (locker.lock(LEFT) && locker.lock(RIGHT)) {
    // 取用资源
  }
}
```

在不使用超时值的情况下，这个条件表达式看起来是有序地锁住左、右两个资源：`lock(LEFT)` 要么是成功锁住了，要么是挂起线程（处在等待锁的过程中）。在不使用超时机制时，抢占式的竞争也"应该是"相同的效果。但是事与愿违，一个非常不起眼但又极其致命的问题隐藏在下面这段代码中：

```
lock(index) {
...
  switch (Atomics.wait(sab, i, STATE_LOCKED, 1000)) { // 超时 1s
    case 'not-equal':
    case 'ok':
      let old = Atomics.compareExchange(sab, i, STATE_UNLOCKED, STATE_LOCKED);
      return old == STATE_UNLOCKED;
...
```

在多线程环境下，在 `Atomics.wait()` 和 `Atomics.compareExchange()` 之间可能存在其他的调用，例如在其他线程中修改了状态。如果不考虑更多的状态（只有 LOCK/UNLOCK 两种状态），在 `wait()` 成功时，`sab` 中的状态应该是 STATE_UNLOCKED，但是执行到 `compareExchange()` 时却被别的线程抢占变成了 STATE_LOCKED，于是 `compareExchange()` 就不会成功锁住该资源。因此，在上述算法中还通过检测交换出来的 `old` 状态来确定当前线程是否真的成功获得了锁：这时 `old` 会返回 STATE_UNLOCKED，因此 `lock()` 方法也就返回 `false`。

也就是说，哪怕是使用无限等待（无超时值），`lock()` 方法也不会一直挂起，它总是存在返回 `false` 的情况。因此，安全的顺序持锁的算法应该写成

```
// 有序的
while (!locker.lock(LEFT));
```

[①] 另一半精力则主要花在避免贪婪上面，例如实现负载管理。

[②] 如果持锁是抢占式的，那么可以适用另一种经典算法，称为"限制就餐人数"，也就是迫使参与抢占的人数不超过 $n-1$。但这需要引入一个新的数字锁（number locker）或信号量（semaphore），以便在多个线程间计算人数。

```
while (!locker.lock(RIGHT));
```

或者

```
[LEFT, RIGHT].forEach(x => { while (!locker.lock(x)); }); // 有序的
```

在使用"奇偶资源"算法来解决死锁问题时，就需要强制偶数编号的哲学家使用"先左后右"的顺序来拿取餐刀，而奇数编号的哲学家则反过来"先右后左"地拿取。所以，假设以哲学家在数组中的下标为序号，则算法如下。

首先是在主线程中向工作线和传入序号：

```
// 在 main.js 主线程中
...
  // 启动工作线程
  let worker = new Worker('./worker.js', {
    workerData: {name, seq, sab: data} // 传入 seq 序号
  });
```

然后工作线程中用该序号确定加锁顺序[①]：

```
// 在 worker.js 工作线程中
...
const LEFT = 0, RIGHT = 1;
let ORDERED = (seq % 2 == 0) ? [LEFT, RIGHT] : [RIGHT, LEFT];
let ORDERED_R = [...ORDERED].reverse();
class Philosopher {
  pick() { // 所有资源被加锁
    ORDERED.forEach(x => { while (!locker.lock(x)); });
  }

  drop() { // 释放所有资源
    try {
      ORDERED_R.forEach(x => locker.unlock(x));
    }
    catch {};
  }
...
```

另一种称为**资源分级**（resource hierarchy）的算法相对简单一点，它只要求最末端一位哲学家逆序地拿取即可。这正好与这个示例中使用的数据有一点关联性：在创建最末端一位哲学家的锁列表时，必须使用两个独立的锁，以便与最前面的哲学家首尾衔接起来。因此，在这里，只需要简单地将两个独立的锁在数组中的位置反转一下就可以了。例如：

```
// 在 main.js 主线程中
...
  // locker/resource dispatch
  if (seq == philosophers.length-1) {
    data = [  // simple reverse order for last item
      new Int32Array(sab, 0, Int32Array.BYTES_PER_ELEMENT, 1),  // RIGHT
      new Int32Array(sab, seq*Int32Array.BYTES_PER_ELEMENT, 1)  // LEFT
    ];
  }
  ...
```

但在工作线程中，所有哲学家的处理逻辑都没有任何不同。因此，也不需要传入 seq 序号，或者计算出 ORDERED[] 数组。实现代码如下：

---

① 注意解锁的时候应该使用相反的顺序，例如代码中的 ORDERED_R。

```
// 在 worker.js 工作线程中
...
const LEFT = 0, RIGHT = 1;
class Philosopher {
  pick() { // 所有资源被加锁
    [LEFT, RIGHT].forEach(x => { while (!locker.lock(x)); }); // 有序加锁
  }

  drop() {
    try { // 释放所有资源
      [RIGHT, LEFT].forEach(x => locker.unlock(x)); // 反转释放
    }
    catch {}; // （略）
  }
}
```

需要强调的是，这是在本章中尤其需要关注的一个算法。上面的代码揭示了工作线程的逻辑得以简化，真正原因正是"主线程中对数据进行了规划"。如何更好地进行数据规划，为降低并发编程的复杂度提供了全新的思路，这是第 27 章中将会讲解的重点。

26.4 小结

就现在的讨论而言，将"拿取餐刀"的行为两两结对，以及分配不同线程之间的共享内存（以存放与销毁锁）等，都还需要在主线程中处理。一方面，对那些需要处理死锁的解法来说，真正的问题在于等待总是不可避免。另一方面，复杂的调度算法或者持锁机制，可能会在一定程度上减少等待，乃至避免饥饿，但却提高了工作线程的逻辑复杂度和出错概率。

现在示例中的 Locker 类的作用仍然是开关锁，它适合于颗粒度比较大地锁住对象。此外，它总是独占式的[①]，可以用来实现"单读单写"模式，或者临界区。如果需要实现"单读多写"或"多读多写"这类精细的控制逻辑，就应当考虑加入一个数字锁来计数，或者像 ECMAScript 规范中实现 Atomics.wait() 那样，加入一个等待列表（这是一种简单但代价高昂的设施）。

较新的系统会考虑让工作线程降低对主线程的依赖，试图通过一些规则来决定各自的分组与持锁，例如通过特定算法去寻获自己的对等者，以及在分组中约定使用共享资源的规则。在这些方向上的探索在一定程度上说解除了主线程的绝大多数职责，也催生了去中心化逻辑下的并发之道。

---

① 这也是在 unlock() 方法中调用 Atomics.notify() 时传入参数 1 的缘故。传入参数 1 表明每次只从等待列表中唤醒一个工作线程。

## 第 27 章

并发在分布式环境中的应用

```
> Promise.resolve('init current node')
```

在并发系统中"管理时间"存在动态或静态两种方式，这从一个侧面暗示了并发系统是规模确定或者形态确定的。也就是说，并发系统要么是规模不可扩展的，要么是形态不可变的。

把同样的问题放到分布式系统中就会有两种表现：一是，去中心系统是规模受限的，因为它要求所有的节点平等，因此必须是一个全连通或全等价的节点网络，这决定了其规模的上限；二是，多中心系统是形态不可变的，因为多中心系统预设的连通性决定了系统形态的边界。

这与并发多线程的终极解决方案是一致的：要么寻找一个动态而受控的逻辑（例如第 26章的锁），要么寻求一个静态的规划。

27.1 从无视时间到管理时间

在系统中引入"工作线程"的概念更符合通常计算环境的现实状况。很明显，它就是硬件 CPU在软件中的映射：每个 CPU 有一个独立的时钟；或者，每个线程等义于一个时钟的无限切分中的一个时间簇。无论如何，线程都是时钟滴答的代名词：要么在进行[1]，要么在等待中任由时间流逝。

在并行编程模型中，开发人员可以无视时间：从概念集中抽取掉时间维度，或者用 then 链在逻辑上的相关性代替时间上的连续性（参见 23.2.1 节）。但在并发编程中，因为时间以及代表时间的线程无所不在，所以"管理时间"就成了避无可避的核心问题。

但这也有两种方式。一种方式是动态的，将时间的管理逻辑交给每个工作中的线程/代理、每个执行栈和每个活动的函数/函数对象，让它们可以在持有执行权限时让渡给代理簇中的其他成员，或者等待来自外围的通知[2]信号。

---

[1] 整个 ECMAScript 规范中，有非常多个概念来表达这种"进行"，例如活动的（active）函数对象、运行中的（running）执行上下文或者执行中的（executing）线程。

[2] 这种通知可以来自平等的成员之间，也可能来自管理线程（例如主线程），或者由超时导致的系统通知等。

另一种方式是在多个工作线程中形成一种明确的规约，这种规约使它们相互之间不必依赖对方的状态，也就不需要临界区或锁。从本质上讲，这是一种静态的管理策略，或者说是静态的运行规划：让每个线程工作在各自的预设频率上，只要没有干扰，系统内就是无冲突的。

为什么在这里要讨论分布式问题呢？

有两个前设性的观点或结论[1]：**一是，分布是并行逻辑得以运行的现场（即分布式环境）；二是，并发是在集中式现场中添加时间维度解决（逻辑上的）并行问题的方法。**

因此，在一个系统中，如果"被竞争的资源"处于集中式现场中，而使用它们的逻辑运行却在分布式环境里，那么也同样需要用并发来解决问题。只不过，由于资源与逻辑（或者说数据与业务）处在不同的环境中，因此整个系统的结构会显得更复杂，更难于使用之前讨论过的种种技术。

在 26.1.2 节所列的 3 种哲学家就餐问题解决思路中，（包括侍应生算法在内）存在中心节点的解决方案都不可避免地要使用到锁——因为从本质上讲集中式现场正是通过锁来使请求序列化，进而带来"时间维度"。然而，在分布式环境中使用锁是代价高昂的（分布式环境接受锁与死锁，但会采用与共享内存不同的方式实现锁和检测死锁）。

但是，之前讲到的两个经典解法都要求按照确定的顺序拿取餐刀（使用资源）。在分布式环境中约定这样的拿取顺序是很困难的。例如，看起来简单的资源分级算法，在它需要处理更多资源且处理列表并不能事先确定的时候，新的请求就可能导致处理序列调整（重新分级）。举个实际的动作序列作为例子，假设已经锁住待处理资源 7 和资源 10，而一个新请求需要处理资源 9，那么按照顺序（映射算法中的"从左至右"）就必须先释放资源 10，然后请求资源 9 的持锁，并随后再次加锁资源 10。也就是说，总是需要先释放高编号的记录才能访问新的记录。为了确保这样的拿取顺序，就需要多次释放和重新持锁目标资源，这显然是很低效的。

因此，分布式系统中存在哲学家就餐问题的第三个经典解决方案——Chandy/Misra 算法。该算法会通过在竞争者之间实现协商机制，来获得一个有秩序的就餐环境。这使它既不要求资源处理的先后顺序，又是无锁的。唯一的问题是，协商机制迫使系统成员间建立成组通信，以便传递餐刀的信息或状态[2]。因此，相对而言，该算法的性能取决于通信环境，而不是锁（或对应的资源）的数量和粒度。

成组通信的前提仍然是一个静态规划：对分布式节点分组。

27.2 静态规划的本质是假设系统不受时间流逝的影响

在并发中所需做的就是解决时间带来的问题[3]。在 Chandy/Misra 算法中，首先确定哪些参与者之间是可以成组的，即明确它们之间是存在资源竞争关系的。

在哲学家就餐问题中这很明显：任何一位哲学家总是与他的左右邻座存在竞争。因此，简单的分组算法就是下面这样：

```
let MIN = 0, MAX = philosophers.length-1;
```

---

① 引自《JavaScript 语言精髓与编程实践（第 3 版）》的 7.1.1.3 节"并发的讨论背景"。
② 相比较而言，传统的解决方案既不需要知道对方是谁、是哪个线程，也不需要消息通信，只需观察锁的状态。
③ 本书前面用了不少的文字来说明"时间"在并发与其他概念（例如并行）之间的本质区别，就是要避免在后续的解决方案中回到"有没有时间"这样的讨论中。既然并发总是必须直面时间，那么答案无非是在讨论时间的全集（例如生存周期）还是在讨论它的子集（例如时间片）。总之，不能像并行那样无视它，或者声称它不存在。

```
let workers = philosophers.map((name, seq) => {
  // 为对等者分配空间
  let left = seq == MIN ? MAX : seq-1;
  let right = seq == MAX ? MIN : seq+1;
  // 启动工作线程
  let worker = new Worker('./worker.js', {
    workerData: {name, group: {left, seq, right}}
  });
});
```

于是，每个参与者将得到一个自己的序号，以及它左右邻座的序号。对算法来说，要求这些编号是不重复的，并且所有的资源最初都只被某一个参与者拿取[①]。参与者编号不重复[②]，就可以让哲学家识别往来的请求中哪些是需要处理的，以及如何响应他们的请求。

具体来说，Chandy/Misra 算法要求所有同一组中的竞争者按如下逻辑使用资源。

- **使用资源**（预备过程与 `pick()` 方法）：如果手上持有全部资源则全部置为 `using`，并进入使用资源的模式；否则，向竞争者申请使用该资源，直到它们返回确认。[③]
- **响应请求**（`on('require', ...)` 事件）：如果收到一个申请，则检查手上的资源是否在用，
  - ◆若资源处于 `using` 状态，就挂起申请直到用完；
  - ◆若资源处于 `used` 状态，就向申请者返回确认。
- **释放资源**（`drop()` 方法）：如果资源被使用过就标记为 `used`，并且检查挂起的清单并向申请者返回确认。

接下来介绍一下该算法在实现上的细节。

27.2.1 需要基于一个可通信网络

Chandy/Misra 算法要求实现竞争者之间的成组通信，例如每位哲学家需要与它的邻座（`left`/`right`）通信，以决定资源的使用，这个过程也称为协议。

后续的示例中将用线程间通信来完成这个过程。为了模拟现实的网络状态，主线程将作为代理（proxy）参与进来，一是为了实现组员间的配对连接（connect & connected）并维护连接通道，二是为了在中间节点上检测算法的有效性。

一个简单的基于**通道**（channel）的可通信网络需要如下过程。

（1）客户端发起连接（connect）。

（2）服务器端响应连接（connected）。

（3）在通道上的两端交换数据（`send()` 方法与 `data` 事件）。

这与 Node.js 中的 net 模块实现的效果是一致的。

---

① 资源的初始状态为 `dirty`/`used`，表明已用过但可以递出。一个 `used` 状态的资源可以自用，也可以递出，取决于哪个请求先发生。

② 当然，在真实的分布式系统中，这也意味着需要有一个分发和验证这些编号（UUID）的节点。如果涉及验证，就存在可信节点和可信算法的问题。所以，在一个分布式网络中，要么使用中心化的方法来验证用户身份，要么使用成对加密来验证用户数据。总之，这一过程都是为了使通信的对象唯一、可信。

③ 一些算法中称这个过程为"传递餐刀券"，这是"发送请求/返回确认"的一个形象说法。另外，在整个过程中，餐刀是不需要传递的，传递的是使用它的权限。这样，所谓餐刀（资源）也就可以位于集中的资源服务器中，而用户一旦持有使用权限，就可以安全地访问它。

下面介绍一下使用线程间通信来模拟网络的过程。

（1）在各工作线程上启动客户端，并创建连接到远端（左右邻座）的通道：

```javascript
const { workerData: {name, group} } = require('worker_threads');
const net = require('./faked-network.js');

// 创建实例
const philosopher = new Philosopher(name);

function create_channels() {
  philosopher.channels = [group.left, group.right].map(peerId => {
    let channel = net.createClient();
    channel.connect(peerId);
    ...
    return channel;
  });
}
```

（2）在各工作线程上启动服务，以响应来自它左右邻座的请求：

```javascript
// 作为服务
philosopher.waitings = [];
let srv = net.createServer(); // 针对当前 philosopher
...
// 启动服务
srv.listen();
```

这样一来，每位哲学家（philosopher）就都拥有了两个列表：一个是 channels[]，为每个对应资源的对等者（peerId）保留一个通信通道；另一个是 waitings[]，用于在某个竞争者请求某个在用资源时，挂起这个请求直到自己使用结束。

27.2.2　需要检测资源状态

channels[] 和 waitings[] 这两个列表主要用于请求与响应过程。出于简化设计的考虑做以下设定：如果哲学家没有拥有某个资源，那么它是不会收到对该资源的请求的；如果它已经开始预备过程，那么所有相关资源都被锁住而不会让出。当然，现实世界并不是这样的，这一点稍后阐述。

基于上面的简化设计的考虑，当哲学家收到请求的时候，其判断规则可以如下：

```javascript
srv.on('data', (channel, {title, data}, recv) => {
  if (title == 'require') {
    let {status, resources, waitings} = philosopher;
    let target = data == LEFT ? RIGHT : LEFT;  // 或者检查资源的 UUID
    switch ((status == 'waiting') || resources[target]) {
      case true:
      case 'using':
        return waitings.push({target, recept:data, peer:recv});
      case 'used':
        delete resources[target];
        return recv.send('accept', data);
    ...
```

也就是说，只有资源处于 used 状态时，该资源才可以从列表中删除并且向请求者发回响应 accept，否则这个对等者的请求就会被放入 waitings[] 列表中。接下来，在请求者（作为客户端）一侧会收到这个响应：

```javascript
function create_channels() {
  ...
```

```
channel.on('data', (title, data, more) => {
  if (title == 'accept') {
    philosopher.resources[data] = 'using';
    philosopher.prepared && philosopher.eat(); // 再次提交
  }
})
...
```

并且在收到该响应时，总是将该资源加入队列。随后检测预备过程是否完成，并发起二次提交。

27.2.3　需要带预备过程的两阶段提交

与之前的算法不同，Chandy/Misra 算法要求使用资源之前使用一个预备过程来确认资源的有效性。这个过程替代了旧算法中的锁，实现上也有着根本性的区别[①]。例如，eat() 方法：

```
eat() {
  switch (this.status) {
    case 'eat': return; // 不重试
    case 'waiting': break;
    default: // 'think'或 'none'
      this.status = 'waiting';
  }

  // 准备进餐
  if (! this.prepared) {
    return this.pick();
  }

  // 进餐
  ...
}
```

在这个过程中，如果哲学家正在尝试从 think 或 none 状态切换到 eat，并处于这个过程中的预备阶段（waiting 状态），那么在所需资源没有就绪之前他会一直处在这个状态[②]。对哲学家就餐问题来说，检查就绪的方式很简单，查看它是否持有两把餐刀就可以了：

```
get prepared() {
  return Object.keys(this.resources).length == 2;
}
```

这也表明，一如之前在 require 事件的响应过程中所做的那样，如果哲学家向邻座递出了餐刀，那么他应该将 resources[] 中的资源删除，这样 Object.keys() 的计数就会减少一个。

27.2.4　用一对完整的"请求/响应"来获取资源

正如之前所讲的，现在每个 eat() 行为变成了 3 件事情。

（1）预备（**prepare**）：waiting 状态。

（2）拿取（**pick**）：如果拿取成功，就将资源标记为 using。

（3）进餐（**eat**）：eat 状态。

真正拿取餐刀的行为变成了一组发向对等者的请求（require）。例如：

[①] 像 think() 那种不使用资源的行为与旧算法相比没有差别。

[②] 再次尝试 pick() 是可行的，但存在风险。这取决于服务器端对一个不存在的资源如何进行管理，或者客户端如何应对多次请求（的不同返回）的时序问题。

```
pick() { // 请求未占用的资源
  let prepareList = [LEFT, RIGHT];
  let unhandled = x => !(x in this.resources);
  prepareList.filter(unhandled).forEach(x => {
    this.channels[x].send('require', x);
  });
}
```

而放下餐刀时需要响应来自对等者的回复（直接回复的或者存放到 waitings[] 列表以延迟处理的），例如回复 accept：

```
drop() { // 释放所有已处理资源并唤醒 waitings[] 列表
  this.resources.fill('used');
  let all = this.waitings.splice(0);
  all.forEach(w => {
    delete this.resources[w.target]; // 释放
    w.peer.send('accept', w.recept); // 回复 accept
  });
}
```

27.3　游离状态在分布式系统中的问题

在“多线程+共享内存”的两个经典算法和分布式系统的 Chandy/Misra 算法中，都存在一个“确认资源的使用权限”的过程。这个过程是排他的，在线程模型中是使用锁将挂起线程以做到这一点，而在分布式系统中是在“请求/响应”的成对处理中，通过挂起请求来做到这一点。这是两种模型、两类解决方案在本质上相同的地方。

所以，两种方式都存在工作者（线程或分布式节点的任务）被挂起使它们处于游离状态的问题，这也是并发编程中存在的共同问题。不同的是，在分布式系统中，这个状态介于“请求”和“响应”的两个独立行为之间。但通常来说，分布式系统允许在这个状态下做大量其他业务，例如并行地处理多个系统行为、订单或者后台任务等。这样的“游离状态”并不会导致系统整体被挂起，反而可能更好地提高系统的吞吐率。

但是，如果大量的任务处于游离状态，或者单个任务超长时间处于游离状态，就意味着外部系统出了问题。这里的外部系统既可能是指共享资源的中心服务器（例如数据库），也可能是指对等节点依赖的系统（例如登录、会话或消息服务器等）。一旦当前系统的状态依赖于外部系统（的状态），系统整体就可能出现“因为一片雪花导致的雪崩”。所以，在所有采用并发机制的分布式系统中，外部依赖的管理和解耦都是保障系统稳定性的高优先级需求。外部依赖的管理和解耦的主要方法就是，通过会话或事务将游离状态的任务管理起来。

更多的问题会出在一段时间之后。在使用预备过程的算法中，请求需要二次提交，例如：

```
if (title == 'accept') {
  philosopher.resources[data] = 'using';
  philosopher.prepared && philosopher.eat(); // 再次提交
}
```

然而并不是每个游离的任务最终都需要提交运行。在某些情况下，在发生二次提交之前，它就可能被取消，在另一些情况下，它会被中止。在多数情况下，二者的系统表现是一样的，只是应用系统对事件原因的解释（在逻辑上）存在差别。因此，它们的处理机制也很类似，例如回退。但回退就涉及复位已经确认过的那些资源，例如锁住的数据库记录要解锁。这与回滚操作有些不同，回滚可能会更麻烦，因为它通常用于撤销已经提交并完成了的业务，例如扣除的账单需要补回。

这是游离对外部系统带来的伤害。另外，游离状态对当前系统也是不友好的。按照之前示例中的策略，当哲学家处理 `waiting` 状态时，所有尝试"已为 `eat()` 预备的资源"的请求都会挂起，这些资源在游离时间中既不可用也不可分配。这可能导致当前系统中其他业务也不能使用这些资源，于是比较激进的策略是多个当前系统中的任务共享该资源（例如共享读/写），而这又使当前的等待结果变得不可预期。结束游离时资源的分配状态与预备过程之前不一样了，而重新计算又可能导致进一步的游离。

比较严重的情况是，一个任务占用了资源却迟迟不能提供服务，从而导致系统策略来干预，例如强制中止任务等。所有这些与系统的原始策略并不矛盾，例如通过事务与会话将执行周期长的业务分段、变短，以提高系统的响应能力，同时也带来了失效发现、回滚等补偿机制。

27.4　去中心化与分布式模型

很早就有人意识到：游离的根本原因是时序性的依赖。新的分布式模型在规划的早期就关注去中心化，其中一个明显的目标就是在上述算法中的分组模型。很显然，总是需要一个主节点来安排哲学家左、右两侧的邻座。

这也是示例程序中需要一个 Promise 来延迟[1]所有客户端加载的原因。例如：

```
// 延迟至所有模块加载后调用
Promise.resolve('init current node')
  .then(init_channels)  // 调用 networking.init('clients', ...
  .then(launch_once);
```

具体来说，客户端的对等者的响应服务需要预先启动，而过早的连接和请求可能在目标服务还没有启动的情况下就发送给了代理，并因此被忽略。这样就可能导致整个系统的初始状态和连接状态变得不可预期了。

不可预期是哲学家就餐问题所有解决方案的"死穴"。在之前的讨论中，所有哲学家形成一个环状，所有人对左右邻座都是可预期的，或者是通过主节点预先分派的。然而，现实系统不一定能满足这一点，即使能满足，这也会成为一个所有客户端依赖的中心、单点。

去中心化讨论的对象就是一个动态规划的模型，这个模型会假定系统的连接状况总是不可预期的。在一些环境中，对等者将不是由主节点分配的，而是由当前节点自由发现的。例如，依赖**节点发现协议**（Node Discovery Protocol），最终所有的对等者构成的网络变成了对等网络（p2p）模型。由于对等网络中单个节点的资源是不完备的，因此还需要一个**资源发现协议**（Resource Discovery Protocol）去确定当前节点依赖的资源所在的位置。通过这两个协议获得的数据是最基础的，对应着之前算法中的工作线程和资源。因为这两个基础数据的结构不同，所以真实系统中相应的检测算法也会有差异。例如，在示例中，当前节点判断请求的资源是否存在时：

```
if (title == 'require') {
 let {status, resources, waitings} = philosopher;
 let target = data == LEFT ? RIGHT : LEFT;  // 或者检查资源的 UUID
 ...
```

---

[1] 这里存在一个非常小的知识点（这也是将它作为本章章标题下的代码展示的原因）。由于 JavaScript 引擎是单线程的，因此所谓的 Promise 的并行任务，其实是在全局代码执行完之后，再由任务调度过程 RunJobs() 加载运行的。所以，从最终效果来看，很类似于 Web 页面中的`<script defer...>`的效果：延迟到全局代码执行结束后运行。

真实环境中应该另有检测有效资源的相应算法。此外,考虑到管理和分配资源 ID(例如 UUID)的服务器也可能成为单点,所以还会对资源标识的编码与验证进行协议规范,从而使不同的网络(或分组)可以安全地交换资源或阻止交换资源。

27.5 小结

总之,中心化系统中采用的统一授权、统一标识、统一验证等传统模型和方案,在去中心化的环境下会尽量采用协议化和成对验证的机制来处理。这也意味着系统中的游离状态变得更多,因为有更多的外部依赖和请求/确认。去中心化在提升系统安全性和稳定性的同时,也对系统交换通道的要求越来越高,基于传输效能的专用网络优化,以及高稳定和高安全性的传输协议,在分布系统中也是热门的议题。

但最初,多线程并发中用锁来保证的,以及分布式算法中用请求/响应消息对来维护的,都是并发的核心问题——时序性。真正能解决这一核心问题的手段并不在这两种(或更多种)技术手段上,而是回到并发与并行一开始的分歧点:如何做到"无视时间"?

换言之,要尽可能地对系统进行早期规划,使那些数据能够以更优雅的、无须时序的、可并行的逻辑来处理。这需要让循环的变成叠加的,让分支的变成预设的[1],最重要的是,让顺序的变成联动的[2]。

---

① 对于循环与分支中的时间剥离,可以部分参见 22.2.1 节或《JavaScript 语言精髓与编程实践(第 3 版)》。
② 对于顺序中的时间剥离,参见 22.2.2 节。

第六篇

致未来:
新的语言特性

ES2020 从一定程度上宣告了一个新时代的开始。

本篇主要讲解自 ES2020 以来出现的和在更远的将来可能出现的新的语言特性,其中一部分是在 ES6 基础上的补充,而更多的特性是在背负沉重的历史负担的同时,对更长远未来有着极具野心的展望。当然,其中最关键的是 ECMAScript 的折中,即 TC39 在承受着种种压力的同时,面对那些无法改变的事实所做的种种选择。由此看去,这些新规范确是某些选项组合之下的结果。不一定完美,甚至不一定正确。

然而,艺术并不是以正确性为评判的,即使是最伟大的作品也并不总是期冀于完美。我想,在 ES202x 时代,我们唯一一不能做的就是闭目妄言,作那些不能以事实为基础的言论。我们总是需要注目于每个作品,面对它们,观察它们,才能欣赏那些正在到来以及未来的美,才能讲解它们,品味它们。

第 28 章

动静之间的平衡：import()

```
> import(x).then(Object.keys).then(console.log);
```

到目前为止，本书都没有很好地讨论过 JavaScript 中的模块，在第 4 章中对 export 的讨论，也主要是面向名字和值的，更多的是为之后讨论作用域以及表达式运算做铺垫。

但模块技术远非如此简单。从本质上讲，它是系统化编程的基础技术。

提案索引

已通过提案（Stage 4）

- tc39/proposal-dynamic-import："import()"提案，用语法 import(x)导入模块并返回 Promise 对象。
- tc39/proposal-import-meta："import.meta"提案，元属性 import.meta 可包含宿主在加载该模块时添加的元信息。

推进中提案（Stage 3）

- tc39/proposal-import-assertions："导入断言"（Import Assertions）提案，用一种统一的方式向 JavaScript 环境中导入各种不同类型的模板，并有机会为它们配置特定的参数。
- tc39/proposal-json-modules："JSON 模块"（JSON Modules）提案，将.json 文件导入成模块。

推进中提案（Stage 2）

- tc39/proposal-module-expressions："模块表达式"（Module Expressions）提案，支持使用关键字 module 将脚本中的一个内联代码块声明为模块，早期称为"模块块"（Module Blocks）提案。
- tc39/proposal-dynamic-import-host-adjustment："动态导入宿主调整"（Dynamic Import Host Adjustment）提案，为动态导入语法 import(x)提供一种验证与调整模块来源 x 的机制。

已否决提案

- tc39/proposal-dynamic-modules："动态模块"（Dynamic Module）的改进提案，尝试在静态模块环境中提供动态模块加载的能力，该提案已否决。

非正式提案

- nodejs/dynamic-modules："动态模块"（Dynamic Modules）提案，以 Node.js 风格为基础的一种动态模块加载提案。

28.1　ES6 模块的主要问题

在现代的大型系统构建中有两项关键技术，一是静态类型，二是组件化管理。往大里说，所谓容器，就是系统构建过程中复用组件的方法；而往小里说，所谓模块，就是语言用以支持系统组件化的基础设施。

早期的 JavaScript 并不是面向大型系统化应用的，例如，在浏览器上响应按钮 onclick 事件用不上模块技术，使用<script>标签加载的.js 文件也不是什么标准模块。但是，当项目规模变得越来越大，需要很多人参与时，工程化的问题就出现了，JavaScript 在系统化语言[1]方面的特性匮乏，就成为极为突出的瓶颈。

项目需要拆解为更多的小模块，一方面是为了便于管理变更，包括交叉修改和版本化等；另一方面是为了满足构架分析所要求的更高层级的抽象[2]。这就是模块化成为 Node.js 基本特性的缘由。然而，JavaScript 在 Node.js 初创的时代还没有支持模块，因此"怎样做模块化"成为盛极一时的热门话题。

28.1.1　浏览器端的特殊性

在浏览器端理解模块的最简单和最自然的方式就是"将一个<script>请求视为一个模块"。例如，下面的代码可以在形式上理解为加载了 a 和 b 两个模块：

```
<script src="./a.js"></script>
<script src="./b.js"></script>
```

但这样做也意味着下面的代码不是一个模块：

```
<script>
 // 这里的代码是执行在全局的，而非模块代码
 ...
</script>
```

这没有什么不合理的。早期使用这种简单方案的系统并不少见，这也延伸出使用动态创建<script> DOM 对象加载模块的方案，以及利用

```
<script src="..." defer></script>
```

---

① 这里的"系统化"是就规模而言的，主要是指语言在大型项目上面向系统构建的特性，例如语言中的 project、module 或者 namespace 等关键字。
② 更高层级的抽象可以帮助架构师在更高层面上分析、设计与规划系统的模型。举例来说，讨论 1000 个函数之间的关系与讨论 10 个模块/类之间的关系在复杂程度上是完全不可比的。

来实现异步加载的技术。但这一方案的基本问题是灵活性不够，并且<script src="...">意味着实际的 HTTP 请求，代价高昂。因此，在浏览器端渐渐地发展出一些在脚本代码中定义和加载模块的方案。例如，在异步模块定义（Asynchronous Module Definition，AMD）风格中用 define() 来定义模块，使用 require() 来加载模块：

```
// 示例
define(['x'], function(require) {
  name: 'vey-module-2',
  function show() {
    console.log(name, m1.getName())
  }
  return { show }
})
```

AMD 风格将模块与文件之间的关系解耦，可以将一组函数、对象或类直接定义成一个模块，或将多个这样的模块放在同一个文件中。最后，在这些模块被加载后，它们可以统一注册到全局对象或者一个名字空间上去。

所谓的"名字空间"，在早期是一种利用 JavaScript 既有特性实现的简单技术。它在形式上模拟了 Java 和.NET 的名字空间，可以书写成类似 com.dashidan.basic.classA 这样的风格，在实现上却只是一个多层级的对象声明，并且能很好地跟模块技术整合起来。例如：

```
// 字面量声明风格
com = { dashidan: { basic: { ClassA: ... } } };

// 多次赋值语法风格
var com = { };
com.dashidan = { };
com.dashidan.basic = {
  ClassA: ...   // 这里可以用加载器来加载模块、文件，以及其中的类或其他导出
}
```

这样做在浏览器环境中当然是极好的。它既让开发人员用到了模块的绝大多数特性，又避免了过多地引入文件和 HTTP 请求。同时，它天然地支持项目打包：把非常多的.js 文件合并到同一个.js 文件中，就可以使用<script>标签一次加载了。

然而，它是异步的、一次构建的[①]。浏览器环境天然地决定了它必须如此：既不能让<script>标签阻塞浏览器的加载，也无法在加载了不完整的模块树的同时提供正常的服务能力。

28.1.2 服务器端的简单需求

但是，服务器端编程可能有着与浏览器环境下截然相反的需求。例如，在浏览器环境下，会考虑通过更大的.js 文件包含多个模块，以减少远程 HTTP 请求的开销，然而服务器端则考虑要用更细小的模块，以提高复用性和可维护性。

更细小的模块划分意味着模块管理的复杂、多变，以及种种潜在的依赖冲突，包括模块的不同版本兼容性问题，也包括不同运行期环境兼容性问题。更复杂和迫切的远程模块或包的安全性问题对服务器来说尤其重要。然而，从本质上讲，这些都只是模块化技术的普遍问题——所有的包仓库在这方面都是差不多的实现。

---

① 浏览器环境下缺省的<script>标签加载总是同步的，但是为了避免阻塞，现在几乎所有的框架都会考虑重新排布<script>标签的位置，例如将它们放在网页最后，并通过 onload 等事件来异步地唤醒具体模块中要执行的代码。

　　一个看起来很小的问题摆在了 JavaScript（服务器端的）模块化技术的面前：模块是静态加载还是动态加载？通常来说，在为开发大型服务器端应用或系统而设计的语言中，这个问题的答案是简单而明确的：静态加载有利于服务器的稳定性和容错性（提前检测总比实时出错要好）。但 Node.js 做出了不同的选择，考虑到 JavaScript 本质上是一种动态语言，因此动态加载模块（并初始化系统环境）是更简单和更易被接受的。CommonJS 已经在这个方向上发布了一个技术规范，Node.js 借鉴这一规范实现了以 `module.exports` 和 `require()` 方法为核心的模块声明和加载方案[①]。具体来说，代码风格如下：

```
// 导入
require('./A.js');

// 导出（参见后文中的实现）
//  A.js 中的代码文本
require('./B.js'); // 在 A.js 中导入其他依赖模块
var x = {};
module.exports = {
  ...
}
```

　　在 Node.js 中，默认将所有的.js 文件都视为模块，并且总是使用一个模块加载器来加载模块[②]。关键函数 `require()` 负责把模块代码封装在一个函数中，类似于：

```
// 一个模块助手对象
var A = _global_.modules.A = new _NODEJS_MODULE_();

// 上例中的模块 A.js 最终将运行在如下函数中
(function(exports, require, module) {
 // A.js 中的代码文本
 require('./B.js'); // 在 A.js 中导入其他依赖模块
 var x = {};
 module.exports = {
   x: x  // 导出 x
 }
})(A.exports, _NODEJS_MODULE_.require, A);  // 将助手代码作为参数传入 A.js
```

　　这样一来，就可以将通过 `module.exports` 传出的声明视为导出，并且在 `require()` 中简单地返回这个对象（作为导出）。例如：

```
// 等义于 moduleA = _global_.module.A.exports;
var moduleA = require('./A.js');
console.log(typeof moduleA.x); // "object"
```

　　整个框架最精巧之处在于将模块加载变成了 `require()` 函数的执行过程，而这所谓的"精巧"，本质上就约定了 Node.js 和 CommonJS 规范下的模块将是动态同步加载的。

[①] 正如 CommonJS 最初的名字 ServerJS 所暗示的那样，Node.js 借此开创了一个属于服务器端的时代，而这一切源于系统分发时对模块化、组件化等系统构建技术的需求。

[②] Node.js 甚至允许用户通过--experimental-loader 参数来定义自己的模块加载器。不过，源于早期 JavaScript 缺乏有说服力的统一规范，因此多数的模块加载框架（例如 No.js、Sea.js 和 Require.js 等）都允许类似的定制，这使用户可以根据自己的环境对这些技术框架加以扩展。

28.1.3 ES6 规范的选择

整个 Node.js 应用的初始过程就是一个单进程的同步模块加载过程[①]。这一实现模式，以及对应的 CommonJS 规范，最初确实在 TC39 的候选清单中，不过最终由布兰登·艾奇提议的另一个替代方案获得了更多的支持，最终发展为 ES6 规范中以 import 和 export 为语法关键字的模块规范，称为 ESM 规范（ECMAScript Module Specification）。

布兰登·艾奇的提议在一开始就描述了 ESM 规范的关键特性：在程序解析时进行分析，以便在执行前先加载好所有的依赖关系。按理来说，这一特性是应该受到服务器端欢迎的，因为预加载将有效地避免潜在的阻塞或依赖丢失。但是，到 ES6 发布时（直到如今）服务器端已然是 Node.js 的天下，而 Node.js 所支持的 CommonJS 规范与 ESM 规范完全不兼容，这就导致 ES6 的模块规范迟迟得不到实际的支持。

ESM 与 AMD 同样也是不兼容的。ESM 与 CommonJS 的不兼容主要是在静态加载与动态加载的差异上，而 ESM 与 AMD 的矛盾主要是对浏览器的异步加载不友好。浏览器端的 JavaScript 是一种同步和异步混合运行的模式，但是仅对模块加载来说：如果将它理解为同步的，这一过程导致的阻塞将是浏览器不可容忍的；如果反过来将它理解为异步的，ESM 却完全不支持异步地加载单个模块的多个实例。因此 ESM 也完全不适应浏览器中这种看起来自相矛盾的需求，绝大多数应用 ESM 风格的应用框架最终都会将模块合并在同一个.js 文件中，然后异步加载还是同步加载的问题就交还回给浏览器端开发人员去决定。

这些当然是最终结果，而在一切的起点，TC39 只是决定了 ESM 规范要采用怎样的一种设计，并且最初看起来这也是极好的：

- 使用 export/import 来定义和引入在模块间共享使用的名字；
- 模块是静态分析和静态加载的；
- 所有词法声明在程序运行前就被创建在它的执行环境中。

这些设计简单清晰，而且稳定可靠（因为这些设计是静态的），只不过不太受欢迎，这大概是唯一的问题了。

28.2 动态导入的模块

ESM 规范将模块理解为名字的集合，这是在语言设计上对模块机制的一次极致的简化。它有效地避免了对引擎或宿主中相关概念的依赖，例如不必考虑宿主容器与模块实例之间的关系。但是，ES6 中对名字[②]的使用都趋向于静态声明，例如限制了 var 的使用，以推荐 let/const 等声明明确语义的关键字等，因此，当时 ESM 规范只支持静态模块是可以理解的。但是在社区呼吁下，"import()" 提案很早就进入了 TC39 的备选提案。

首先必须考虑的问题是：是让 export 支持声明为动态，还是让 import 支持动态地导入。

---

① 在《JavaScript 二十年》一书中，艾伦·威尔夫斯-布罗克（Allen Wirfs-Brock）将这一过程描述为：在一个同步加载器中获取模块的源代码，并将其包裹在一个骨架函数之内，然后调用该函数以完成这个模块（以及它依赖的其他模块）的初始化。

② 这里是指变量名、函数名、标符识名等名字的统称，因为事实上 export 只支持对这些 "已命名的" 名字的导出。关于这一点，参见第 4 章。

如果是依赖 export 的声明，那么一个模块将以某种方式声明自己是动态的，而 import 必须识别这种动态。例如：

```
// ES6 的静态模块
import x from "a.js"

// 假设用 .jsd 来指明是动态的
import y from "b.jsd";

// 或者，假设 defer 用于显式指明 b.js 是动态的
import y defer "b.js";
```

这看起来其实非常美好，因为对语法的设计来说这样负担最小：既没有新的关键词，也没有新的语法结构。重要的是，这还意味着它与 Web 开发自然兼容，它等效于 HTML 中的如下代码：

```
<script src="./b.jsd"></script>

<!-- OR -->
<script src="./b.js" defer></script>
```

但是一切以这样的兼容为目标的设计最终都将面临相同的问题：ESM 在依赖树上是静态预加载的。简单地说，ES6 中的模块在静态分析阶段就验证过 y 这个名字是否存在于 b.js 中，并且在运行实际的用户代码之前就加载了 b.js 这个模块，然后将 y 这个名字绑定到该模块（的导出），接下来按依赖树关系决定并执行模块的顶层代码。

这个过程要求"名字 b 先于模块导入得到"，且"导入关系决定执行过程"。要在 import 中加入对动态模块的支持，就必然打破这两项基本假设，由此带来的一种可能的结果就是（如果是动态模块）：import y ... 中的名字 y 不被验证；并且，... defer "./b.js" 中的 b.js 将延迟加载且它的顶层代码将在一个动态的过程中执行。

"动态模块"提案（tc39/proposal-dynamic-modules）推进了这一设计思路，它试图为模块添加一个称为 [[PendingImportEntries]] 的私有字段，以指明它是延迟加载的，从而决定了名字 y 将延迟到某个时刻才有效。这个提案未能进入 Stage 2，原因之一就在于"某个时刻"的不确定性。上述代码意味着在当前模块（指正在使用 import 导入 b.js 的模块）中存在一个不知何时能访问的变量 y，它既不接受语法查错，也没有任何并行访问的机制来确保它的时效性。

28.2.1　语法查错

import x ... 这个语法的基本语义说明了"在当前上下文中会有一个变量 x"，只要这个语义成立，如下代码就将在当前上下文中违例：

```
let x = 100;
```

这是 let/const 作为词法声明的语法设计。但是，前面说 import x ... 是动态的，那么"动态的 import x"与"静态的 let x"是否冲突呢？

就程序员的思维来说，一个"动态的、将来决策的声明"就应该在将来才会与代码上下文中的实时场景冲突，而不是一开始就与静态文本中的代码冲突。出错应该发生在动态加载模块 b.js 的过程中，而不是引擎运行之初。解决这个问题的出路在于思考：是否应该避免在 ESM 的静态模块中塞入一个动态的名字？

一种新的可能性被提了出来：假设 ESM 的上下文就是静态的，就需要一个所谓的"动态模块

上下文"，并且确保那些动态初始化与绑定的名字总是不会越过这个边界跑到静态的上下文中去。类似于 function 的上下文与 async function 的异步上下文一样，存在着不可逾越的鸿沟。

既然是两个不同的上下文（以及作用域），就不存在名字冲突的问题了，语法查错的需求也就自然消弭于无形。

28.2.2　决定时效性

如果 import x ...这样的语法是动态的，还存在一个时效性的问题，也可以称为"名字 x 的生存周期"的问题。名字的生存周期存在 4 个阶段，即声明（declare）、绑定（bind）、存取（get/put）和销毁（destory）。某些设计会将声明和绑定合成一个，例如 const 声明，而另一些设计会考虑将绑定和存取合成一个，例如 var 声明。无论如何，它们都存在声明/销毁的起止周期，这个周期通常被映射到一个作用域（或上下文）的生存周期中。换言之，是作用域的时效性决定了变量是否存在。

但也有例外。在传统 JavaScript 中，代码 eval('var x ...')就有能力在当前作用域中动态地声明一个变量。现在，import x ...也面临完全相同的问题：如果它是动态的，那么"名字 x"是一开始就出现在作用域中，还是要等到语句执行结束？

eval()的历史说明：一切在运行过程中向作用域动态添加名字的设计都是不安全的。举例来说：

```
var x = 100;
function foo(str) {
    console.log(x);
    eval(str);
    console.log(x);
}
foo('var x = false;');
```

其中的 foo()函数执行后，将无法确认 foo()中的两次 x 变量访问是否是相同的——作用域可能变化，类型可能变化，读写性也可能变化，等等。

因此，在 ES6 之后，任何用于"动态创建出名字"的设计都被认为不可行。基于这一原则，动态导入的设计范围收窄了，它被要求：在一个声明性质的作用域中，动态地装入名字（绑定到那个动态导入的模块中）。

一共有 6 种静态声明语法可作候选，即 let、const、var、class、function 和 import。但是，其中能够包含自有的"声明性质的作用域"的只有 class、function 和 import，再考虑到 28.2.1 节中对"新的上下文"的要求，function 自然成为最可能的方式。

28.3　import()的出现

新的语法呼之欲出，这就是让 import 关键字支持一种类似函数调用的语法：

```
import('module_filename')
```

这个语法并不像它表面看起来那样简单，因为这表明 JavaScript 中又出现了一个特殊关键字，与同样难以解释的 super()[①]一样，其特殊性在于支持"函数调用形式的语法"。作为提示和对比，读

---

① super 是用于指向父类的关键字，通常使用 super.xxx 来存取父类成员；而 super()是典型地将 super 特殊化了的语法。这种特殊性是相较而言的，例如 var 作为关键字，就不能写成 var()，同理，也没有类似的 class()等语法形式。

者可以再参考另一种将关键字特殊化的语法，即 `new.target`。

　　`import()` 语法提供一种将传入的模块文件（`module_filename`）加载到一个异步上下文中，并返回一个 `Promise` 对象的能力。类似于调用一个异步函数来返回一个 promise，例如：

```
// import('module_filename')
// （类似于如下实现）
async function import(mod) {
  import * as ns from mod;  // 假设在该上下文中是支持这一语法的
  return ns; // 返回名字空间
}

// 使用动态模块加载
const promise = import('module_filename');
...
```

　　由于 `import()` 总是将模块导入异步上下文中，并在执行时（像异步函数那样）返回 `Promise` 对象，因此可以在 `onFillfuled()` 函数中动态地使用导入的那些名字：

```
// 直接在 then 链中动态地使用导入的那些名字
import('module_filename').then(function({x, y, z}) {
  console.log(x, y, z); // 使用名字空间中的那些名字
});
```

更好的方式是与 `await` 关键字结合起来使用，变成下面这样：

```
// 使用 await
const {x, y, z} = await import('module_filename');
console.log(x, y, z);
```

考虑到 ECMAScript 在高版本中支持的"顶层 await"（Top-level `await`）提案（参见第 33 章），这个 `await import()` 连用的语法将会使 JavaScript 在全局中同时支持静态模块加载和动态模块加载。这是对之前讨论 `import y defer ...` 这种在 ESM 静态模块中支持动态加载的语法的潜在回应。

　　现在开发人员就同时拥有了支持静态 ESM 与动态 ESM 的语法：

```
// 静态 ESM
import {x, y, z} from 'module_filename';

// 动态 ESM
const {x, y, z} = await import('module_filename');
```

它们有一定程度的相似性（语法解释的成本变低），并且可以在不同的上下文和环境中平滑切换。但在浏览器环境下的开发人员还是会说：这里好像有瑕疵。

28.4　浏览器生态下的动态导入

　　遗憾的是，动态导入语法 `import()` 在浏览器中留下了最后一块短板。简单来说就是，这里存在一个高优先级的语义冲突。

　　什么是语义冲突呢？就是原本某个语法存在一种特定的语义，而新语法却强制地要使用全新的语义（来重定义之前的语法/关键字）。对 `import()` 来说，问题就出在这里：ECMAScript 约定它必须是异步导入的一个模块。所以，与其说 `import()` 导入的是动态模块，不如说是异步模块（async module）。

但浏览器环境对"异步"是有自己的解释的，并且这与之前说过的<script defer...>有关。具体来说，defer 和 async 都意味着对应 src 的.js 文件是异步加载的，但是：

* defer 表示脚本文件将延迟到网页加载结束之后（并在触发 DOMContentLoaded 事件之前）顺次执行；
* async 表示脚本将在一个与网页加载并行的异步过程中执行[①]。

例如：

```
<!-- 示例 1: 外部脚本文件 -->
<script src='./1.js'></script>

<!-- 示例 2: 内联脚本块 -->
<script>
console.log('2');
</script>

<!-- 示例 3: 异步的外部脚本文件 -->
<script async src="./3.js"></script>

<!-- 示例 4: 在内联脚本块中的 defer 属性是无效的 -->
<script defer>
console.log('4');
</script>

<!-- 示例 5: 在内联脚本块中的 async 属性也是无效的 -->
<script async>
console.log('5');
</script>

<!-- 示例 6: 延迟加载的外部脚本文件 -->
<script defer src="./6.js"></script>

<!-- 示例 7: 异步且延迟加载的外部脚本文件 -->
<script async defer src="./7.js"></script>

<!-- 示例 8: 其他 HTML 标签, 如 body -->
...
```

考虑到 defer/async 组合如此复杂，有必要说明一下脚本块/脚本文件的加载次序。简单的原则是：内联脚本块（inline script block）中 async 和 defer 属性无效[②]；外部脚本文件（external script file）既支持 defer，也支持 async。更多的细节包括以下几项。

（1）上述示例中的示例 1、示例 2、示例 4、示例 5 的示例 8 将在一个同步的过程中顺序解析与处理，这是因为默认情况下内联脚本块总是阻塞的，而外部脚本文件是满足 async=false 且 defer=false 的，因此会挂起对网页中后续 HTML 标签的渲染。在 src 指示的外部脚本文件未加载（或 HTTP 请求失效导致加载失败）之前，用户可能看到一个空白或残缺的无效网页，因此传统的 HTML 编写风格会建议在代码中将<script src=...>标签放在</body>之后[③]。

---

① 浏览器会在网页解析过程中实时地执行加载完成的"异步的外部脚本"。如果该脚本中使用类似 document.write()的调用，则会带来不确定的结果：当 DOM 已经构建完成时，write()会失效；否则 write()会成功（例如一个.html 文件足够大，而"异步的外部脚本"来自本地缓存，就很容易出现这种情况）。

② 但是，有早期的测试表明，在 Firefox 3.1 之前以及 IE7 和较早版本中 defer 对内联脚本是有效的，参见 phpied 网站。

③ 如果放在</body>之前，则脚本中的代码有机会调用 document.write()向 body 写入内容。

（2）上述示例中的示例 3 和示例 6 都将延迟到网页加载完成之后执行，并且它们及其操作的 DOM 对象之间都可以有依赖关系；而示例 7 的执行时间存在不确定性，它总是在上述过程中并行执行[①]，这是因为

- 设置 defer 属性的外部脚本文件会延迟到网页解析与加载完成之后，并在 DOMContentLoaded 事件之前顺次执行；
- 设置 async 属性的外部脚本文件会按它们在<script src=...>出现的次序并行加载[②]，并最终导致这些外部脚本文件异步地执行，它们将是在一个与网页处理并行的过程中执行的（这也意味着后续网页内容以及在这些异步脚本之间，将不能依赖它们动态创建或修改的 HTML 元素）；
- 当 defer 和 async 这两个属性同时出现时，会按 async 处理[③]（但考虑到向前兼容[④]，建议绝对避免这种形式的用法）。

那么，这些与 ECMAScript 规范中的 ESM 模块有什么关系呢？这个问题的关键在于，浏览器还提供了一个属性来将<script>标示为一个模块。这也有两种方式，如下：

```html
<!-- A. 外部 ESM 模块文件 -->
<script type="module" src="./A.js"></script>

<!-- B. 内联 ESM 风格的模块脚本块 -->
<script type="module">
import {x, y, z} from './B.js';
console.log("B", x, y, z);
</script>
```

一旦为<script>添加了属性 type="module"，在对应的 A.js 文件（或内联模块 B）中，就可以使用 import 和 export 了。这些带有 type="module"属性的<script>标签会被浏览器默认按照 defer 属性来处理。也就是说，所有内联模块和外部模块全都统一延迟到网页加载之后执行。这样做带来的直接效果就是，引擎可以异步地取出模块代码并分析所有的 import/export，最后一次性地加载这些模块并执行它们的顶层代码，正如 ESM 规范对静态模块加载所要求的那样。

然而，还未等到什么新语法出来搅局，现实中的 type="module"就（很不幸又一次）与

---

① 这里还存在一个被（模块或脚本的）传统的动态导入技术严重依赖的历史设计，也就是说，如果使用 el = document.createElement('script')创建脚本元素，并通过设置 el.src 属性来远程加载外部脚本，这种异步执行过程也存在不确定性。然而，如果在这种情况下设置 el.async = false，那么这些外部模块又会变成同步加载（但是，这与网页本身的同步加载和执行过程是无关的，处在两个不同但确实可能重叠的阶段中）。

② 受限于浏览器中访问 HTTP/HTTPS 请求数量的限制，这些请求并不是同时发生的，它们存在于一个受返回状态影响的次序队列中。总的来说，列表中的项"完成加载"是无序的。之所以关注"完成返回"的时间而不是"发起请求"的时间，是因为前者决定了脚本何时开始执行，以及（对某些代码来说，重要的是）这个<script>元素的 onload 事件何时触发。

③ defer 属性是在 HTML 4.01 规范中约定的，而到 HTML5 规范才约定了成批延迟加载的脚本需要按照它们在网页中声明的位置顺次执行，而 async 这个属性是在 HTML5 中才规范且约定为异步执行的，从而与传统的 defer 明确区分开来。然而，因为早期缺乏规范，某些较早的浏览器引擎对 defer 的执行顺序会表现得跟 async 的效果接近，即也可能是并行的。关于 defer 的顺次执行问题，参见文章"谈谈<script>标签以及其加载顺序问题，包含 defer & async"和"HTML: The Living Standard"。

④ 向前兼容的问题在于：如果浏览器只支持 HTML4，那么它应该不识别 async 属性。因此，<script defer async src=...>这段代码出现在 HTML4 中会被解释成 defer，而在 HTML5 中会被解释成 async，从而带来明显的版本差异。

defer/async 撞在了一起。下面是一个相对简单的示例[①]：

```
<!-- C. 延迟、异步的外部 ESM 模块文件 -->
<script async defer type="module" src="./C.js"></script>
```

这里就出现了浏览器环境下的异步模块。之前也说过，ECMAScript 新规范中的动态导入的模块也是异步的。这样就出现了概念冲突：这两种"异步"之间的关系是什么，区别又如何呢？

在 HTML 脚本模块中使用 async 是极具风险的。例如：

```
<!-- 示例 1 -->
<script async type="module" src="./D.js"></script>

<!-- 示例 2 -->
<script type="module">
// 假定模块 d.js 中还将导入 E.js
import {x, y, z} from "./D.js";
</script>

<!-- 示例 3 -->
<script type="module" src="/E.js"></script>

<!-- 示例 4 -->
<script async type="module">
import {n} from "./E.js";
</script>
```

从上述代码可以看到：

- 示例 1 和示例 4 将在两个异步的过程中分别加载模块 D 和模块 E，这两个模块是加载完之后立即异步地执行的；
- 示例 2 和示例 3 将延迟到网页加载完成后，先构建模块依赖树再同步执行的。因此，示例 3 中的模块 E 将早于示例 2 中的模块 D 执行。

接下来的问题是：模块 D 和模块 E 到底创建了几个实例，又被执行了几次？[②]

在<script>中使用 async 属性在带来异步模块特性的同时，导致了在浏览器的全局环境中同时存在异步和同步的 ESM 模块处理过程（这就回到了本章一开始讨论的问题上）。这几乎是灾难性的和不可解的。

需要留意的是，上面的示例 4 是唯一一种能够在内联脚本标签上使用 async/defer 属性的情况，即声明异步模块脚本块。在这样的代码块中，也可以按照 ECMAScript 规范混用 import 语句和 import()函数。例如：

```
<!-- 异步模块脚本块 -->
<script async type="module">
import {n} from "./E.js";
const {x, y, z} = await import('./D.js');
...
</script>
```

---

① 尽管示例中同时使用了 async 和 defer(而且脚本模块本身也缺省是 defer 的)，但按照 HTML 规范只有 async 会生效。这在之前已经说明过，这里最后强调一次这一特性：一旦<script>标签指定了 async 属性，那么在 HTML5 规范下它就必然按照 async 的规则来处理。

② 这里与具体的实现有关，不同浏览器间存在着非常大的差异。一般而言，应该是示例 2 和示例 3 创建同一个静态模块依赖树，并执行一次顶层代码，而示例 1 和示例 4 分别创建各自的动态执行过程，并各自处理模块 D 和模块 E 的加载和执行。也就是说，异步模块加载会潜在地导致同一模块在相同的全局环境中多次创建和初始化。

<script async ...>的语法是在 HTML 层面为代码创建一个异步的可执行块（加载并执行 src 指示的文件，或者直接执行脚本块中的代码）。这个"异步"是相对于浏览器解析与处理 HTML 页面以及相对于其他的<script async ...>块而言的。

在一个<script async ...>块中，如果有多条 import 语句，那么这些语句是按 ECMAScript 的 ESM 规范的静态加载的；但如果有 import()调用，那么它是按 ESM 规范的动态模块加载的。

最后，关于异步模块与动态导入再做一点补充说明。比较来看，HTML 标签加载异步模块和使用 import()动态导入模块，虽然都有并行、动态加载的特点，但也略有差异。这两种方式都会加载一个完整的模块依赖树，其中异步模块会加载在全局，而 import()会把模块动态地导入一个异步的上下文中：

```
<!-- 异步模块 -->
<script async type="module" src="./D.js">

<!- 动态导入模块 -->
<script async type="module">
const {x, y, z} = await import('./D.js');
...
</script>
```

由于都是以 HTML 标签<script async ...>的形式来声明的，因此脚本块/脚本模块文件都不会阻塞网页加载与渲染的主线程。细致一点来说：

- 在异步模块中读取/加载 src = ...指示的模块文件及其依赖树时，与主线程是并行的，但随后它会实时地打断主线程并执行模块顶层代码；[①]
- 在动态导入模块时[②]，所在的 async 属性的脚本块实际是在当前网页中立即执行的，直到遇到其中的 await，随后的 import()才会在一个并行的异步执行上下文中执行 D.js 脚本，并最终唤醒 await 中的脚本块，而这时该脚本块才会打断主线程并执行后续代码（此时模块顶层代码已经在 import()的异步上下文中被执行过了）。

28.5　受 ESM 模块影响的网页脚本执行顺序

对于网页中的脚本执行顺序，可以简要汇总为如下 3 条。

（1）在页面解析与渲染过程中，同步、顺次地执行内联脚本块与外部脚本文件。

（2）当页面解析与渲染结束时：

- 加载所有<script type="module">的内联脚本块与外部脚本文件中的 import 语句所构建的静态模块依赖树；
- 顺次执行所有<script type="module">的内联脚本块的顶层代码；
- 执行所有添加 defer 属性来延迟的外部脚本文件；
- 最后触发 DOMContentLoaded 事件。

---

① HTML5 规范中对这一过程是有明确的定义的，参见"HTML: The Living Standard"。

② 这通常是 HTML5 规范实现的结果（而非规范中明确的定义）。雅各布·吉耶卢克（Jakub Gieryluk）非常详细地对所有的组合进行了测试和分析，但其中"异步的脚本内联模块"（原文标注为"script inline module async"）对顶层 await 缺乏充分的考虑，参见 GitHub Gist 的 jakub-g/async-defer-module.md 文件。

（3）其他所有添加 `async` 属性的异步脚本文件，以及使用 `createElement('script')` 创建并加载的外部脚本文件，都将与上述过程并行执行；添加了 `async` 属性的模块文件与模块脚本块，也将并行加载整个模块依赖树并执行它们的顶层代码。

可见，ESM 模块仅在上述第 2 个环节和第 3 个环节中产生了影响，其根本原因当然是 ESM 模块被默认添加了 `defer` 属性。正是因此，模块脚本块也为 Web 环境带来了一点点惊喜。一般的`<script>`内联脚本块中并不支持 `defer` 属性，在这种情况下给它添加 `type="module"` 属性，就可以使它看起来像是被延迟到页面加载后执行 —— 即使这个脚本块中没有任何的 `import/export` 语句。

28.6　小结

总的来说，ESM 规范没有偏向 Node.js 和浏览器这两种主流环境的任一方，这使得它一直处于较为尴尬的位置。尽管脚本模块`<script type="module"...>`以一种较为友好的方式将静态 ESM 模块引入了 Web 环境中，但是异步模块在 HTML5 中的出现却进一步加剧了 `import()` 的设计与兼容的难度。

对于模块中的"缺省导出"，也可以使用如下方式来动态导入：

```
// 将"缺省导出"重新命名为 xxx
const { default: xxx } = await import(...);
...
```

这实际上对应了模块导入语句的如下语法：

```
// 使用 import 语句静态导入
import xxx from ...;
// （或者）
import {default as xxx} from ...;
```

最后需要注意的是：每个域（Realm）有一个自己独立的模块图（包括模块依赖树和模块缓存），因此在同一个域中模块的加载以及它的顶层代码都只处理一次。如果希望每次导入模块（无论动态的、静态的还是异步的）都独立地执行它的顶层代码，就应该为它创建独立的域（参见第 32 章），或者在一个新的 frame/iframe 中去加载它。

## 第 29 章

所有的组合：Promise.allSettled()和 Promise.any()

```
> Promise.any(x)
```

在编程语言设计中，一个特性总是附带着一大批的周边特性。典型的如展开语法，从数组展开到对象展开，从变量声明到函数参数声明等，总之设计者们会将它用在足够多的地方。

那么，怎样才是"足够多的"呢？这本质上是在讨论一种"组合的艺术"，也就是说，简单地将某个特性与其他所有特性放在矩阵中一一组合，在这个全集中找出最有价值的那些，然后就变成了 TC39 的提案。

看起来是很简单（甚至是有些随意）的事情，但真正做起来却并非易事。

提案索引

已通过提案（Stage 4）

- tc39/proposal-promise-any：ES2021 中添加的"`Promise.any`"提案。
- tc39/proposal-promise-allSettled：ES2020 中添加的"`Promise.allSettled`"提案。
- tc39/proposal-class-static-block：ES2021 中添加的"类静态块"（Class Static Block）提案。
- tc39/proposal-async-iteration：ES2018 中添加的"异步迭代器"（Async Iterators）提案，包括 `for await .. of` 等与异步迭代相关的语法。
- tc39/proposal-promise-finally：ES2018 中添加的"`Promise.prototype.finally`"提案。
- tc39/proposal-async-await：ES2017 中添加的"异步函数"（Async Functions）提案，包括 `async/await` 等语法。

推进中提案（Stage 3）

- tc39/proposal-array-from-async："`Array.fromAsync`"提案，返回一个 Promise，用于就绪包含一组 Promise 对象的数组。

推进中提案（Stage 1）

- tc39/proposal-promise-try：“`Promise.try`”提案，封装一个函数，尝试执行它以便在一个 then 链中管理它的执行与返回。
- tc39/proposal-await.ops：“`await` 操作”（await Operations）提案，为 `Promise.xxx` 提供一种简单的语法糖，以方便在异步函数中使用形如 `await.xxx` 的方式来同步一组 Promise。
- tc39/proposal-async-do-expressions：“异步的 do 表达式”（async do Expressions）提案，可以声明一个异步的 do 块。
- tc39/proposal-async-init：“异步初始化”（Async Initialization）提案，为类声明、类初始化块等提供异步上下文的支持。

29.1 组合的基本原则

在本书以及我的其他书中（如《JavaScript 语言精髓与编程实践（第 3 版）》）总是试图厘清 JavaScript 的种种特性，并将它们归类到几个有限分类中去，一方面这是语言事实，另一方面是为了探索这门语言的发展方向。

一旦将这门语言所基于的几种原始范式都识别出来，就可以在这些范式上寻求各自方向上的最佳实践以及最有创建性的设计，然后将它们引入 JavaScript。例如，生成器与迭代器就是这种思想在函数式范式上应用的结果。但 Promise 和并行是一个迟来的特性，它最初引入 ECMAScript 时是一种孤立的特性，与其他语言范式缺乏联系。从一定程度上讲，它能被接受的原因与当时流行的链式编程不无关系（then 链的特性）。但即使如此，链式编程也并非 JavaScript 的原始特性，而只能算是对象特性与函数式编程结合起来的一种风格。

除此之外，在最开始的时候，Promise 并没给开发人员提供什么好的体验。尽管它一开始是打着“解决回调地狱”的口号出现的，但回调模式在事件触发和异步处理中很基础也很普遍，要让那些基础库在一时间全部改变是很难的——很多库都不得不另行提供了面向 Promise 的版本，或被第三方的 Promise 实现替代。同时，一个使用 Promise 风格的程序要与其他代码整合起来通常相当勉强，在有些情况下甚至几乎无法办到。

29.1.1 通过组合来扩展系统的外延

JavaScript 中的两种主要范式（结构化与面向对象）都是基于时序编程的，简单地说就是有顺序、分支与循环这样的时序逻辑，而 Promise 是非时序的、并行的编程模型，本质上，要让它们结合起来就很难。在编程语言设计上，外向型的组合最难于处理的就在于同一分类体系下的两种特性如何组合。这就好比：如果是在同一个识别体系下的“美与丑”，就很难有方法将它们统一在一个作品中，这样统一的结果很难避免“不伦不类”的尴尬境遇。

`async/await` 提供了一个成功设计的语法实践样本。但就当时基于 ES2016 的规范来说，这极具挑战性。它同时提出了一种新的执行上下文（异步上下文，参见 25.1 节）和一种新的引擎推进模型（从 NextJob 到 RunJobs，参见 25.2.1 节），通常这很难被 TC39 委员会接受，因为这些（尤其是后者）通常会导致各家引擎厂商的实现无法通过评估。但在当时，Promise 在 ES2015（ES6）~ES2016（ES7）中都与其他语言特性没有太多交集，也还没有得到广泛的应用，因此 async/await 的变化得到了满足。

不过，这还得益于"如何理解一个函数的语义"这个拦路虎在 async/await 提出前得到了解决。函数的语义通常被设计为：传入参数，调用并得到返回值。但是，在 ES6 时代提出的生成器函数打破了这一传统。在生成器函数中，传入参数可能并不用于计算过程（尤其是第一次调用 tor.next()），其结果也可能不是预期的某个值。在调用生成器函数时得到的 tor 对象，可以理解为"用来得到一批值的句柄"。这样一来，函数的"与值等义①"的语义和"单入单出"等基本概念都在 ES6 时代被突破了。

使用 async 声明的异步函数继承了这些成果，成功地成了另一种"不返回值，而是返回取值句柄"的设计：既带有函数式的特点，又是结构化的，还是异步环境下的。3 种语言特性的组合带来了它在使用上足够的灵活性，以下代码中的注释说明这 3 种特性的应用与影响：

```
// 3. 异步的函数
async function sendPayOrder(v) {
  // 2. 使用 await 兼容同步环境下结构化的开发
  try
    const x = await v;
    console.log(x);
  } finally {
    ...
  }
}

// 1. p 并不是 sendPayOrder()调用的结果，而是后续取得结果的句柄
let p = sendPayOrder(...);

// 取得调用结果及其处理
p.then(...);
```

这一设计主要得益于 await 语法成功地将并行代码（Promise 对象）在异步上下文中同步化。同步化几乎是整个并发编程的核心（例如 Atomics.wait() 以及整个 Atomics 类与线程代理机制），而 ES2017（ES8）中的 async/await 只简单地用一个运算符就办到了，这样的语义简化相当自然而又高明。

随之而来的就是在 ES2018（ES9）中添加的 for await ... of，这是在异步上下文中处理替代器（具有 [[asyncIterator]] 属性的可迭代对象）的语法，它同样是结构化、函数式和面向对象特性混合的。不过，这样一来，await 与 yield 等语法之间产生的交叉冲突也就凸显出来了，这也是 26.3 节中讨论它们之间关系的原因。

29.1.2 寻求合理的补充

ES9 推出的另一个成熟提案（几乎是不可避免地）带来了一个新的组合热点，就是对 Promise

---

① 这是在第 8 章中主要讨论的问题，但是从结构化的视角来看待函数的性质。如果究其根源，函数与值等义是函数式编程的基本设定，关于这一点可以参见《程序原本》或《JavaScript 语言精髓与编程实践（第 3 版）》中的相关章节。

的属性（即它的界面）的扩展。这就是"Promise.prototype.finally"提案。

在 ES6 中的 Promise 只规范了实例最基础的 then() 方法，还捎带地加上了 catch()。后者被实现为 then() 方法的一个语法糖式的补充：

```
// 示例 1: 使用 then() 的一般语法
p.then(f1, f2)
```

```
// 示例 2: 基本等效于
p.then(f1).catch(f2)
```

之所以说是"基本等效"，是因为在示例 1 的用法中，回调 f1() 时的异常将没有对应的 onRejected 来处理，而在示例 2 中，无论是 p 还是 f1 的 reject 值都可以由最后一个 catch(f2) 来处理。所以，经典的 Promise 法则建议"始于 Promise，终于 catch"，也就是要求总是用一个单独的 catch() 调用来终结 then 链。

但 catch() 仍然（在大多数时候）表现得更像是 then() 的补充，毕竟在没有 catch() 时，下面的替代方法是完全等效于上面的示例 2 的：

```
//示例 3: 不使用 catch()，且完全等效于例 2
p.then(f1).then(undefined, f2)
```

所以，就整个 Promise 的设计来说，有没有 catch() 并不要紧。但是，为了带来一点点应用上的方便，ES2015（ES6）还是添加了这个方法。这却使 finally() 的出现变得顺理成章：既然 catch() 的语义是"捕获出错导致的 reject 值"，那么在"无论是否出错"的情况下就应该具有一种对等的处理机制——因为在语义上，在上面的讨论环境中加入了"是否出错"的语境。

所以 finally() 被设计用来处理这样的一种可能：无论 then 链上在此前是否出现异常（或 reject 值），finally(foo) 所添加的回调 foo() 总会得到处理；并且，foo() 的处理并不影响之前 resolve/reject 值的返回。显然，这样的语义设计与结构化异常中 try .. catch .. finally 是近似的。

这种近似带来了一个不容忽视的问题：为什么没有 try？

到目前为止，Promise 对象 p 上只有 3 个可以调用的方法，即 then()、catch() 和 finally()。需要考虑第四个方法 try() 吗？如果需要，那么它可能的语义又是什么呢？

p.try() 有没有必要呢？在语义上，try{ ... }块在结构化中是一个处理过程，并且 catch/finally 是对该过程中"存在/不存在异常"的响应。然而 Promise 实例 p 并不是处理过程，它代表的是（未就绪的）数据。这就意味着，p 本身不存在（处理过程的）异常，也就不需要后续解决。而之前被设计出来的 p.catch() 和 p.finally() 偷换了这个概念和语境，将"过程异常"变成了"数据的有效/无效"。所以，then 链在本质上也就"没有需要 try 的逻辑"。不过，这也有例外，就是链的起点！

除 new Promise() 之外，ES6 中的 Promise.resolve() 和 Promise.reject() 是另外两种得到 Promise 对象的方法。这 3 种常规的"链"的起点，都被设计为标准的"先就绪数据[1]，然后做点什么"的 Promise 风格。也就是说，"链起始于数据"。然而既然如此，为什么没有"链起始于逻辑"呢？所以，让所有处理的链式起点存在一个可以被"try 一下"的逻辑，就是

---

[1] 看起来 new Promsie(executor) 也是调用了一个处理过程，但它仍然必须处理 resolve/reject 值。有值和交付值是这些过程的先决条件。

Promise.try()这个语法合理性的由来[①]：在try()中尝试一个过程并返回Promise实例p，以便在后续的catch()或then()中处理它。例如：

```
// 返回值的过程（执行器）
const f = () => 100;
Promise.try(f).then(console.log);

// 或者，一个异常的过程
const e = () => { throw new Error('ERROR') };
Promise.try(e).then(console.log).catch(...).finally(...);
```

上面的示例并不能很好地反映try()的应用价值。仔细思考这一需求的原始起点——"某个过程/逻辑"需要在then链上得到完整的异常处理——就可以复现结构化处理在传统编程中的荣光。例如下面的用法就正如"Promise.prototype.finally"提案作者在介绍中所说的[②]，这几乎是对结构化异常的完整复刻：

```
Promise.try(() => {
  // 在一个在函数（块）中足够复杂的逻辑
})
.catch(e => {
  ...
})
.finally(()=> {
  ...
})
```

从应对已知数据（即Promise实例）的Promise.resolve()与Promise.reject()，到处理已知过程的Promise.try()，在并行特性的函数式编程体验上，JavaScript逐渐完善了的语法风格，更"链式"（风格上的优美），适用性也更强。这也使Promise能很容易地整合到异步函数中，例如：

```
// 处理异步函数
Promise.try(async function f() {
  ...
})
.then(...)
```

其中异步函数f()返回的Promise实例正好用作后续then链的起始。考虑到这种应用，"Promise.try"提案有意模糊了函数f()的类型，例如：

```
// 函数 f 的类型是未知的
import f from ...;
Promise.try(f).then(...)
```

这样也是合理的，函数f()总是会返回点什么，无论它返回的是何种值，只要能被resolve()/reject()置值器处理就可以了。因此，Promise.try()也是如下旧式风格的完美替代：

```
// （在语义上等效于）旧式风格1
import f from ...;
Promise.resolve(f()).then(...)
```

[①] 这是对概念完整性的思考。《程序原本》中讨论过程序的根源在于对"数据+逻辑"的处理，有了"以数据发起的……"，就必然应该有"以逻辑发起的……"。目前，"Promise.try"提案仍处于Stage 1阶段。

[②] "Promise.prototype.finally"提案作者原本的措辞是"干净的对等性"。这里的概念对等性是在语法移植时必须考虑的：相同的语法指向不同或部分相同的语义，会给使用者带来极大的理解成本。

```
// （效果相同的）旧式风格 2
Promise.resolve().then(f).then(...)
```

所以，也可以把 `Promise.try()` 看成上面的风格 2 的"语法糖"。

29.1.3 少即是多的理念

通过对 `p.catch()`/`p.finally()` 的讨论我们最终发现：对应的 `try()` 方法应该设计为 `Promise.try()`，而不是放在具体的实例属性上。考虑这一设计的起源，可以认为 Promise 类方法（静态方法）通常用于 then 链的起始，类似于此的设计包括 `Promise.resolve()`/`Promise.reject()` 及 `Promise.all()`/`Promise.race()`。那么，还可能有哪些未被设计出来的类方法呢？

现在已经知道，`Promise.try()` 方法适用于由一个过程开始的 then 链，而 `Promise.resolve()` 和 `Promise.reject()` 方法则是面向单个值的。与单个值成对的概念是一个值的集合。ECMAScript 规范约定了两类集合，分别是索引集合和键值集合，这包括全部已知的 Array、TypedArray、Map、Set 等类型，ECMAScript 又将这些集合类型最终用可迭代对象的概念收敛起来，也就是说，如果对象有一个`[[Iterator]]`属性，它就是可迭代的、可相互转换的。

所以回到 Promise 类方法的设计上来，结论是：并不需要逐一考虑所有的集合类型，只需要考虑如何更灵活地将可迭代对象应用于集合的处理。ES6 中的 `all()` 和 `race()` 方法正是在这个方向上的现实成果。但是，如果针对的是可迭代对象的成员，现实问题就是 `all()` 和 `race()` 并不足以表达对一个成员集合的全面观察。

例如，`Promise.all(x)` 表明集合 x 中值全部就绪：如果是 resolve 值，则在回调函数 `onFulfilled()` 中传入一个与 x 等大的数组来表明各个成员的结果。除一个可迭代对象会被映射为数组从而带来一个异构的处理之外，这很完美。然而，如果集合 x 中有任意一个 x′是 reject 值，那么整个就绪结果也被认为是拒绝，并向 `onRejected()` 回调函数传入 x′被拒绝的原因（*reason*）。这就导致了问题：在`.then()`/`.catch()`方法中处理 `onRejected()`时，没有办法从拒绝的原因回溯"找到 x′是什么"。集合中的具体成员信息丢失了。而且，在这种情况下"迭代对象映射为数组"的策略也是灾难性的，因为强加的索引信息无助于任何反向从 x 集合中查找到 x′的行为。与此类似，`Promise.race(x)` 的设计为在集合中任意成员 x′就绪时实例 p 完成就绪，并触发 then 链上的回调函数 `onFulfilled()`/`onRejected()`，这时同样无法确知就绪的 x′是哪一个成员。

问题的关键在于：`all()`/`race()` 都存在"个体代表全集"的特例，但随之而来的是"识别个体特殊性"的需求无法在现有设计中被满足。

解决问题的方法有两种：一是设计"识别个体"的机制，二是提供"处理全体"的机制。ECMAScript 采用第二种设计方案，添加了一个称为 `allSettled()` 的类方法[①]：它与 `all()` 方法语义近似，但总是在集合全体就绪时才会完成。因此，无论它是 Fulfilled 还是 Rejected，它总是会处理 x 集合全体，并返回一个对象数组作为结果，以反映全体的状态（每个成员对应数

---

① "`Promise.allSettled`"提案已经在 ES2022 中成为正式规范。

组中的一个对象）。例如：

```
// 在.all 的 then 链中找不到 reject 的成员信息
Promise.all([p1, p2, p3]).then(f).catch(reason => {
 console.log(`unknow x', reject reason: ${reason}`);

// 在.allSettled 的结果总是一个全体集合
Promise.allSettled([p1, p2, p3]).then(f).catch(results => {
 results.forEach(([{status, reason}, i]) => {
   if (status == 'rejected') {
     console.log(`rejected ${i}, reason: ${reason}`);
   }
 });
})
```

　　另一种处理方式就是"识别个体"。其根源在于 all() 和 race() 中的个体是特例，所以才需要识别；反过来，若个体不是特例也就不需要识别了。也就是说，需要设计一个返回确定个体的接口，这就是 Promise.any() 方法的由来[①]：集合中的某个个体的 resolve/reject 值就是整个集合的最终结果。例如：

```
// p 就是集合[p1..pn]中某个 p'的 resolve 值
Promise.any([p1, p2, p3, p4, p5]).then(p => {
 ...
})
```

这样的集合状态取决于最先就绪的那个元素，也就是多少有点时序的、不确定性的逻辑概念在里面。这非常适合用来处理某些类似"超时"的逻辑，例如：

```
// 超时后调用 reject()置值器
const timeout = s => new Promise((_, reject) => setTimeout(reject, s));

// userInput 弹出层用于等待用户输入
Promise.any(userInput, timeout(10)).catch(()=> {
 // 10 秒超时，从界面中移除用户输入层
});
```

　　有了 all()、allSettled() 和 any()，就可以组合出足够丰富的逻辑。例如，集合中有一个子集中任意成员 true 则 true，另一个子集所有成员为 false 则 false，那么可以设计为：

```
Promise.all([
 Promise.any([p1, p2, p5, p7]),  // 任意成员被解析
 Promise.allSettled([p3, p4, p6]).catch(all => { // 所有成员被拒绝
   let fulfilled = all.filter(([{status}]) => status=="fulfilled");
   return (fulfilled.length > 0) ? fulfilled : Promise.reject(all);
 })
])
```

29.2　更多组合、更多选择

　　Promise 依然在追求与其他语言特性的更加丰富的组合。从某些部分的现状来说，很多社区项目的成功提供了很好的范本与参考，例如 Bluebird.js 就提供了许多边缘性的 Promise 方法，包括类似于数组的 some()、filter() 和 reduce()，以及 tap()、tapCatch() 和 throw() 等方法。但很难想象将它们不加选择地加到 ECMAScript 规范中会带来怎样的后果。因此，就目前来说，

---

　　① "Promise.any"提案已在 ES2021 中成为正式规范。

TC39 仍然在谨慎地处理 Promise 的接口设计。

在整体上，仍然存在两个方向：面向其他语言特性的和面向 Promise 类与实例的。但总的来说，面向 Promise 类与实例的内向组合能带来的收益越来越低，因为针对单个值或值的集合的设计很容易看到尽头，可能的组合相对有限。因而，更多的语法设计是面向其他语言特性甚至是将来的语言特性的。例如，"await 操作" 提案试图将 Promise.*xxx* 相关特性移植到 async/await 环境中（以减少一点儿代码量），而"异步的 do 表达式"提案试图实现一个异步的 do 表达式块。

可以在越来越多的提案中观察到这样的共同点：在语言特性间交叉的组合往往会带来更大的收益。这在 JavaScript 中更为显著，在一定程度上说也是因为这门语言本身就是混合范式的。典型的示例是一个用于实现异步类的"异步初始化"提案，这个处于 Stage 1 阶段的提案在讨论一个问题[①]：给 class 关键字或者给 constructor()方法提供 async 声明是有意义的吗？

这个问题缘起于现有的 ES6 规范中的一点点未完成的设计。具体来说，可以为类声明中的任何对象方法或类方法添加 async 关键字：

```
class MyClass {
  async foo() {
    return 100;
  }
}

let obj = new MyClass;
obj.foo().then(console.log); // 100
```

在这些地方声明异步方法和异步属性存取器都是合法的。但是不能将这个关键字用在构造方法 constructor()上，因为无法解释"什么是一个异步的构造过程"。举例来说，假定如下过程是合法的：

```
class MyClass extends ParentClass {
  async constructor() {
    ...
  }
}

let obj = new MyClass;
...
```

从表面上看就应该认为 MyClass 会创建出一个 Promise 对象，因为用 async 声明的异步函数总是返回一个对象。这就与 MyClass 声明的对象继承关系违背了，因为 extends 的语义表明它总是要创建一个 ParentClass 类的子类实例，而不是 Promise 类或其子类的子类实例。

但现实中的确有在 constructor()上使用 async 的需求。例如，构造过程所需的数据如果依赖于远程获取，那么可能需要下面这样的代码：

```
class MyClass extends ParentClass {
  async constructor() {
    let data = await performQuery('select * from table;');
    super(data);
    ...
  }
}
```

然而，一旦 async constructor 出现，它的子类就需要考虑 await super()这一语法的合

---

① "异步初始化"提案处于极早期的阶段，并且尚未明确可能的目标或设计方向。

理性。例如：

```
// 声明上例中 MyClass 的子类，而后者的构造方法"总是"异步的
class MyClassEx extends MyClass {
  async constructor() { // 注意这里的 async 具有强制性
    ... // 一些可能的前置逻辑
    await super();
    ...
  }
}
```

在这个例子中，由于父类 MyClass 是异步构造的，子类在调用 super()时就需要使用 await。假设不用，上述示例中的前置逻辑可能就与调用 super()并行执行了，前置的时序性要求就被破坏了。

另一种可能的语法是将 async 作用于 class 关键字，从而让整个类处于异步环境中，如下：

```
async class MyClass extends ParentClass {
  #f = await ...; // 私有成员声明
  constructor() { // 构造方法
    let x = await ...;
    ...
  }
  static { // 类静态块
    let d = await ...
  }
}

let obj = new MyClass;
...
```

它在语义上是说"类/类的构建过程是异步的"，因此在它内部可以有 await，从块的形式结构来看，这个内部应当包括构造方法、成员声明和类静态块[①]。如此一来，显式声明为 async class 的类也有了完整而符合逻辑的语义（并且这样的语法也很自然地说明了它所具备的能力），以支持如下语法创建实例：

```
let obj = await new MyClass;
console.log(obj instanceof ParentClass); // true
```

就上面的分析来说，将并行特性与同样数量庞大的面向对象特性结合起来的前景可期，但也任重道远。总之，将 async/await 作用于 Promise 对象，进而带来的语法优势目前并没有全面展现出来，"让某个过程处于异步上下文之中"仍然是未来可能的方向，其不仅是面向对象的，还有函数式的，以及动态的或者并发的，皆蓄势已久。

29.3　小结

就流行趋势来说，"让一切都跟异步关联起来"可能是未来的方向。Promise 带来的语言特性远远没有发挥到极致，并且社区的养分也有待萃取（例如 Bluebird.js、Q 和 caolan/async 等项目）。但究其背后的规律，仍然可以将这一切视为"特性组合"的潜力。

---

① "类静态初始化块"提案已在 ES2021 中成为正式规范。

第 30 章

与 null 的长期斗争：从?.到??

```
> 1.?.length
undefined
```

第 17 章刻意地从元对象的角度探讨了 null 值的设计与应用，但这并不全面，也并不能深入本质地反映 null（以及与之相关的 undefined）对 JavaScript 语言的影响。

自从有这两个值以来，null 与 undefined 的双设计就形成了一种事实上的应用策略：用 null 表示"这里应该有，但当下还没有"的值，而用 undefined 单纯地表示"没有，什么也没有"。

但这些"有"或"没有"的区别仅是抽象概念上的，在具体应用上总是存在着各种分歧，不同人在不同场景下的选择也不同。往往一个简单的命名或置值，都会引来一场项目组内的战争，更何况 Null/Undefined 这种长期存在的抽象负担。

既然这注定是一场旷日持久的"斗争"，那么具备丰富的"战斗经验"是十分必要和迫切的。

提案索引

已通过提案（Stage 4）

- tc39/proposal-optional-chaining："可选链"（Optional Chaining）提案，ES2020 中添加的可选链运算符（?.）。
- tc39/proposal-nullish-coalescing："空值合并"（Nullish Coalescing）提案，ES2020 中添加的空值合并运算符（??）。
- tc39/proposal-logical-assignment："逻辑赋值"（Logical Assignment）提案，ES2021 中添加的逻辑赋值运算符（??=等）。

推进中提案（Stage 1+）

- tc39/proposal-grouped-and-auto-accessors："成组存取器和自动存取器"（Grouped Accessors and Auto-Accessors）提案，用 `accessor` 修饰符来成组地或自动地声明存取器属性。

● tc39/proposal-pipeline-operator：“管道运算符”（Pipe Operator）提案，管道运算符（`|>`）。

非正式提案

● ClemDee/proposal-not-nullish-operator：“非空值检测运算符?”（Non-nullish ? Operator）提案。

30.1 使用 null 和 undefined 的一些最佳实践

在 ECMAScript 规范中，`null` 是常用的特殊值，并且开发人员在代码中看到的 `null` 通常都来自规范刻意地暴露这个值。这主要缘于数据结构的应用传统，`null` 被用来表示一个数据结构中的终值或特定值，例如链表的末端。一种大家比较熟知的情况是，`null` 在规范中被作为原型链的顶端，因此用户代码中用 `Object.getPrototypeOf()` 来递归时，总是会访问到 `null`。还有些不太为人知的，例如，类型化数组（如 `typedArr`）在创建时，如果没有关联到一个数组缓冲区，它的内部槽`[[ViewedArrayBuffer]]`就是 `null`①，在这种情况下，访问 `typedArr.buffer` 返回的就会是这个 `null`。也就是说，ECMAScript 规范中的 `null` “透出”给了用户代码。

“透出”并不常发生。尽管绝大多数内部结构（包括环境、作用域、模块表等）都在链表或结构成员中大量使用 `null`，但相应的存取过程并没有通过接口暴露出来。因此，绝大多数开发人员遇到的都是第三方包、派生类或者类似 DOM 属性等这样的“应用中的 `null`”，通常它们就用来表示“这里应该有，但当下还没有”，有点类似预置值或占位。当然，与前一种用法相比，除了不来自规范或内核的“透出”，它们并没有任何性质的不同。

在原始的 JavaScript 语言设计中，几乎所有的“什么也没有”的概念都是用 `undefined` 表示的。例如，`undefined` 用于表示变量、属性以及数组成员不存在，或者函数没有任何的返回；又或者，在向函数传入参数时用于表示指定参数未传入。另外，在逆向地强制将某个存在的东西（例如值）变成“不存在/没有”时，也可以使用 `void x` 表达式返回 `undefined` 作为结果。

用这种方式解释 `undefined` 是合理且清晰的,但是反过来则行不通。一样东西是 `undefined`,那么它是不是就不存在呢？最常见的是检测属性。例如：

```
// x 不存在，所以显示 undefined
let obj = { }
console.log(obj.x);

// 反过来，当检测属性是 undefined 时却不能认为 x 不存在
obj.x = undefined;
if (obj.x === undefined) {
  console.log(`'x'是不存在的属性?`);
}
```

从有 JavaScript 以来,使用 `undefined` 检测就是不安全的方法,准确的方法是使用 `in` 运算：

```
// （续上例）
if ('x' in obj) {
```

---

① 任何对象（在引擎层面的数据结构）初始创建时的内部槽都填写的是 `null`。在这里，对类型化数组来说，如果因为它关联的数组缓冲区被释放而导致分离（detach），那么`[[ViewedArrayBuffer]]`内部槽也会被置为 null。

```
  console.log(`obj.x有效。`);
}

// 或者，在需要时检测自有属性
if (obj.hasOwnProperty('x')) {
  console.log(`obj.x是自有的。`);
}
```

但是，这样做要有一个前提就是对象 obj 必须是事先有效的，不然对 undefined/null 使用 in 运算、访问 hasOwnProperty 属性等操作本身就是不安全的。

这些历史设计导致在 JavaScript 中处理多级属性的访问[1]显得异常困难。例如：

```
// 如何确保安全访问属性 z
console.log(obj.x.y.z)
```

所谓"安全访问"，是指"如果 obj.x 和 obj.x.y 属性都是安全的，那么 obj.x.y.z 是可以安全访问的"。这涉及 JavaScript 中如何判断某个对象、属性或值可否存取，而这又绕回到"如何检测 null/undefined"这个问题上来。一些常见的方式是：

```
// 在不严格的情况下，可以依赖短路运算
console.log(obj && obj.x && obj.x.y && obj.x.y.z);
// 或者
if (obj && obj.x && obj.x.y) {
  console.log(obj.x.y.z);
}

const defaultValue = {}; // 或者其他默认值
// 三元表达式（不太有效的方案）
let z = obj && obj.x && obj.x.y ? obj.x.y.z : defaultValue;
// 或者
let z = obj && obj.x && obj.x.y && obj.x.y.z || defaultValue;
```

在这些方式中，会或因 obj 无效（非对象），或因 x、y、z 这样的具体成员无效或者是假值[2]，带来非预期的结果。

因此，可能需要依靠对结果值进行更为严格的检测，例如：

```
// 更严格的属性检测
if (typeof obj == "object" && obj !== null &&
  'x' in obj && obj.x != undefined && obj.x != null && ...) { // 冗长的多级属性检测
  ...
}
```

在这段代码中，检测"变量或名字（引用）是否能作为对象存取"的安全方法总是：

```
# 注意：也可以使用===与!==运算符
> typeof obj == "object" && obj != null
true
```

然后进行具体的属性检测时，就可以使用下面的方式了：

```
# 一般的属性检测
> 'x' in obj && obj.x != undefined && obj.x != null ...
```

---

① 这一类行为都称为"深度嵌套对象的查看"（lookup with deeply nested object）。因为它在语言设计中涉及核心实现与优化，并且极度影响包括 jQuery、MongoDB 等在内的基于 JSON 的应用性能，所以各大论坛中不乏讨论它的热门主题。

② 在语言讨论中通常用"假值"（flasy value）表示那些可以被用作或隐式转换为 flase 的值，简单地说就是"!x 运算结果为 true 的"所有可能的 x 值。

```
# 或继续判断一个属性是否为对象
> typeof obj.x == "object" && obj.x != null ...
```

所有这些看起来安全的方法既带来大量的代码冗余，又无法清晰地表达使用者的意图。因此，一直以来有一种来自社区的声音：使用某种通用的方法有效地检测目标是否是**可为空的值**（nullable value），同时包括（或兼容）undefined 和 null，因为在 JavaScript 中，仅有 null 和 undefined 这两个值在属性存取时是不安全的[①]。

30.2　空值检测的一些预期性质

有关空值检测的一系列操作被称为**空值安全**（null safety 或者 void safety）操作，这要求"在运算数是空值时也提供符合预期的结果"。

TypeScript 提供静态语法阶段的空值检测（或非空检测）。缺省情况下，任何在 TypeScript 中声明的类型都默认包括 null 和 undefined 这两个值[②]，例如：

```
// (in TypeScript)
let s : string = 'abc';
s = null; // Okay
s = undefined; // Ok
```

如果在配置中将--strictNullChecks 置为 true，则会严格检查空值。这时下面的代码将在静态分析时抛出异常：

```
// (in TypeScript)
let s : string = 'abc';
s = null; // Exception: Type 'null' is not assignable to type ...
s = undefined; // Exception: Type 'undefined' is not ...
```

也有一些编程语言强制使用"非空类型"，也就是强制一个对象及其属性不可能出现 null。例如，Eiffel 会通过重定义构造过程的方式来使对象的每个成员都被填上一个非空值，这样，即使它们都如同传统编程语言一样被内存分配器初始化为 nil 值，也可以确保有一个用户过程来强制它们是非空的；并且，在这个构造过程之后，所有对象的成员都是只读的。

但是，显然在 JavaScript 中做不到这些。一方面，JavaScript 是动态类型的，无法在运行期实现类型检查；另一方面，它不能强制对象属性只读，也因此无法避免在静态语言检查或构造过程结束之后，用户代码向对象属性填任何值。所以，最后 TC39 面临的选择只能有一个：**在语句执行或表达式求值过程中实现空值检测。**[③]

JavaScript 从其他编程语言中借鉴了?符号，以支持属性存取时的空值检测[④]。考虑到传统的属

---

① 其他任何值（值类型）数据都有对应的封装类，属性存取运算符会将它们隐式地转换成对象（对象类型），所以是安全的。

② 在官方的 TypeScript 演练场（TypeScript playground）中不是使用默认配置的，开发人员可以参考后文所述的配置项来修改它的"TS Config"，或者使用命令行的版本来测试这个示例。

③ 就目前来说，在 ECMAScript 中并没有实现语句执行阶段的空值检测，但后文会讨论到这一点，所以列举了这一可能性。另外，在"装饰器"提案中也是有机会实现空值检测的，但是该提案仍然处在较多争议的阶段中，因此也暂不讨论。

④ 尽管在语法上很接近 C#，但这一设计更可能是源自 CoffeeScript 的存在运算符（?）或者更早一些的 Ruby。在 JavaScript 生态中，TypeScript 的稍早版本也使用?来表明（一定程度上与空值检测相关的）可选属性，这与 C#中出现类似特性的时间大致一致。

性存取、可计算属性存取和方法调用这 3 种主要情况，ECMAScript 设计了 3 种使用?符号的场景：

```
// 示例 1. 取属性，或返回 undefined
> obj = {}
> obj?.x    // 兼容传统的用法
undefined
> obj.x?.y   // obj.x 是空值时，返回 undefined
undefined

//示例 2. 支持计算属性
> obj.x?.["y"]   // 同上

//示例 3. 支持方法调用
> obj.x?.()   // obj.x 是空值时，不进行函数调用直接返回空值
```

接下来讨论与?符号和空值检测相关的一些具体设计。

30.3　问号的设计

在有关空值检测的早期讨论中，TC39 几乎是同时面临了??和?.的语法需求。也就是说，选择?并不是一开始的目标，而是综合了一些其他设计需求，最后归源于使用?来表示与空值检测相关的一组运算符[①]。如今这个运算符家族已经包括??=，以及尚在早期提案或提议阶段的?、|?>和?.::等。

然而，与符号?相关的几乎所有设计最终都必然面临与既有的三元表达式（?:）和标签化语句存在语法冲突的问题[②]。

30.3.1　短路运算与?.运算符的短路设计

在**可选链**（optional chaining）的早期讨论中，它包括一个称为**空值传播**（null propagation）的语义。因此?.运算符从开始就面临着有关短路运算的选择。

比较常见的示例是**布尔短路**（boolean short-circuiting）运算：

```
# 示例 1. 任一表达式为 true 时将触发短路并返回该值，后续运算将忽略
> a || b || c || d

# 示例 2. 任一表达式为 false 时将触发短路并返回该值，后续运算将忽略
> a && b && c && d

# 示例 3. 任意前序表达式为 false 时将触发短路并返回 d，||之前的运算将忽略
> a && b && c || d
```

可见短路运算有两个特点：**一是存在某种短路的条件（布尔条件等）；二是会忽略掉同优先级的后续运算（短路）**。

大多数人并没有意识到，（同优先级运算符的）连续运算可以合并为一个结果后参与后续其他运算。例如，

---

① 这个问题更早的源头可以追溯到 ES Discuss 网站中对 Nullablity 话题的讨论。有趣的是这个问题是在 2006 年（ES3 时代）由 Hax 发起的，而终结它的正是布兰登·艾奇，并且这也是 ECMAScript 中引入?来处理空值检测相关语义的最早的地方。
② 限于篇幅，这里只略提及与标签语句冲突的问题，在接下来的章节中并不会详细讨论它。

```
# 连续表达式运算
> 1 + 2 + 3 + 4 * 5
26

# 与以下两种语义是相同的
> (1+2+3) + 4 * 5
26
> 6 + 4 * 5
26
```

对于示例中的代码，在语法分析期会因为*运算符优先级较高，优先将运算数 4 结合到了右边，所以在短路运算中有一个非常重要的条件就是“同优先级”。作为参考，&&比||的优先级高一级，因此对表达式

```
a || b || c && d
```

来说，实际结合的方式如下：

```
// 实际发生的结合是 c && d 组合
a || b || ( c && d )

// 而非视觉直观的
( a || b || c ) && d
```

这个结合顺序与短路运算的效果叠加在一起，就会有如下运算效果[①]：

```
# 声明变量 x，用来反映存取（计算）发生的变化
> var _x = 100;
> Object.defineProperty(global, 'x', {get: ()=>_x++});

# 如果 a 和 b 为真，就短路掉 c 和 d 的运算
# 例如：a || b || ( c && d )
> true || 'a' || false && x

# x 为 100，说明上述全程中它未被访问
> x
100
```

　　?.运算符与上面说到的布尔运算不同：运算符&&和||各占一个运算优先级，而?.需要与其他存取运算符连用，因此需要共享优先级。?.运算符的优先级被定到仅低于分组运算符()的 18 级[②]，与 new 和函数调用等在同一级。这样一来，这些相同的优先级便形成“可选链”，并且短路的效果对全链（中所有其他运算）有效。例如：

```
> obj?.x.y.z()
undefined
```

因为?.、.和()这 3 个运算符是同一优先级的，所以在?.求值为 undefined 时整个链的运算就终结了。

　　需要注意的是，obj?.x 是识别 obj 是否为空值，而不是属性 obj.x。同样，假设有如下代码：

```
> obj?.x()
```

那么也并不是（像它表面上看的那样）在检测 obj.x 是否为空值，以及进一步决定是否调用方法

---

①　一般表达式是对运算数先求值，再处理运算符对应的运算（例如 x + x），而短路运算是先理解运算符，再通过前序运算数来决定短路的逻辑，最后再决定是否求值后续运算数（例如 a && b）。也就是说，是否执行第二个表达式（运算数）取决于第一个运算数的结果。?:是单个运算符，在连用时也是短路的。

②　这里使用的是 MDN 中的优先级序数。

x()。对这个安全调用 x() 来说，正确的写法如下：

```
> obj?.x?.()
```

所以，尽管用于检测的代码变少了，但在代码风格上并没有让使用者变得更愉快。

回顾 obj?.x 这个语法的设计，其中的运算符?.仅用于检测 obj，但它却是一个二元运算符，（在上述检测的同时）用于存取后续的属性。所以，本意上讲，这个语法要表达的是下面的效果[①]：

```
# 与?.运算符等义的效果
> obj?. . x
```

其中，?.用于空值检测并短路，而.用于存取运算。只有在这个设计风格下，以下两种写法才可以得到统一一致的语法解释：

```
# 带短路运算的可计算属性
> obj?. ['x']

# 带短路运算的方法调用
> obj?. ()
```

30.3.2　是否存在一种新的语法设计风格

综上所述，问题的落点是这样的：为什么不把?.作为一个独立的后缀运算符？更确切地说：既然?.在语法上表示了"存取属性"，那么在去掉.之后，为什么?不能作为一个独立的后缀运算符？

这两个问题有很大的相关性，但又有各自讨论的语境，值得一一细述。

单独用?来表达空值检测是很自然的，在其他编程语言中也有实际的实现。例如，在 TypeScript 中表示可选属性或参数：

```
// 在 TypeScript 中
const myObj: {
    x?: string,
    y: string
} = { y: 'abc' };
```

因为类型声明是静态语法阶段的语言性质，所以?:和:在这里都是声明语法而非运算符。其中的?:是可以拆开来的，例如，如下两种写法都是正常的：

```
    x ? : string,
    x? : string,
```

所以?在语法解释上可以被理解为一个独立的语法符号，也可以被理解为变量 x 的**后缀修饰符**（suffix modifier）。

修饰符在其他高级编程语言中是一个很常见的语法组件。例如，C#（或者 Java）中的对象声明：

```
// 在 C#中
class Child {
    private int age;

    public Child() {
        name = "N/A";
    }

    // 打印方法：
```

[①] 在这里的 3 个示例中，要留意运算符两侧的空格。对需要连写的单个运算符来说，不能用空格将它拆分开，例如 "==="。因此，空格所在位置指示了运算符的边界，这在考察多个运算符连写时非常有用。

```
    static void PrintChild() {

    }
}
```

其中的 static、public 和 private 都是修饰符。但 JavaScript 中用于声明的静态语法不多，因此修饰符更是少见，也很少独立出来作为语法概念。JavaScript 中的修饰符包括：

```
// 前缀修饰符 async
async function x() { }

// 后缀修饰符*
function* x() {}

// 前缀修饰符 static 和 get
class X {
  static get f() { } // 或者 set
}
```

注意，这些大抵都是在 ES6 之后加入的语法性质。

所以，在编程语言中加入新修饰符并不会背上破坏 JavaScript 语法（或语感）的恶名。例如，包括"成组存取器和自动存取器"提案在内的一些新提案就在这个方向上努力。当然，就目前来说，修饰符只是加在语法上而不能加诸于运算符。所以，一旦将?设计为一个修饰符，它就必然是一种语法。例如：

```
// 强制标识符为非空类型的"后缀?语法"
x?
```

任何语法都必然有一个它适用的上下文。例如，展开语法（...）[1]就只适用于数组、对象、剩余参数的声明。所以，也可以为 x?这一语法设计它的适用的上下文。例如，下面这样设计：

```
// 用于运算符连用，可以强制后续（同级）运算符短路
x? .y? .z
```

其中两个?分别用于修饰 x 和 y，并强制在后续运算之前做基于空值检测的短路运算。

所以，泛化这一应用场景，可以约定?作为语法符号的一般应用规则（语法规则）——**?用在一个名字之后，表明取左运算数的引用结果并尝试后续运算短路**，并且可以提出两种可能的实现规范。

（1）采用与...语法类似的实现[2]：在语法分析阶段为每个"*xxx*?"风格的语法插入一段硬代码，以便在运算中直接返回一个状态，并在其外围代码中直接处理为一个 undefined 返回。

（2）让运算符被动识别的实现（让运算符识别特殊的运算数）：给引用（规范类型）添加一个[[NullCheck]]内部槽，属性为'none'或'short-circuiting'，并且在后续运算符（例如.）处理左运算数时识别该内部槽以决定短路后的返回值。

综上所述，总是可以设计并实现出一种语法来完成空值检测，并将它完美地合并到现有的 JavaScript 中去的，并且相应的需求或实现（提案）也是存在的。"非空值检测运算符?"提案是一个非正式提案，它提出了这样一个问题：**在有了?.、??和??=这 3 个运算符之后，却发现并没有解决最原始的问题——如何检测空值。**

---

① 展开语法是目前 JavaScript 中的唯一一个语法组件，它是对语法的扩展、标注或增强，而并不是表达式或语句。在其他语言中也有类似概念，例如修饰符或类型标注等。

② 在 ECMAScript 中，展开语法是由具体语法元素的 Evaluate() 运行期抽象操作负责实现的。

什么意思呢？最早提出这个问题是因为代码中需要先知道一样东西是否为空，才能后续操作它。例如，在下面的代码中确实可以处理第二行代码中的 x.y，只要将 x.y 写成 x?.y 就可以了：

```
if (typeof x !== undefined && x !== null) {
  console.log(x.y); // ex
}
```

但这样仍然无法（单独地）处理第一行的逻辑，想要写下面这样的代码都无法做到：

```
if (isNonNullish(x)) {
  ...
}
```

因此，?.、??和??=这 3 个运算符的出现只说明 TC39 在空值检测方面所做的工作是"捡了芝麻丢了西瓜"。把一些分支问题（例如上面 3 种运算）解决了，但根本问题（如何做空值检测）却丝毫没有触及。

进一步地，只要引用上面说的?号修饰符（语法），那么一方面可以统一既有的 3 个运算符，另一方面可以提出在 JavaScript 中统一解决空值检测的语法风格与语义规范。例如：

```
// x 的语法检测
console.log(x?) // true 或者 false

// 带空值检测（并短路）的属性访问
console.log(x?.y); // null
// 等义于
if (x?) {
  console.log(x.y)
}
else {
  console.log(x)
}
```

将上述作为语法风格（模式），就不需要单独设计?.和??，也不需要为?.()与?.[]做语法解释。下面的语法是自然存在的：

```
// 存取 x?的成员
x?.y

// 对 x?做一元运算
x? ++

// 对 x?做函数调用
x?()

// 对 x?.y?做方法调用
x?.y?()

// 布尔赋值（替代??）
// 等义于 x? ? x : y
x?:y
```

但是，这个"非空值检测运算符?"提案面临着一个巨大（而且无解）的问题：**与传统的?: 语法和:标签语法存在歧义**。例如：

```
x? .2 : 3
```

其中的问题就要从 JavaScript 语法中有关运算符设计的某些特殊限制说起了。

30.3.3 JavaScript 运算符在设计上的限制

在 JavaScript 的语法中的表达式通常可用空白（空格、Tab）和换行来做分隔符，但是在使用运算符的时候，运算符之间的分隔某些时候是可有可无的。

例如，某些语法风格手册会依惯例要求"运算符左右各留一个空格"。但这个惯例其实既不准确，也不靠谱。例如，JavaScript 中对象属性存取是运算符[①]，所以以下两种风格都能正常使用：

```
// 风格 1: 运算符左右加 1 个空格
x . y
```

```
// 风格 2: 运算符左右与运算数连写
x.y
```

这也是方法与属性可以"链式调用"的原因：

```
// 风格 3: 运算符左右与运算数连写
p.then()
 .then()
...
```

总结运算符的样式风格，可以有如下 3 条。

- 运算符总是可以与其他运算符或运算数连写，但通常一元运算符会优先解析[②]，例如 x+++y 会解析成(x++) + y。
- 多运算符的连写或运算符与它的运算数之间总是可以用分隔符拆开。
- 如果运算符本身是多字符连续的，则不能拆开（例如>>>）。

除此之外，由于一般语法（例如语句等）也是使用空格、换行来做分隔符的，因此考虑到语句与表达式之间的歧义问题[③]，JavaScript 还约定了特定的解析顺序——从语句开始解析。因此，在一块代码文本的起始（或上一个语句的边界处），第一个开始解析的字符总是按语句来处理的，这也是下面这样的语法能会被优先解析为"块语句"而不是"对象字面量（单值表达式）"的原因：

```
{   //<- 按语句语法开始从第一个字符解析，因此是"块语句"
 ...
...
```

循此次序，直到语法分析器识别出第一个记号（token）是语句关键词、运算数或运算符三者之一，才能继而决定后续的解析行为。

回到?运算符设计的问题，这些设计限制带来的现实局面就是：既然三元运算符?:用掉了单个?字符（作为运算符），那么任何单字符?的语法设计都会与它存在语义分歧，而任何双字符的运算符都与它及其前后的运算数存在冲突。这包括两个方面的难题。一方面，代码

```
{ x? ...
```

[①] "对象属性"在绝大多数高级语言中（尤其是静态语言中）是语法，因此没有后续（将它作为运算符）的特殊性。

[②] 就优先级来说，最高是分组（一对括号()），接下来是成员访问、函数调用和 new 创建。除了上述情况，所有一元运算符都比二元运算符的优先级高，排在优先级最后的是赋值运算和最末的连续运算符逗号(,)。

[③] 为了避免这些歧义——尤其是在换行与语句分隔符（;）之间的歧义，JavaScript 解析中还约定了某些语法不能使用行终止符，例如 x++和 x--的运算前就可以用空格而不能用换行。这些通常是不太引人注意的例外，但是包括 yield、await、async、return、throw 等在内的许多运算符和语句都存在这样的使用限制。读者可以参见 ASI（Automatic Semicolon Insertion）相关的规范说明。

将无法判断 ? 是 x 的后缀修饰符还是三元表达式，必须进一步地解析到"一个语句的结束边界或 :"才停下来，并反向地确认 ? 的含义。之前说过，这种反向解析是很难被引擎厂商接受的。

另一方面，如果有某个包含 ? 的多字符运算，就必须同样考虑它会不会与三元表达式的运算数冲突。例如：

```
x?!y
```

也可能解析成

```
x ? (!y) : z
```

按照"一元运算符优先"，它还存在以下解析方式：

```
(x?) (!y) : z ...
```

由于不存在"连续的两个运算数①"，因此这样就可能抛出语法分析期异常。

后一种可能性还表明，无法添加任何以单个 ? 来表示的语法或运算符，因为它潜在地将与 ?: 冲突并（按既有语法规则）抛出语法分析错误②。例如，如下类似既有的合法代码都会因为"添加单个 ? 运算符"而导致新的语义解析，无法实现向下兼容：

```
x?.2:3
x?[2]:3
x?(2):3
x?!y:z
```

考虑到这些限制，不但 ? 作为后缀修饰符是不可行的，而且它作为前缀也是不可行的。因此，虽然"非空值检测运算符 ?"提案推荐采用前缀，但是也存在不可调和的语法歧义。如下既有的合法代码将会因为采用前缀或后缀（的任意一种）设计而失效：

```
x = y??z
```

以上种种都是导致 ECMAScript 中目前仅有 ?.、?? 和 ??= 这 3 个运算符，而没有对 ? 作为单独运算符或语法符号（这些进一步设计）的尝试。此外，它们同样导致在可计算属性或方法调用中使用空值检测需要 4 个字符连用。

将 ? 作为三元表达式的首字符，几乎是这一切诡异设计的源头。

30.4 小结

本章回顾了"空值检测"这一语法需求提出的背景，即用户面临的原始问题"得先知道一样东西是否为空，才能后续操作它"，在这个过程中指出：可选链（?.）、空值合并（??）等运算符的出现并没有解决这个原始问题，并且即使在这个路线上进一步推进，也是无助于解决这个原始问题的。

因此，本章讨论了可能的语法设计，例如将 ? 作为前缀或后缀以修饰符语法的形式提出来，并探讨了它可能的实现手段。但这一切都终结于一个早期语法设计——三元运算符带来的限制。

本章一方面意在展示 null 带来的长期问题，另一方面试图还原 TC39 在面临种种选择时的权

---

① 根据 JavaScript 中的运算符设计规则，运算数（或前一个完整表达式解析的结果）之间必然有运算符间隔才可能形成连续表达式，例如 x.y()。

② 考虑向下兼容，要求任何新添加的语法不能导致旧的可执行代码出现语法分析错误，也不能出现新的解析结果。例如代码 x?.2:3，在旧语法中是三元表达式，那么新语法就必须先兼容这一用例。

衡过程。尽管如今那些正在使用的语言特性存在着这样那样的问题，但是也可能它们才是最终唯一的最佳选择。以空值检测而言，可能已经不存在能让大家省心地使用变量的修饰符语法（尤其是它还需要与现在已有的?运算符家族和平共处）。然而，回顾最初，是不是缺乏一致性的设计才是一切"坏味道"的源头？

　　牺牲一致性、正确性与完整性，转而确保"简单可行"的 WIB 设计风格[1]，是目前 ECMAScript 规范（以及 TC39 团队）的主流方式。然而"总有一个时候，向系统中增加一个特性会比减去一个特性更难"，总会存在那样的临界点，让设计风格转向变得更符合编程语言进化的需求。[2]到那时，重新回望并直面那些原始的问题、原始的需求，是唯一可能的解决之道。

---

[1] "更坏就是更好"（Worse Is Better）设计风格更加推崇简单、直接和持续迭代的设计，Unix、C 等系统是这种设计方法的成功案例。

[2] 这是我在 GMTC 2021 大会主题演讲"权衡与进化：JavaScript 设计的艺术"中的观点，引文来自我为《JavaScript 二十年》中文版所作的序。

第 31 章

块的魔法：类强化过程中的那些方案

```
> class { static { } }
```

在大多数程序员看来，代码分块的目的是让程序结构清晰、代码维护方便。但是，这只是表面上最易于感知的益处。纵览编程语言发展的历史，从编译器、执行器到运行环境，细微至变量存储的数值变化，宏阔如系统架构的组织实施，几乎一切与软件编程相关的内容，都可以囊括于"块"这一对象之下。

代码分块既是人与代码交流的渠道，也是代码与系统交流的渠道；甚而，所谓分块本身，就是系统与现实之间的互成实证的全部背景与影像碎片。

提案索引

已通过提案（Stage 4）

- tc39/proposal-class-fields："类字段声明"（Class Field Declarations）提案，已包括私有字段等关联提案。
- tc39/proposal-private-fields-in-in："私有字段的标记检查"（Brand Checks for Private Fields）提案，支持私有字段的 in 运算符。
- tc39/proposal-class-static-block："类静态块"（Class Static Block）提案，用于在类声明中支持类构造（类初始化）过程。

推进中提案（Stage 3）

- tc39/proposal-decorators："装饰器"（Decorators）提案。

推进中提案（Stage 1）

- tc39/proposal-do-expressions："do 表达式"（do expressions）提案，形如 do { ... }的语法风格，也称为"do 块"。

- samuelgoto/proposal-block-params："块参数"（Block Params）提案。块参数是一种可自定义的可执行结构，使用形如 x() { ... }的语法风格，且参数表()可省略。
- tc39/proposal-pattern-matching："模式匹配"（Pattern Matching）提案，与 switch/case 类似，但使用 match(...) { ... }语法风格，支持 when、if、default...等子级表达式。
- tc39/proposal-Declarations-in-Conditionals："条件内声明"（Declarations in Conditionals）提案，支持在条件语句的条件表达式中声明变量。
- tc39/proposal-class-brand-check："类标记检查"（Class Brand Checks）提案。
- tc39/proposal-private-declarations："私有声明"（Private Declarations）提案。
- tc39/proposal-class-access-expressions："类存取表达式"（Class Access Expressions）提案。

规范索引

规范类型

- #sec-classfielddefinition-record-specification-type：类字段定义记录（ClassFieldDefinition Record）规范类型。
- #sec-classstaticblockdefinition-record-specification-type：类静态块定义记录（ClassStaticBlock Definition Record）规范类型。
- #sec-private-names：私有名字（Private Name）规范类型。
- #sec-privateelement-specification-type：私有元素（PrivateElement）规范类型，私有元素用于实现对象的私有成员。

31.1　代码的组织：形式分块

在《JavaScript 语言精髓与编程实践（第 3 版）》中专有一章讲结构化编程，这是一个在前端开发乃至整个开发圈都已疏于讨论的主题。往前说，结构化编程在 20 世纪 70 年代前后就已成定论；往后论，自面向对象编程一统天下之后，便再无新的结构化理论可与之一战。

如今，新生代的编程语言学习者鲜有人知历史中的 JavaScript 为什么要设计成那个样子，也不知类似模块、类或 do 表达式等又为什么会在 TC39 中渐成议题。这一切暗流背后的推动力量，正是在 50 年翻然过去的时光中渐渐化于语言脉络之中最本质的需求——代码的组织。

"可组织性"是大型项目的核心要义。其中，信息隐蔽、结构化与映射，既是一门语言让程序得以成为"可被组织的元素"的核心力量，也是语言自身得以生存、延续与强大的法宝。有趣的是，在几乎所有的编程语言中，它们都被集中展示于同一个语言元素——代码分块。

31.1.1　信息隐蔽

信息隐蔽原则是结构化编程早期议题中最关键的一个，它就是试图说明：代码块应该尽可能隐蔽它对外的信息。信息隐蔽原则意味着任何块都应当以减少系统复杂性为核心目的，因而也是结构化理论的基础原则。

在 JavaScript 中曾经犯过下面这样的错误，被公认为"坏"设计：

- 向未声明的变量赋值会导致在全局创建该变量（溢出）；
- 语句块或 eval() 中的 var 会将变量声明到函数或全局（提升）。

以提升为例，

```
function foo() {
  console.log(x); // undefined
  { // 块语句，或者其他非单语句①
    var x = 100;
    console.log(x); // 100
  }
}
```

其中，块语句中声明的 x 提升到了函数 foo() 的开始处，这意味着该块未能遵循信息隐蔽原则而将内部实现展示到了外部，从而导致了复杂性的增加。

在 ES6 中增加的 let 和 const 声明不会破坏块的隐蔽性。

31.1.2 结构化

如果一个代码块有确定的含义（或作用），那么它总是可以表达为一个结构。结构化的目的之一是增加确定性，无论是在数据方面的结构化、在逻辑方面的结构化，还是在代码组织方面的结构化，都是为了达到这一目的。

JavaScript 本身只声明了 4 种可执行结构（函数、表达式、语句和模块），它们都是形式分块的。除此之外还有一些特殊的可执行结构——所有特殊的可执行结构都来自某种固定的、确定的逻辑，例如参数表。

这些可执行结构的"确定性"最终是通过环境来实现的。可执行结构中的逻辑，以及这些逻辑所需使用的数据最终都被绑定在同一个环境中，并因它对外信息隐蔽而没有副作用，因它对内是确定结构而交付确定结果。所有上述可执行结构和特殊的可执行结构都满足一些假设，例如它们有自己的环境，以及明确的逻辑入口与出口。

在 JavaScript（以及任何其他编程语言）中，新的结构总是伴随着新的名词概念出现，例如**迭代器**（iterator）、**代理**（proxy）和**类静态块**（class static block）。

31.1.3 映射

形式分块与环境以及环境与可执行上下文之间是存在映射关系的。形式分块是代码的物理块，是程序员对他想做什么的说明；环境则将这些物理代码映射到内存中，变成数据的、逻辑的、时序化的（或非时序化的 ）结构；可执行上下文是引擎对这些环境的又一层映射，过滤出了环境中可执行的那些部分，并最终表现为一个单一的执行概念，例如可执行栈的后进先出。

从形式分块到环境，再到可执行上下文的整个映射过程，是系统赖以维持结构性不变的基本模式。如果映射不能保持结构性不变，那么程序的逻辑就无法正确地执行，而程序员的思维也无法表现为相同映射下的程序运行结果。

---

① 单语句（single statement）指具没有自己的形式分块的语句，这意味着该语句内部不能声明变量或其他标识符，参见第 5 章。

映射是数学的基础，也是程序正确性的基础。[①]

31.1.4　在 JavaScript 中代码分块与作用域的关系

在 JavaScript 的历史中只有两种作用域，即全局作用域和函数作用域。在 ES6 之后，ECMAScript 借由"环境"这一概念，将旧的作用域整合到了全局、模块、函数（以及 Eval）这几种环境中。除了这些既已规格化的环境，ECMAScript 还允许引擎自由地创建**声明环境**（Declarative Environment）和**对象环境**（Object Environment）这两种基础环境，从而将任意的"代码分块"映射到它们的可执行环境中。

正是依赖这种机制，在 ES6 之后，在规范层面实现一些特殊的可执行结构是很便利的，例如 `for` 语句中的 `for` 语句环境和循环环境（参见第 5 章），以及函数的非简单参数中使用的初始环境（即声明实例化的环境，参见 8.1.2 节）。简单地说，只要源代码中存在形式分块，就必然存在对应的环境和环境记。这有两个原因，一是实现结构化中的映射[②]，二是必须要有环境记录来包含形式分块中的那些名字。

但是形式分块存在边界问题。在《JavaScript 语言精髓与编程实践（第 3 版）》中为了讨论这个问题而提出了"作用域等级"，并最终将问题泛化到面向对象的作用域范畴，以便在层次结构程序设计[③]的概念集中进一步讨论。

31.2　表达式级别的词法作用域

词法作用域可以有 5 个级别：表达式、语句、函数、模块和全局。如前所述，ES6 之前只实现了函数作用域和全局作用域两个级别，而自 ES6 开始则添加了模块和语句这两个级别的词法作用域。即便如此，在 JavaScript 中也从来没有出现过表达式级别的词法作用域。显而易见，这是因为并不存在表达式级别的形式分块，进而也就不存在在表达式级别声明一个名字的需求。

"do 表达式"提案是对这一现状的挑战。表面来看，这一提案试图为一个块语句提供表达式级别的求值能力，例如：

```
let x = 100;
// 块语句
{
  1 + 2 + 3 + x;
}

// do 表达式
console.log(do {
  1 + 2 + 3 + x;
})
```

因为表达式是计算求值的，所以可以直接将 do 块中的求值结果返回并用 `console.log()` 输出。

[①] 在《程序原本》中将映射解释成"抽象原理"，也就是说，本质上相同的抽象系统，其解集的抽象本质上也是相同的。这与映射表达的是相同的意思。

[②] 层级越多、越深的环境执行效率越低下，所以引擎的优化原则之一就是对环境的处理，包括提升（缓存）、削减、调度和回收等。

[③] 本书在 17.4.1 节中提过这一概念，并称之为"从数据结构的视角对面向对象中继承特性的一个精准概括"。简单地说，就是从结构化的视角讨论面向对象的继承性。

在"求值并返回"这一点上，do 表达式和 eval 非常类似：它们都将块中的最后一行语句的执行结果（完成记录的值）作为结果返回。所以，上面的代码效果非常类似于：

```
// eval vs. do expression
let x = 100;
console.log(eval('{
  1 + 2 + 3 + x;
}')
```

但是，do 块也有与 eval 类似的尴尬：用户很难知道哪些语句会返回值（参见 1.1.2 节和 11.2 节）。因为有些语句的值是 empty 会被引擎忽略，所以使用户很难理解代码中的逻辑，例如：

```
// 开发人员从形式上可能会误认为返回 0
eval(`{
  1 + 2 + 3;
  let x = 0;   // 声明语句返回的 empty 会被忽略
}`)
```

于是，"do 表达式"提案（在 Stage 1 阶段）提出了两种策略，一是禁止在 do 块的末尾使用声明语句、没有 else 分支的 if 语句和循环语句，二是考虑使用 return 显式地返回[1]。例如：

```
// 以下语法是禁例
do {
  1 + 2 + 3;
  let x = 0;   // 禁止在块末出现声明语句
}
```

然而，与一个有着种种限制的 do 块相比，可能直接使用箭头函数会更有优势一些。例如：

```
// 在箭头函数中没有上述任何限制，并且能够自由使用 return 等常见语法
console.log(()=> {
  1 + 2 + 3;
  let x = 0;
)());
```

这样看来，do 块既缺乏箭头函数的灵活性，又难以规避因为"语句完成值为 empty"带来的种种问题。除提供了表达式级别的词法作用域和比函数（或箭头函数）更简洁的语法之外，do 块似乎再难有什么优势。然而这时，一个称为"块参数"的补充性（一定程度上也是竞争性）提案横空出世，这个提案为块加上了一些类似函数参数的性质。例如：

```
// 块参数语法 1: 无括号函数
x {
  // 函数体
}

// 块参数语法 2: 一般块参数
x() {
  // 函数体
}
```

如下示例尝试使用块参数语法 1 来实现与 do 表达式等同的语法效果[2]：

---

[1] 在提案中它仍然用于函数的返回（如果 do 块在一个函数中），但包括 do 块自身也存在"如何返回值"的问题，所以这也是潜在的解决方案之一。

[2] "块参数"提案还设计了一种用 do 作为形参声明的关键字的语法，在本例中未采用该语法，而是将 do 作为了函数名。这还涉及另一个问题：do 是 do..while 语句的保留字，因而不能声明为一般函数名。再次强调，这类与现有语法相悖的情况，只限于语法讨论而非真实的、有意义的设计。

```
// 在本例中，do()是一个支持块参数的函数
function do(...args) {
  return args.shift().apply(this, args);
}

console.log(do {
  ...
  return 1 + 2 + 3;});
```

如此一来，do 表达式和块参数语句混合的结果就是在表达式级别上实现了一个语法简单化的、声明即执行的、类似箭头函数的"可执行块"。

这些 TC39 的新提案在表达式级别的词法作用域的设计中，并未越过函数这一抽象的藩篱[①]，它们只是将函数的 3 个语法组件（参数、执行体和返回）再次拆解开来，分别简化了其中的参数和执行体，并最终用"立即执行"的表达式语义实现了函数调用运算符()的效果。

不过，也有一些略有新意的提案出现，例如目前处于 Stage 1 阶段中的"模式匹配"提案。该提案的 match 表达式会有一个自己的块，另外，它还有与 switch 语句的 case 子句类似的 when 关键字，用来声明每个匹配模式自己的形式分块。例如：

```
// 使用 switch
switch (x) {
  case 100:
    console.log(x);
    break;
  case true:
    console.log("yes");
    break;
  default:
    ...
}

// 使用 match 表达式（与上例效果相同）
// 注意：目前在 Stage 1 阶段，语法是尝试性的
match (x) {
  when 100: console.log(x);
  when true: console.log('yes');
  default:
    ...
}
```

match 表达式不需要使用 break（因此也不会将逻辑泄露到后一个分支），并且（目前）可以使用 default、when 和 if 来声明子一级的表达式。出于 match 语法的需要，"模式匹配"提案为每个子级表达式提供了一个独立的块级作用域（注意这与 switch 是不同的），使它们在执行时就可以使用**模式表达式**（pattern expression）中声明的那些变量[②]。例如：

```
// 测试数据
let x = [1, 'Ok', false];

// 使用 when(...)风格的模式
match (x) {
  when ([a, b, c]): console.log(b);  // 'Ok'
```

---

① 注意，这也是"块参数"提案的一个潜在问题。例如，它不能用来替代实现 module { ... }语法，因为模块块本质上是一个语句块，并且在它内部有顶层语句的概念，因此不能用函数体的概念来替代。

② 在语句的表达式语法中使用变量声明是常见的需求，例如历史中已经存在的 for (var/let/const ...)以及 try .. catch(x)，也有一些新的早期提案在做这方面的尝试，例如针对 if 语句的"在条件中声明变量"提案。

```
    ...
}
```

在这个例子中，when 创建了一个自有的、表达式级别的作用域，而模式[a, b, c]带来了子级的作用域（与变量声明），并使后续逻辑可以使用其中声明的变量，例如'b'。需要留意的是，在模式中也是可以复用那些名字的。例如，下面示例：

```
// 测试数据
let x = [1, 2, false];

// 使用 when(...)风格的模式
match (x) {
  when ([x, ${x}+1, c]): console.log(c);  // false
  ...
}
```

其中的${x}就引用了表达式中声明的变量 x，而非是全局的、外层的 let x 所声明的那个。

目前几乎所有与表达式级别的词法作用域相关的语法设计都处在极早期，一方面这是历史的空白，另一方面是它存在一种设计风险，例如上面的模式中声明的 x 可能会"穿透"表达式级别的作用域而影响到外层。尤其是考虑到冒号（:）号右侧可以使用 do 块，这种风险就更大了。

这种"穿透"，通常被视为语句设计中的反例[1]，是对结构化与信息隐蔽的破坏。在《JavaScript 语言精髓与编程实践（第 3 版）》中用了大量的篇幅来论证一件事情：在每个作用域等级上只存在一个用于跳转的流程控制语句，并且只会从低级向高级跳转（注意这是非常重要的结论），如图 31-1 所示。

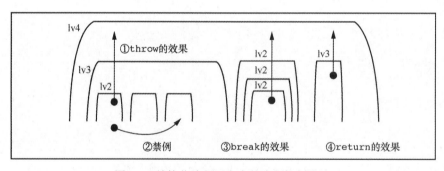

图 31-1 结构化编程语言中的流程控制设计

31.3 围绕类或对象的信息隐蔽进行的设计

同样的问题也出现在面向对象相关特性的设计上。

ES2015（ES6）的类是一个独立的语法块，在这个语法块中仅有方法声明（包括存取器方法），因此也就只有"类块"和"方法块"两种结构。在它们的形式分块中，类声明本身对方法声明是没有约束的[2]。从根本上讲，这是因为类声明本身并没有对应的作用域。如下例所示：

---

[1] 如果表达式有作用域，那么它所声明的名字应该只影响到同级别或更低级别的作用域，当表达式执行结束时名字就应该失效。在上面的例子中，match 表达式中可以识别和使用的名字是在较低级别块（表达式）中，不应该"穿透"到了更高级别（语句/子句），这也是 match 被设计为表达式而不是语句的原因。

[2] 这里仅指形式分块以及对应词法作用域。

```
class MyClass {
 constructor() {
   ... // 位置 1: 构造方法
 }
 foo() {
   ... // 位置 2: 一般方法
 }
 ...    // 位置 3: 其他一般方法、构造方法或类静态方法等
}
```

MyClass 表面看来是有一个形式分块的，但它并没有在作用域层面的映射，因为（包括在它使用过程中）它总是等同于构造方法。那么，既然 MyClass() 与 constructor() 是同一样东西，那么它的作用域原本（这里仅指在 ES2015~ES2019 中）也就只能与后者所表示的代码分块有映射关系。

"类"没有自己在词法环境和执行上下文中的映射，这是它被称为"（原型继承的）语法糖"的根由。这个出自 ES6 时代的遗产还进一步限制了 ECMAScript 在基于类的面向对象方向上的设计。从 2015 年开始，围绕类成员的隐私性（私有成员）这个议题，众多提案卷入了一场旷日持久的混战，直到 2022 年才尘埃落定：TC39 最终决定让"类字段"提案走向前台，并随之构建起了一个庞大的"类作用域及其成员"[①]的提案家族。

这个提案家族有两个焦点，一个是"类字段"，另一个是"块"及其作用域管理。

31.3.1　字段：TC39 对信息隐蔽的理解

信息隐蔽在面向对象中表现为"对象成员的可见性"，例如一个成员需要隐蔽起来，则它应该是私有的，否则它应该是公开的。《程序原本》中以此为视角指出了对象成员的可见性的两类表现。

- **对象之于系统的可见性问题**：私有的（private）和公开的（public）。
- **对象在继承层次上的可见性问题**：私有的（private）、保护的（protected）与内部保护的（internal protected）。

其中，保护的属性是与继承层次相关的，它用于指示那些在子类中可以访问的父类属性，它也是与系统相关的，即保护属性用于跨系统，而内部保护属性用于系统内部。考虑到"系统+层级"的组合关系，上述是可见性属性的最小化子集。然而，TC39 最终支持的类字段否决了对保护属性的实现，这意味着 TC39 未能将"对象在继承层次上的可见性"纳入设计。

在很大程度上说，这是因为 TC39 没有动力解决继承性相关的问题，在大多数 TC39 成员看来：继承性并不是面向对象不可或缺的性质[②]。为了规避与属性的继承性相关的话题，"类字段"提案声称其交付的不是具有更丰富性质的属性，而是一种新的称为字段的对象成员。因为这是一种有别于属性的新概念，所以用 Object.getOwnPropertyDescriptor() 或 Object.getKey() 等操作获取不到它们也就是一种必然的结果了。

由此，类多了一种新的称为"字段"的成员，以及与之关联的声明与使用的语法。由于新的

---

① 这是一类提案的总称。许多与"类成员"相关的提案在后期都被合并到了"类字段"这个提案中，使它成为一个包括私有实例方法与存取器、类公开与私有实例字段、静态类字段和私有静态方法等的提案集合，并且出于对"类的作用域"进行扩展和管理的需要，TC39 还提交或通过了"类静态块""类存取表达式""类标记检查"等提案，不断发展壮大这一提案家族。

② 参见《程序原本》的 10.2 节"继承和多态都是多余的概念"。

概念集中完全不需要解决对象属性的一切既有问题，所以"类字段"提案可以轻装上阵，从头来过。直到它遇到第一个与可见性相关的问题，即字段是不是有公开或私有这样的性质，一如在它的兄弟概念属性中曾经遇到过的那些问题一样。

"类字段"提案合并了"公开属性"与"公开字段"，并指出它们之间的一点点（微乎其微的）差异：属性是声明语义的，而字段是置值语义的。例如：

```
class MyClass {
  x = 100
  get y() {
    return 200;
  }
}

// 与 y 具有某些类似性质的属性
MyClass.prototype.y1 = 201;
Object.defineProperty(MyClass.prototype, 'y2', { value: 202 });
```

在这个示例中，字段 x 是置值语义的，它表明每个 MyClass 的实例都会通过"置值过程"来得到一个初值为 100 的、名为 x 的成员；而属性 y、y1 和 y2 都是声明语义的，它表明 MyClass 类（为该类的实例）声明了这些属性。所有 ES1~ ES3 的传统语法，以及 ES6 的类声明语句下的属性，都是这种声明性质的。

字段的置值语义还带来一个特殊性质，无论理解为字段还是属性，它总是实例自有的。例如：

```
# （续上例）
> obj = new MyClass;

# x 是实例的自有属性
> Object.getOwnPropertyDescriptor(obj, 'x')
{ value: 100, writable: true, enumerable: true, configurable: true }

# 不继承自原型
> 'x' in MyClass.prototype
false
```

但是至此，类字段还有它的基本使命没有达成——它最初的目标是实现"有私有性质的成员"。最基本的假设如下：

```
class MyClass {
  get x() {
    // 如何读写一个"有私有性质的成员"，以便返回它的值
    // （或者，在其他方法中操作实例的私有数据）
  }
  ...
}
```

所有这些问题的根源在于实例缺乏一个"私有的"数据空间来存放一些只有它自己知道和使用的数据，而这就是"字段"这个概念的最初目标。这是通过"私有字段"（Private Fields）提案来解决的，该提案采用如下语法：

```
class MyClass {
  #x = 100; // 声明私有字段
  get x() {
    return this.#x; // 存取私有字段
  }
  ...
}
```

```
// 示例
console.log((new MyClass).x);  // 100
console.log((new MyClass).#x);  // SyntaxError
```

示例中的异常表明：不能在类声明块之外使用#x这样的语法。也就是说，该提案在类的形式分块上实现了（针对私有成员的）信息隐蔽。

为此，引擎需要为每个实例添加一个称为[[PrivateMembers]]的内部槽，并在实例的构造阶段通过"置值过程"（例如 *Initializer*）为那些字段逐一赋值①。注意，因为字段采用的是置值语义，所以初值是每次都重新计算的，因此，实例上字段初值既各不相同，也与类初始化时的系统状态无关②。例如：

```
let x = 0;
class MyClass {
 #x = x++;  // 表达式 x++用作该字段的初始器
 get x() {
   return this.#x;  // 存取私有字段
 }
}

// 当前全局 x 的值是 0
let obj1 = new MyClass;
let obj2 = new MyClass;
console.log(obj1.x, obj2.x);  // 0, 1

// #x 的初值是在对象创建时动态计算的
x = 100;
console.log((new MyClass).x);  // 100
```

这在一定程度上可以理解为对象仅从类声明中复制了一个"私有成员名表"。注意，这里使用的是"复制"，这表明那些成员不是继承自类，也不是类似属性那样指向原型。

考虑到字段的置值语义总是被实现为向实例 this 复制私有成员或其他性质的字段，并且这个实例可以是由父类或其他方式在外部系统中构建的，这样就可能在整个类继承树的初始过程因意外中止而导致它不完整③。例如：

```
// 父类或祖先类引用一个外部创建的实例作为自己创建的 this 返回
class MyClass {
  constructor(x) {
    return x;
  }
}

// 子类初始化那些私有字段
class MyClass2 extends MyClass {
 #x = 100;
 #y = (function() { throw "ERROR" }());
 #z = 200; // z
```

---

① 类为每个字段（c.[[Fields]]）创建了一个称为"类字段定义记录"的规范类型，并在创建对象时通过 r.[[Initializer]]来初始化那些字段，以确保每个字段总是像"对象字面量中的属性"那样实时动态计算的值。不过，如果这些字段是方法，那么实例只需要从 c.[[PrivateMethods]]中把它们复制过来就可以了。

② 几乎所有的初始器都有类似的性质，其结果与声明时上下文中的数据是无关的，只在执行初始化时才会引用并计算那些值。

③ 这个例子对于私有字段或公开字段都是成立的，并且它还表明用户代码可以伪造对象的私有字段。但是，无法用类似方式伪造出新方法来访问那些私有字段。

```
  z = 300;
  get x() {
    return this.#x;
  }
  foo() {
    console.log(this.z);
  }

  static applyTo(obj) {
    // 屏蔽所有东西，或者从外部模块加载
    try {
      new this(obj); // 将 obj 作为形参 x 传入
    }
    catch {};
    return Object.setPrototypeOf(obj, this.prototype);
  }
}

// 测试：obj 是不完整的
let obj = MyClass2.applyTo(new Object);
console.log(obj.x); // 成功，100
console.log(obj.z); // 失败，undefined
console.log(obj.foo()); // 失败，TypeError: Cannot read private member #z ...
```

31.3.2　块：类构造与实例构造过程的组织与联系

类声明中的 class 关键字在表面上看是有一个形式分块的，但它并没有映射到作用域上。例如：

```
class MyClass {
  constructor() {
    ... // 位置 1: 构造方法
  }
  foo() {
    ... // 位置 2: 一般方法
  }
  ... // 位置 3: 其他一般方法、构造方法或类静态方法等
}
```

在这个示例中，因为 MyClass 绑定在 constructor() 方法上，所以位置 2 和位置 3 实际上处在与类 MyClass 无关的作用域中。"类静态块"提案[①]是对这一问题的响应，在该提案中首次将类声明（不那么明显地）分成了两个形式分块，以实现"类的初始化过程"这一特性。例如，

```
class MyClass {
  #x = 100; // 位置 1: 所有的实例字段声明（实例的字段）
  constructor() {
    ... // 位置 2: 构造方法
  }
  ...

  static #y = 200; //位置 3: 所有的类字段声明（静态字段）
  static {
    ... // 位置 4: 类静态块
  }
}
```

在这个示例中，类所声明的元素包括位置 1 至位置 4 的形式分块，但是只有位置 3 和位置 4 的代

---

① 该提案已经并入 ES2022，称为"类静态块"。

码会在类初始化被执行一次，而剩下的位置 1 和位置 2 的代码是实例初始化（对象创建）的时候才会执行的。

尽管可用，但这样一来类声明在语义上仍然会存在一点点瑕疵：MyClass 的形式分块包括整个的类声明体（*ClassBody*），但在作用域上，它的名字映射给了 constructor()，而函数体却只是包括位置 3 和位置 4 在内的类声明体。尽管将类声明体理解为两个作用域是可行的，但实际应用中仍然存在 "穿透" 的问题，因为类和对象存在继承关系。也就是说，在将继承性作为层次结构设计来理解时，类与它的实例（对象）之间就会存在交叉访问的问题，从而带来至少一个方向上的反向穿透。例如：

```
class MyClass {
  #x = 100;
  set x(value) {
    this.#x = value;
  }

  // 类方法，比较两个实例
  static compare(a, b) {
    return a.#x > b.#x;
  }
}

let a = new MyClass, b = new MyClass;
a.x = 100;
b.x = 10000;

// 测试
MyClass.compare(a, b);
```

这个示例的需求是合理的：让类提供一些静态方法作为操作一组对象的工具方法。但是，这意味着，类方法 compare() 需要知道实例的私有字段，而这与之前说 "对象与类分别映射到各自的作用域中" 是矛盾的。从层次结构的角度上讲，这意味着，一个高层级的作用域需要访问它内部的、低层级的作用域中的数据。（想象一下，外部函数能访问内嵌函数中声明的变量吗？）

为了解决这个问题，在原有的词法环境（LexicalEnvironment）和变量环境（VariableEnvironment）之外，"类字段" 提案还为执行上下文添加了第三个环境，称为私有环境（PrivateEnvironment）。新的私有环境是为类的私有成员专设的，由它声明的所有方法共享（作为这些方法的外层环境）。这样一来，所有类方法与实例方法（包括构造器和类静态块）都可以相互访问对方的私有名字。例如：

```
class MyClass {
  static #x = 200;
  #y = 300;

  // 访问静态私有字段是合法的（反之亦然，参见上例）
  foo() {
    console.log(this.#y, MyClass.#x);
  }
  ...
}
```

这是因为这些名字都在同一个私有环境空间中。同样的原因，也不能为类和实例声明同名的私有字段（但为类和实例声明同名的公开字段是可行的）。例如：

```
// 私有字段不能重名 (因为它们共享同一个私有环境)
class MyClass {
  #x = 100;
  static #x = 200; // <- SyntaxError: Identifier '#x' has already been declared
}

// 公开字段 (或属性)
class MyClass {
  x = 100;
  static x = 200; // 允许
}
```

31.3.3 类的进一步强化：块化和注解化

私有成员特性同时提供一种不依赖原型链的检查手段，用于判断一个实例是否由指定类创建。这可以通过使用 in 运算符检查私有字段来实现[①]。例如：

```
// 使用私有字段来检查对象的父类
class MyClass {
  #CLASS;
  static hasInstance(obj) {
    return #CLASS in obj;
  }
}

// 测试：检查对象 x 的类属
x = new MyClass;
MyClass.hasInstance(x); // true
MyClass.hasInstance(new Object); // false

// 测试：与原型链无关
Object.setPrototypeOf(x, null);
MyClass.hasInstance(x); // true
```

这种方法可行，但在派生子类的过程中会出现歧义。例如：

```
// (续上例)
class MyClassEx extends MyClass {}

// 合理：子类的实例是由父类/祖先类创建的
MyClass.hasInstance(new MyClassEx); // true

// 反过来则会有逻辑上的语义歧义
MyClassEx.hasInstance(new MyClass); // true
```

在子类中用相同的方法 (即不对代码做任何更改来重写这个 hasInstance()) ，就可以规避上面的问题。但是这样不但带来了代码上的冗余，而且会使实例中出现大量不必要的私有名字。对此，"类标记检查" 提案试图提供一种通用手段来识别对象的类属。它为 class 关键字添加了一个元方法，例如：

```
class MyClass {
  check() {
    return class.hasInstance(this);
  }
  static check(obj) {
    return class.hasInstance(obj);
```

---

① "私有字段的标记检查" 提案是一个针对 "类标记检查" 提案的补充提案，已经并入 ES2022 中。

```
  }
}

// 测试: 使用静态方法
MyClass.check(new MyClass); // true
MyClass.check(new Object); // false

// 测试: 使用原型方法
x = new MyClass;
x.check(); // true

// 测试: 伪造实例
x = {...MyClass.prototype}; // 取原型方法
x.check(); // false
```

这个提案中的元方法 class.hasInstance() 只在类的声明过程中才能使用，是上下文受限的（该提案目前处于 Stage 1 阶段）。就目前来说，它为类的所有实例添加了一个[[Class Brands]]内部槽，并通过比较类的同名内部槽来检查它是否为该类的实例，这与上述声明#CLASS 私有字段的方法类似，但更简单和标准[①]。

同样在 Stage 1 阶段的"私有声明"提案也利用了私有环境的特性，不过它的目的是要实现类似**内部私有的**（internal private）性质[②]。此外，它还试图让这一特性不只是为面向对象编程服务，还可以在模块，乃至于其他作用域级别的环境中使用。举例来说：

```
// 在当前模块中声明一个私有字段
private #aPrivateProcess;

class MyClass {
  outer #aPrivateProcess() {
    ...
  }
}

class MyClassEx extends MyClass {
  foo() {
    super.#aPrivateProcess()
  }
}
```

在这个示例中，子类 MyClassEx 试图调用父类的一个私有处理过程，但是，如果#aPrivateProcess 是父类私有的，那么子类是无法访问到的。上例中将它声明为当前模块中的私有声明，并且在 MyClass 中使用修饰符 outer 来引用它，这样 MyClassEx 和 MyClass 中就可以使用同一个私有名字来相互访问。当然，超出 private 关键字所指示的当前模块（或其他作用域），这个名字就不存在了。

同样的方式也可以实现在同一个形式分块中的多个结构之间通过私有名字进行的交叉访问，例如**友元类**（friend class）或**友元函数**（friend function）等。

"私有声明"提案在一定程度上有助于**保护属性**（protected property）的实现，有可能为此提供一个潜在的解决方案。比较而言，使用**装饰器**（decorator）可能更与时俱进，只不过"装饰器"

---

① 在 ECMAScript 规范内部也存在相似的机制，例如通过检测[[ArrayBufferData]]内部槽来判断对象是否是 ArrayBuffer 或 SharedArrayBuffer 的实例。另外，为了避免冗余，在"类标记检查"提案中还要求根据声明中是否使用过 class.hasInstance()来确定哪些类和对象需要初始化[[ClassBrands]]内部槽。

② 在 C#中使用 internal 修饰符来声明，是指在同一模块中可见的成员。

提案是近几年来争议最大、变化最多的提案之一，无法可靠地保证是否（或如何）能实现这个亟待解决的需求。以目前 Stage 3 阶段中的语法来看，可以使用类似下面的实现：[①]

```
// 未明确的实现方案，可以通过第三方库提供
function protected(input, context) {
  // ...
}

/* 或者，可以引用自第三方库
import { protected } from '...';
*/

// 使用@protected添加的装饰器会主动调用 protected()函数
class MyClass {
  @protected
  #aProtectedProcess() {
    ...
  }
}

class MyClassEx extends MyClass {
  foo() {
    return this.protected.aProtectedProcess(); // 调用父类的保护的私有成员
  }
}
```

31.4　有关作用域的两点补充设计

第一点补充设计是"块参数"提案带来的。该提案以函数为基础，提供了对形式分块进行语义扩展的能力。换言之，它更像是一种定制领域特定语言（Domain-Specific Language，DSL）的手段。例如，通过它来实现一个定制版本的"类静态块"：

```
// 可以使用装饰器、字段声明或其他方法在类初始化阶段调用 static()函数
function static(...args) { // ..., initier
  // 从 args[]中取头部参数用作初始化选项
  ...
  // 取最后一个参数并作为函数调用
  return args.pop().call(this);
}

class MyClass {
  ...
  // 在类初始过程中调用 static()函数，并将"块参数"作为最后一个参数 initier
  static {
    ... // 一个可执行的代码块，类似于"类静态块"
  }
}
```

第二点补充设计与类声明中存在"同一个形式分块的两个作用域"的特性相关。观察到这一特性的影响有些时候是非常必要的。例如，下面的示例：

```
class MyClass {
```

[①] 这个示例参考了"私有字段"提案的项目文档（tc39/proposal-private-fields/ DECORATORS.md），该提案试图通过本示例来平息有关"能否提供保护属性支持"的争议。正如这份项目文档预示的那样，随着"私有字段"提案被规范最终接受，实现保护属性的重担也就成功地移交给了"装饰器"提案。

```
  static #base = 200;
  #x = this.#base;
  foo() {
    console.log(this.#x);
  }
}

let obj = new MyClass; // 错误
```

这个示例能通过语法检测，因为#base 和#x 在私有名字环境中都是存在的。但是，创建实例时却会出错，因为创建实例时是在实例构造作用域（以及对应的执行上下文）中，这时的 this 指向的是对象自身，而非预期的 MyClass。

显然，简单的修改是直接引用类名，例如：

```
class MyClass {
  static #base = 200;
  #x = MyClass.#base;
  ...
```

但这并不友好，因为一旦修改类名，要同步所有这些名字引用就很困难，并且存在潜藏 bug 的可能。早期的"类存取表达式"提案对此提出补充，可以使用 class.*xxx* 的形式来访问它。例如：

```
class MyClass {
  static #base = 200;
  #x = class.#base;
  ...
```

它的语义很清晰，但是限制了今后对 class 关键字上的元属性的扩展（例如 class.hasInstance()不再可用），不见得能成为最终提案。

31.5 小结

类声明中存在两个特殊的块：

```
// 构造器声明
class { constructor() { ... } }
// 类静态块声明
class { static { ... } }
```

这表明它存在类构造和实例构造（即类初始化与对象初始化）两个阶段。但这两个过程都是动态且相互独立的，因此的确可能出现类未完成初始化时就开始创建对象的特殊情况。这时对象可能访问不到类的某些成员，也可能无法有效地调用某些方法。例如：

```
class Ordering {
  static LT = new Ordering;
  static EQ = new Ordering;
  static GT = new Ordering;

  constructor() {
    console.log(`[${Object.keys({...Ordering})}]:`, "=>",
      typeof Ordering.LT, typeof Ordering.EQ, typeof Ordering.GT)
  }
}
```

这个类在初始化的时候就需要创建自己的实例，因此构造过程会面临一个正在初始化中的类。在创建 LT、EQ 和 GT 这 3 个类成员的过程中分别显示如下信息：

```
[]: => undefined undefined undefined
```

```
[LT]: => object undefined undefined
[LT,EQ]: => object object undefined
```

从本质上讲，这也是形式分块带来的影响。形式分块是维系"程序员的抽象"和"计算机的理解"的纽带，这最终表达为（块的）实例与（执行的）环境之间的关系。但分块本身是静态的，因此静态的块与动态的、运行期的实例之间存在着不对称的关系，这最终为语法与语义之间的不一致埋下了隐患。动态语言特性在这当中起到了推波助澜的作用。这也是语法设计上一再强调"声明语义"与"执行语义"的原因（例如属性是声明语义的，而字段是执行语义的）。

如果一个语法组件是执行语义的，它就潜在地存在上述的不对称；对程序员来说，他可能的选择要么规避这种特性，要么利用这种特性。当然，前提是了解与甄别这些特性，这样才可能做出选择，并进而理解、预期甚或决定那些相关提案的最终发展走向，包括 31.4 节中讲解的"块参数"和"类存取表达式"，又或者更多未知的、将来的提案与特性。

## 第 32 章

计算与应用：数据类型设计上的强化或概念扩展

```
> #{x}
```

　　相对于我们在应用编程环境下的认识，ECMAScript 规范中对数据类型的描述颇有些不同。这一方面表现在对值类型（如原始值、非对象类型的值）和对象类型的分类上，另一方面表现为标准库，即**标准内建对象规范**。

　　同样，ECMAScript 规范也是按这两个方向推进数据类型设计的。除了对类型抽象在概念上进行明确解释并进一步规范它们的规格说明，TC39 的另一个主要工作就是标准化这些类型（以及相应的内建对象）的行为，添加更多的方法和工具类。

提案索引

已通过提案 Stage 4

- tc39/proposal-exponentiation-operator：ES2016 加入的"指数运算符"（Exponentiation Operator）提案，指数运算符为 `**`。
- tc39/proposal-weakrefs：ES2021 加入的"弱引用"（WeakRefs）提案。
- tc39/proposal-ecmascript-sharedmem：ES2017 加入的"共享内存"（Shared Memory and Atomics）提案，包括共享数组缓冲区（`SharedArrayBuffer`）和 Atomics。

推进中提案 Stage 3

- tc39/proposal-temporal："时间"（Temporal）提案。
- tc39/proposal-array-grouping：数组分组，提供 `arr.groupBy()` 方法以返回对数组成员的分组结果。

- tc39/proposal-symbols-as-weakmap-keys："符号作为 WeakMap 键"（Symbols as WeakMap keys）提案，让符号值也可以用作 WeakMap 对象的键。
- tc39/proposal-resizablearraybuffer："可调整大小和可增长的数组缓冲区"（Resizable and growable ArrayBuffers）提案，提供可变长度的数组缓冲区（`ArrayBuffer`），以及可增长的共享数组缓冲区（`SharedArrayBuffer`）。
- tc39/proposal-shadowrealm："影子域"（ShadowRealm）提案，提供用户代码可创建和交换数据的影子域。

推进中提案 Stage 1+

- tc39/proposal-decimal："十进制数"（Decimal）提案。
- tc39/proposal-bigint-math："支持 BigInt 类型的数学计算对象"（BigInt Math）提案。
- tc39/proposal-record-tuple："记录和元组"（Record & Tuple）提案，目前推荐使用`#{...}`和`#[...]`语法。
- tc39/proposal-structs："结构体"（`struct`）提案，这是一种固定布局对象。
- tc39/proposal-cleanup-some："弱引用 `cleanupSome`"（WeakRefs `cleanupSome`）提案，让用户代码可以参与弱引用对象的垃圾回收（GC）过程。
- tc39/proposal-operator-overloading："运算符重载"（Operator overloading）提案。
- tc39/proposal-get-intrinsic："获取内在机制"（Get Intrinsic）提案，提供让用户代码检测引擎支持哪些内在机制的手段。
- tc39/proposal-ses："SES（Secure EcmaScript）"提案，安全脚本机制或解决方案。
- tc39/proposal-compartments："区片"（Compartments）提案，对宿主行为进行区隔化（compartmentalization）处理。
- tc39/proposal-dynamic-import-host-adjustment："动态导入宿主调整"（Dynamic Import Host Adjustment）提案，让宿主有机会对动态导入的模块做安全策略检查。

非正式提案

- rbuckton/proposal-enum："枚举"（enums）提案，关于枚举类型的非正式提案。
- ajvincent/es-membrane："膜"（membrane）提案，关于膜操作的非正式提案。
- rwaldron/proposal-math-extensions："扩展 Math 对象"（Math Extensions）提案，关于扩展 Math 工具类的非正式提案。

规范索引

概念或一般主题

- #sec-global-object：全局对象，列出了全局对象上的属性集。
- #sec-host-hooks-summary：宿主钩子小结，列出了需要宿主实现的钩子清单。
- #sec-code-realms：域（Realms），有关域的定义、结构与操作等的规范。

> **实现**
>
> - #sec-initializehostdefinedrealm：`InitializeHostDefinedRealm()`抽象操作，引擎初始化全局时的第一个内部过程。
> - 6.0/#sec-ecmascript-initialization：ECMAScript 如何初始化引擎（该主题在 ES6 之后被移除了）。

32.1　JavaScript 的内建数据类型与标准库

在 JavaScript 中，所有的值类型都是以内建数据类型的形式存在的。值类型通常是字面量声明的，并没有一个构建它们的过程，如 `true`。少部分值类型是通过工具类创建的，但并不使用创建对象的 `new` 运算符，例如 `Symbol` 和 `BigInt` 就是这样的值类型的工具类。

从概念上讲，值类型总是与它们存储和使用的形式有关，但 ECMAScript 并不总是描述它们的存储规格。在绝大多数情况下，它们与传统的惯例性约定是一致的，例如，值类型的比较是基于存储的、逐字节的。作为对照参考，对象的比较则是按引用的（即比较引用的地址）。

所有的内建数据类型都能用 `typeof` 运算符取得它们的类型名（就目前来说，它们一共有 8 种），只是在用这样的方式来理解它们的时候，需要特别注意以下两点。

（1）对象（`'obejct'`）和函数（`'function'`）是不同的内建数据类型，并且（除 `null` 之外），它们都是非原始值类型的。

（2）`null` 是一个原始值，但出于种种原因，`typeof` 运算会将其识别为对象（`'obejct'`）。

32.1.1　对象与标准库

ECMAScript 将对象分成**一般对象**（ordinary object）和**变体对象**（exotic object）两类。在任何情况下，使用对象字面量风格声明的，以及使用 `new Object()` 创建出来的，总是"一般对象"。同样，如果用户代码使用 `class .. extends Object`[①]声明类或派生其子类，那么它们的实例也都是一般对象。

具有特殊行为的对象称为"变体对象"，如 `import ns from ...`中得到的名字空间 `ns`，它的原型总是 `null` 且不可修改，称为"模块名字空间变体对象"，又如**不可变原型变体对象**（immutable prototype exotic object）就不允许用 `setPrototypeOf()` 来修改它既有的原型值。其他的变体对象类型包括 `Array`、`String`、`Arguments`、`Proxy`，以及称为**整型索引的变体对象**（integer-indexed exotic object）的 `TypedArray`。

所有这些对象以及它们对应的类构成了一个标准库，ECMAScript 约定这个标准库总是表现为全局对象（`global`）唯一实例的属性，即通过 `global.xxx` 来访问它们。

32.1.2　标准库的结构

标准库（即全局对象上的属性集）由全局常量、工具函数和一个类库构成，类库包括工具类

---

① 在声明时，如果缺省 `extends` 表达式，也默认是使用 `extends Object` 的。

和一般类。工具类通常是一个类的单例对象[1]，如 Math；一般类则是构造器，可以用 new 运算来得到实例对象，如 new Number()。例如：

```
> typeof Math
object

> typeof Number
function
```

包括 Function 在内，所有的一般类都可以使用 class 关键字来派生子类。但有些类可能存在潜在的父类，却没有被显式声明出来。例如[2]：

```
# TypedArray()未被声明为标准库中的类
> let TypedArray = Object.getPrototypeOf(Int32Array.prototype).constructor

# TypedArray()是所有整型索引的变体对象的父类
> F.isPrototypeOf(Int8Array)
true

# 用户代码可以派生 TypedArray 的子类
> class MyTypedArray extends TypedArray {}
...
```

32.1.3　强化标准库的进展

扩展标准库是 TC39 的主要工作之一，但并不是本书（在讨论语言设计方向上）的主要议题。因此，这里只简略说明一下规范工作目前的主要进展。

ECMAScript 对标准库的建设一直以来阻力重重，主要原因是 JavaScript 是跨平台、跨浏览器和跨设备的一种脚本语言，尤其在早期它被设计为依赖于宿主的嵌入式引擎，因此它对系统级别的标准库没有多大的发言权。这也是至今为止 ECMAScript 都没有大规模拓展标准库边界的原因。

相对于早期规范，ES5 只添加了一个 JSON 对象。ES6 则一次性添加了 ArrayBuffer、DataView、TypedArray(11 种)、Map/Set、Proxy/Reflect、Promise、Symbol、WeakMap、WeakSet 这些类，并进一步规范了错误类型的子类（如 SyntaxError）。随后 TC39 在标准库方面的工作转而倾向于对既有类型的维护或补充，例如 Promise.any() 方法、String 的 pad/padLeft 等。因此，之后添加的新类变得很少，除了与值类型对应的工具类 BigInt[3]，就只有"共享内存"和"弱引用"两个提案成功进入 ECMAScript 规范，分别提供了 SharedArrayBuffer/Atomics 和 WeakRef/FinalizationRegistry 等工具或类，后面会对它们另行讲解。

TC39 对标准库兴致缺缺的另一个原因是，历史遗留问题太多、太复杂而琐碎。几乎任何问题（由单个提案来处理的话）都会因为过重的包袱而走入死胡同，例如对 Date 工具类的处理，最终导致新的"时间"提案出现，又如对 Math 类的处理导致"十进制数"提案的出现，甚至因为"十进制数"提案又引发了 BigInt 是否同样需要一个类似"支持 BigInt 类型的数学计算对象"提案的争

---

① 按照 JavaScript 的惯例，首字母大字的称为类，所以这里称为"工具类"而不是"工具对象"。
② 另外，Generator、GeneratorFunction、AsyncFunction 等动态函数构造器也是未显式声明的。
③ 需要留意的是，除 null 和 undefined 之外，所有的值类型都有一个对应的工具类，其中 Boolean、Number、String 既是工具类，也是对应基础类型的包装类。

议[①]。这些都表明，TC39 认为：针对某些早期设计，宁可另起炉灶也比维护原来标准库要好得多。

除此之外，一些属性、方法的添加也是值得关注的，例如"迭代器助手"（Iterator Helpers）、"集合方法"（Collection Methods）和"只读集合"（Readonly Collections）等提案就在这个方向上努力。

32.2　在基础类型中对有序类型的进一步设计

另一个方向是扩展 JavaScript 的基础类型，它们都是值类型。其中，"枚举类型"（enum）是一个呼声很高但实际应用有限的提案。

枚举是在传统编程语言中很常见的一种基本数据类型，并且它通常是有序类型。所以，同一枚举类型的值之间是可以比较大小的，例如（Pascal）：

```
// 声明枚举类型 TWeekDay
type
  TWeekDay = (Monday, Tuesday, Wednesday, Thursday, Friday, Saturday, Sunday);

// 声明变量
var
  day: TWeekDay = Wednesday;

...
// 示例 (函数 ord 用于取有序类型的序数值)
writeln(ord(day)); // 2
writeln(day < Saturday); // true
```

但是，JavaScript 没有强类型声明，因此，如果让枚举成为有序数值的类型，就容易在语义上出现类型混淆的场景。例如：

```
// 翻转 entries
const revers = entries => entries.map(([k,v]) => [v, k]));

// 将数组下标用作对象属性值
const WeekdayNames = [ "Monday", "Tuesday", "Wednesday", "Thursday", "Friday", "Saturday",
"Sunday"];
const WeekDays = Object.fromEntries(revers(WeekdayNames.entries));

const WeekendDays = Object.fromEntries(revers(["Saturday", "Sunday"].entries));

// 语义错误
console.log(WeekDays.Monday === WeekendDays.Saturday); // true
console.log(WeekDays.Saturday === WeekendDays.Saturday); // false

// 编程中的应用问题 (如下会带来更致命的逻辑错误)
let weekDay = WeekDays.Monday;
switch (weekDay) {
  case WeekDays.Saturday:
    ...
  case WeekendDays.Sunday:
    ...
...
```

在弱类型环境中没有办法对上述 WeekDays 与 WeekendDays 进行强制类型检查，而有序类

---

① "时间"提案目前处于 Stage 3 阶段（因此在很多浏览器环境中已经可用了），而"十进制数"和"支持 BigInt 类型的数学计算对象"提案都处在 Stage 1 阶段。

型的序数性质又可能带来支持上述比较效果的语法或应用。为了避免这种问题，"枚举类型"提案也考虑将 enum 设计为非序数的值类型。类似如下：

```
// 唯一值
const toUniquedEntries = key => [key, Symbol()];
const WeekDays = Object.fromEntries(WeekdayNames.map(toUniquedEntries));

// 取子集
const toReferencedEntries = function(key) { return [key, this[key]] };
const WeekendDays = Object.fromEntries(
  ["Saturday", "Sunday"].map(toReferencedEntries, WeekendDays));

// 如下逻辑是可行的
let weekDay = WeekDays.Monday;
switch (weekDay) {
  case WeekendDays.Saturday:
  ...
```

使用唯一值而非序列值的优势显而易见——除非提案试图让枚举类型支持一种内部的序列（而非显式地使用整数序列值）。

不过，也许并不存在上述非此即彼的选择困境。在 TypeScript、Flow 等语言的类型化实践中，都支持多种混合风格的语法。例如（TypeScript）：

```
// 使用序数值（混合自动序号和指定序号）
enum SomeWeekdays {
  Wednesday = 3,
  Thursday,        // 4
  Saturday = 6,    // 5 跳过
  Sunday           // 7
}

// 指定重复值（可以引用枚举值）
enum SomeWeekdays {
  Sunday = 7,
  Firstday = Sunday
}

// 使用字符串值的枚举类型
enum SomeWeekdays {
  Wednesday = "Wednesday",
  Thursday = "Thursday",
  Saturday = "Saturday",
  Sunday = "Sunday"
}

// 混用多种风格（注意，Firstday 总是直接引用 Sunday 的值）
enum SomeWeekdays {
  Wednesday = 3,
  Thursday = "Thursday",
  Saturday = 6,
  Sunday,
  Firstday = Sunday
}

// 取枚举的子集（作为类型）
type Offdays = SomeWeekdays.Sunday | SomeWeekdays.Saturday;
```

然而，如果在更高层次上考虑类型化的问题，那么作为一种弱类型化的 JavaScript 语言可以有两种假设：

- 枚举是一种被标识的基础类型值；
- 枚举是一种可子类型化的复合类型。

第一种假设的根本问题是，它与符号（Symbol）类型不存在本质上的差别。也就是说，如果枚举是值，那么无序的枚举值就可以用符号来替代，例如：

```
// 采用 "模块块" 提案语法
let Weekdays = await import(module {
 export const Monday = Symbol();
 // ...
 export const Sunday = Symbol();
});


// 与如下 (可能性的) 语法在语义上相同的
let keys = ['Monday', ..., 'Sunday'];
let Weekdays = {...Enum(keys)};
console.log(typeof Weekdays.Monday); // 'enum'
```

在这种假设下，Weekdays 的每个分量都是一个 enum 类型的值。第二种假设则试图将 Weekdays 本身作为枚举，用以复合其他值类型，并且可以持续子类型化。那么，它需要一种语法来声明各个分量，例如：

```
// 一种 (可能的) 声明语法
let Offdays = enum {Saturday, Sunday};
let Weekdays = enum extends Offdays { Monday, ... };
...
console.log(typeof Offdays); // 'enum'
console.log(typeof Weekdays); // 'enum'
console.log(Weekdays.Sunday === Offdays.Sunday); // true
console.log(typeof Weekdays.Sunday); // 'number', 'string', 'symbol', etc.
```

在这种语法中也可以考虑为分量置初始值，以便它们可以是 number、string、symbol 等其他任意类型——通常是基础类型中的值。例如：

```
let Offdays = enum {
 Saturday = 6,
 Sunday = 7,
 ...
};
```

所以，参考对象又回到了 TypeScript 的类型设计上——只不过这一次把类似设计用作了（即用即声明的）值而已。

但是，一旦它被理解为"值"，它就与 ECMAScript 正在推进中的"记录和元组"提案发生了冲突。因为记录和元组正是一种复合原始值（compound primitive value）类型，所以在语法和语义上都与上述 enum 有强相似性。只不过，记录与元组这两种类型要响应的主要诉求，主要是所谓数据的"深度不可变"，而非是枚举类型那样简单地列举一组数据（并对它们加以标识）。

将一个特定位宽的数据抽象为一种类型，就是所谓的基础类型。一旦超出这种宽度（例如 64 位或 128 位），数据就只能被理解为一个"块"[①]：

---

① 这里强调了连续性，是假定该数据块必须是包含了它应该包含的全部信息的、没有引用的数据的块。如果它的信息是通过引用关联到别的块上的，那么它仍然不被视为连续的。在传统编程语言中，这里是指指针，而在 JavaScript 中则适用于对象这一概念（例如多个属性指向同一地址时，其中一个属性的值改变了，另一个属性的值也同样改变）。"没有引用"是深度不可变性质的基本条件，只要不引用外部的数据，该块就不可能被意外修改。

- 如果这个块是连续同质的，那么它就是类型化数组（字符串本质上也是一个类型化数组）；
- 如果这个块是连续但不同质的，那么它就是一个记录。

可见，连续块的"不同质"带来了对记录或元组的需求。那么，又是谁带来了更大的、连续的数据/块这样的抽象需求呢？

32.3 在内存与线程相关技术中对应用环境的更多考量

在 ES2015（ES6）~ ES2020（ES11）之间的几年里，除了基础类型中添加的 `bigint`，就只有"共享内存"提案在 ES2017（ES8）中进入了正式规范，用以实现与并发编程机制相关的 Atomics 对象。

共享内存被实现为 `SharedArrayBuffer` 类，它与数组缓冲区实现的方式和接口都基本一致，只是前者用于在多线程之间共享内存。多线程和共享内存是在 ES2017 中提出的最主要的高级应用编程概念[①]，它通过所谓的**执行线程**（executing thread），将操作系统或宿主环境的线程概念映射到了 ECMAScript 规范层面（参见 19.2.2 节和 26.1.1 节）：一个执行线程等义于引擎的一个执行栈，一个执行栈等义于一个运行中的执行上下文。

线程对应引擎，不同线程之间的对象当然也由不同的引擎创建，因此它们相互之间既不能识别，也不能交换。所以，从 ES2017 开始，JavaScript 应用环境中有了"在线程之间交换数据"的需求。而在 JavaScript 中，`Array` 是 `Object` 的一个子类，是以关联数组实现的索引数组，因此在存储的连续性上没有强制性，这带来了两个负面影响：一是，它不利于引擎优化；二是，它无法在线程之间简单映射（和交换）。所以，一直以来，开发人员普遍采用的相对可行的解决方案就是使用 JSON 将对象、数组和值类型数据统一转换为（字符串文本形式的）JSON 对象并发送/传送消息到在另一个线程，之后再反序列化出来变成目标线程中可用的数据。

在 ES2017 之后，在共享数组缓冲区上建立数据视图（例如类型化数组）的方式是上述问题的主要解决手段，只不过彼时的 JavaScript 支持的数据抽象过于低级，既不能访问 `TypedArray` 之外的非类型化数据，也不能访问以 `Object`、`Array` 为代表的引用类型数据。反过来，非对象（或者非引用数据）就没有这种限制。在共享数组缓冲区中交换的数据必须是值类型数据，这也是在 ES2017 之后，针对值类型的设计普遍受到 TC39 关注的主要原因。当然，另一个原因是 TC39 成员普遍更关注函数编程，而在函数参数中传值（而不是传递引用）是避免函数副作用的主要方式，更灵活、更复杂的值类型数据的设计由此成为首选。

另外，之前所说的使用 JSON 或其他规格文档来序列化/反序列化的方案不但极其低效，而且完全无法利用共享数组缓冲区的主要特性——在线程间共享访问（而不是交换）数据。所以，无论从应用开发环境来看，还是从引擎厂商或 TC39 看来，"如何通过共享内存/共享数组缓冲区更有效地交换数据"都是迫切需要提上议事日程的强需求。

在这样的背景下，记录和元组作为新的复合原始类型的概念被提出来。它被称为**深度不可变类型**（deeply immutable type）：整个记录或元组内部，所有成员都是固定类型和固定大小，甚至是

---

① 自 ES2017 开始了对"内存模型"（Memory Model）的规范，并且在 ES5 之后首次添加了一种新规范类型"数据块"和"共享数据块"。

固定位置的[①]。这样的记录和元组可以看成一个独立的数据块（data block）结构描述，该数据块[②]不引用其他任何位置的数据，也不会因为（外部的、被引用者的）意外修改而改变。最终的整个数据块被作为一个单独的值类型数据。

　　"记录和元组"提案在语法上再次引入了#字符。例如：

```
// 使用#{}或#[]的字面量语法
let x = #{"a": "ABCD", b: 5};
let tuple = #[1, 2, 3];

// 或使用元组/记录工具函数
let a = Record.from({"a": "ABCD", b: 5}); // or fromEntries()
...
```

　　当然，存在一些不同的选择，例如使用{| ... |}和[|... |]替代#字符前缀，以及const关键词是否可以用来表达记录与元组的不可变性等[③]。然而语法问题通常只是表面的、与个性选择相关的，这些问题在接下来的冲突面前显得微不足道。例如，假设有一个称为sizeOf()的函数，用于取一个值类型数据对应的数据块的大小，那么对如下两个记录类型值来说，它的返回值应该是多少呢？

```
let r1 = #{"a": "ABCD", b: 5};
let r2 = #{"a": "ABCDEFG", b: 6};

// ex, equ 3 * Uint16Array.BYTES_PER_ELEMENT
console.log(sizeOf(new Uint16Array([1,2,3]))); // 6
console.log(sizeOf(r1), sizeOf(r2)); // ?
```

　　这涉及非常多的问题，包括 UTF8 字符的字节长度问题，以及是否考虑 0 字节结束符的问题等。为了方便讨论，假设 sizeOf() 与字符串长（str.length）同义，也就是 sizeOf() 在这里应该输出多个字符单位长度。

　　按占用内存大小来说，上述值应该分别是 4 和 7，这意味着 r1.a 和 r2.a 在内存中都作为连续块的一部分来存放，并且它们将不能再修改，否则就将导致内存块大小变化而与"值类型固定大小"存在概念矛盾。但是，在实际编程环境中，r1.b 和 r2.b 的修改都是正常的，它们作为整数值处理时，总是占有相同大小的存储空间。然而这样一来，成员 b 能修改，而 a 不能修改，重要的是，这取决于它们存放何种类型的值，这让程序处理变得非常困难。

　　另一种策略则是它们分别占用一个字符串标识（引用位置）的大小，如 2 字节或 4 字节。这样就可以自由地修改属性 a 的值，并且只有在需要的时候才将它的长度并入数据块大小的计算之中。所谓"需要的时候"，通常就是与引擎、线程或者其他外部环境打交道的时候。而这又加重了在交换数据时的处理成本，换言之，引擎、多线程或嵌入式环境的性能就下降了。

　　所以，记录或元组的成员是否可变，既涉及可编程问题，也涉及实用环境的性能问题。最终，"记录和元组"提案必须在二者之间做一个选择，或者找到可平衡二者权益与冲突的方法。

---

① 元组（tuple）是固定位置次序的值，而记录（record）是通过隐式排序来确定成员位置的。与此相关的，后文还会介绍一个极早期阶段的"结构体"提案，提供强制成员位置次序不变的特性，也称为固定布局（fixed layout）特性。

② 规范类型中的数据块规范类型并不同于这里的记录或元组。它们之间不存在直接映射的关系，但是二者的概念领域以及主要的实现目的是一致的。

③ 有批评的声音认为：自#和?之后，ECMAScript 在将 JavaScript 变得更加符号化的方向上越走越远。但事实上，在字面量上使用符号是继承传统，但是在对象和语言的结构化方面，能带来更显式表达的语法效果的关键字优先（keyword first）策略则是更符合惯例的。

这是 ECMAScript 在 ECMAScript 202x 时代面对的最困难的抉择：本质上，这是静态环境与动态环境的冲突，是类型与非类型化的冲突，是应用语言与系统语言的冲突，甚至，是性能与存储的冲突。目前来看，TC39 倾向于提案者的提议，即让记录与元组成为一个完全不可变的值，任何修改都将导致新的值副本产生[①]。至于其他事，就都交给垃圾回收来干吧。

在应用层面上，WeakRef、FinalizationRegistry 和 WeakSet/WeakMap 这些类的出现，都是为了在用户代码中建立类似回收的机制。当然，这并不能替代引擎层面的垃圾回收，尤其是它们并不能处理值类型，因此记录、字符串、数组缓冲区等的内存管理仍然是引擎负责的。除了对受托管数据类型的考虑，垃圾回收机制还要考虑清理的时机。这很大程度上是由引擎设计逻辑决定的，例如，ECMAScript 引擎总是在应用层面模糊掉调度执行上下文与调度任务之间的差异，因此用户代码无法在两个任务的调度之外获得来自宿主的唤醒。简单地说，回调事件不可能在当前任务运行过程中发生。在用户持续占用执行权的情况下，这会使宿主无法通过回调让用户代码参与到回收事件中[②]，因此"弱引用清理"提案试图在 FinalizationRegistry 中添加工具方法，让用户代码手动地同步调用垃圾回收过程。

考虑到问题的复杂性，TC39 将一部分提案用来解决垃圾回收相关的问题，另一部分更多地关注存储的结构性问题，尤其是深度不可变的记录和元组并没有解决的内存布局问题。很明显，如果之前讨论过的"在记录中加入字符串字段"之后 sizeOf() 到底应该如何计算的问题不被解决，或不通过规范约定下来，那么将记录/元组直接映射到共享数组缓冲区仍然是一句空话。所以又出现了一份称为"结构体"的新提案，它试图约定两种结构体：**普通结构体**（plain struct）和**共享结构体**（shared struct），这将有利于在当前环境（包括同宿主下的多个实例）以及共享环境之间交换值类型数据[③]。出于这样的目的，前者被定义为一种**固定布局对象**（fixed layout object），而后者则明显添加了更多的约束，包括只支持原始值或者共享结构体，以确保在不同的宿主或进程中以相同的方式理解结构体（即它的数据块）的布局。

32.4 宿主行为规范

除了类型和标准库，TC39 近年来还致力于弥合不同厂商在引擎实现上的差异。这有非常大的风险，过于明显的规格化的设计会给引擎开发制造壁垒，从而招来更多反对的声音；而较宽松的只局限于语言语法表面的约束（像 ES5 之前那样）又会留下许多隐藏特性，如同为后续的规范化工作挖坑埋雷。

考虑到 Promise 中 then 链的可维护性，ECMAScript 在 ES2016 中首次为引擎定义了应用级别

---

① 也就是上述第一个选择，这在内存和性能上都有非常大的牺牲，但模型简洁而且可靠。另外，在实现上，"完全不可变"只是在语言层面的，引擎可以将变更带来的复制操作优化在一个可接受的程度。这往往是引擎厂商之间最大的竞争空间，所以他们也乐于这样做。

② 例如，在 WebAssembly 或 Web Workers 中，宿主每次向用户线程让渡执行权限的时间都有可能很长。这样的用户任务可能巨大、非常耗资源，同时它又无法被宿主的回收事件唤醒，从而导致性能低下。

③ 需要留意的是，该提案的最终目的与设计极可能与这里的描述背道而驰。该提案处在 Stage 1 阶段，因此存在非常大的不确定性。例如，它对结构的定义是"声明性的密封对象"（declarative sealed object），表明它主要关注的是字段或成员布局及其次序的不可变性，因此它更可能倾向于实现与对象相似的甚至通用的行为，而不是被定义为某种值类型。可能因为这个缘故，该提案的早期版本建议是使用 stuct class ... 这样的类声明修饰符风格，而不是发布一个新的数据类型。

的**回调钩子**（callback hook）[①]，这使宿主与应用发生了强绑定。也就是说，宿主存在某些要求应用响应与处理的行为[②]。考虑到宿主处理这种回调的逻辑需求，规范还在 ES2017 中将引擎调度执行上下文的机制从 `NextJob()` 改成了 `RunJobs()`，从而将引擎的任务调度权限全部回收到了一个（不受外部控制的）循环中。如此一来，所有待调度资源都将是引擎识别和全权控制的。

于是，从 ES2017 开始，TC39 有能力对引擎的执行逻辑进行标准化。更进一步地，它们还可以对执行逻辑所管理的资源，以及这些资源与宿主之间的交互逻辑进行标准化。这也就是宿主相关过程从 ES2015 的 2 个发展到 ES2022 的 12 个[③]并表现持续增长趋势的原因。这种趋势以及整个规范表现出来的对宿主行为的开放性，甚至激发了"区片"这样的提案，试图通过将宿主行为区隔化来为用户代码提供一种在多个域（Realm）中安全运行脚本的基础机制[④]。

所以，是时候规范域对象了。

从 ES2015 开始，ECMAScript 要求所有代码在它执行前都必须与一个"域"关联起来。这是 ECMAScript 对 JavaScript 代码执行的第一项限制：域是引擎运行的基础环境，是执行上下文的唯一全局参考。简单来说，域定义了全局对象和全局环境是什么样子，以及引擎内在机制都支持哪些能力，等等。一开始，域还被默认用来存放那些不适合放在 `global` 中向用户开放的内部公共资源，例如为模板字面量保存的内部结构（称为 `templateMap`），以及更重要的模块图（Module Graph）或者模块依赖树（Module Dependency Tree）。

因此，引擎初始化全局时执行的第一个内部过程就称为 `InitializeHostDefinedRealm()`[⑤]，而"影子域"提案的初始过程就称为 `HostInitializeShadowRealm()`。但是，这种名字上的相似性还隐含地说明了一个事实：影子域（ShadowRealm）与已定义的域（DefinedRealm）之间的差异是由宿主来决定的。

但这并不见得不正确，因为影子域通常用来给开发人员提供一种选择：可以在一个类似沙箱的环境中执行代码，而无须担心这个环境对当前代码造成任何影响——因为当前代码运行在默认域（DefaultRealm）中。域之间的隔离性是引擎级别的，而且其具体限制也是由引擎机制来保障的。举例来说，影子域可以是在浏览器中与域名安全策略（Domain Security Policy，DSP）相关的、在云端微程序的 API 中与用户策略（User Policy，UP/USP）相关的或者在某个执行逻辑中与内容安全策略（Content Security Policy，CSP）相关的等类似的执行环境中，用来创建受限制的或定制行为的执行环境，用以约束这些环境中可用的 API、可以访问的路径、可以操作的数据或资源的类

---

① 在之前，规范通常只会对引擎实现的某些特定逻辑或结构做出描述，例如加载静态模块的 `HostResolveImportedModule()` 过程，以及用于执行代码的"域"的确定字段。

② 这里是指 Node.js 中的 `unhandledRejections` 和 `rejectionHandled` 全局事件，它们在 ES2016 中是作为一个称为 `HostPromiseRejectionTracker()` 的宿主过程的一部分来说明的。

③ 自 ES2021 开始，通过一个称为"Host Layering Point"的补充规范，列出了所有要求宿主实现的主要索引，其中"Host Hooks"小节专门列出了这些过程。

④ 这是在一系列称为 SES（Secure EcmaScript）的技术上发展出来的机制。在多数情况下，SES 是引擎机制，而区隔化是它的主要实现手段。在相关的提案中，"SES（Secure EcmaScript）"提案和"区片"提案都处在 Stage 1 阶段，但在应用环境中，包括 Moddable 的 XS，以及 Node.js 的一些第三方包，都内置或提交过相对成熟的实现。

⑤ 这是本书第二次讨论到这个过程。此前在 20.3 节中引用该过程说明了严格模式是"与环境无关的执行限制"。可见，引擎或环境级别的性质，通常总是与这一初始化过程存在紧密联系。

型或大小限制等[①]。而且按照影子域的定义，它最终将是用户代码可用的实例，一定程度上可以继承当前域的某些能力，并且接受来自当前域的初始化和数据传输。例如[②]：

```
const shadowRealm = new ShadowRealm();

// pluginFramework 和 pluginScript 在 ShadowRealm 中可用
const [ init, ready ] = await Promise.all([
  shadowRealm.importValue('./pluginFramework.js', 'init'),
  shadowRealm.importValue('./pluginScript.js', 'ready'),
]);

// pluginScript 将会执行在 ShadowRealm 中
init(ready);
```

　　一旦影子域可用，当前域就可以在影子域中执行特定代码（而不是像上面那样调用其中的过程），例如：

```
// （续上例）
await shadowRealm.evaluate(`
  // 向影子域注入和执行的代码
  console.log(typeof ready);
`);
```

　　我们知道，绝大多数开发人员都会尽力避免直面多线程或者面向内存（例如共享存储）的读写；另外，他们还需要小心翼翼地绕开与引擎、应用执行环境或操作系统等相关的数据交换。它们很重要，但没有更好，所以多数人并不关注那些新的不常用的值类型数据的设计。但是，一旦他们要开始使用影子域的特性，就必须面临向域中传递值的需求，因为这是影子域与外部（包括当前域）交换数据的唯一方式。尽管它不使用共享数组缓冲区，但却存在与共享数组缓冲区相同的限制，以及相似的用法。

　　有两种方式向影子域中传入值。例如：

```
// 通过执行过程给影子域添加全局对象上的属性（相当于 var 声明）
let x = 100;
await realm.evaluate(`
  globalThis.x = ${x};  // 传入
`).then(() => realm.evaluate(`
  console.log(x); // 测试
`));
```

或者：

```
// 使用已经导入影子域中的模块支持的工具函数
let transferHelper = {
  define: await realm.importValue('./3rd/realmUtils.js', 'define')
};

// 测试
let x = 100;

// 使用记录来传递键值对，以方便在域中进行声明
transferHelper.define(#{x});
```

[①] 这些定制能力绝大多数取决于宿主或者引擎厂商的设计。例如，微应用的服务端，可能需要提供限制调用次数（或使用内存限制）的 API，就可以通过一个定制的影子域初始过程来实现它。这个影子域的创建可以与当前开发人员账号的权限相关，与应用操作的资源集合相关，甚至与上一次的运行快照相关。

[②] 引自 *ShadowRealms Explainer*（tc39/proposal-shadowrealm@github）。

```
realm.evaluate(`
  console.log(x);
`));
```

　　第一种方式要求 x 是能被序列化成字符串的，这与使用 JSON.stringify() 序列化的思路一致，并且同样也会要求数据（例如变量 x）必须是值类型。第二种方式取决于第三方工具包中的 define() 的处理能力，而按照影子域的设计，任何从影子域中导出的函数或传入的参数都只能是值类型的数据。

　　当然，第二种方式的性能会好很多，毕竟不需要一个序列化/反序列化的过程。为了解决从影子域向当前域返回数据的问题，影子域设计了一个称为"封包函数"（WrappedFunction）的新函数类型，用以将所有从在 importValue()/evaluate() 返回的函数包裹在一个安全的处理过程中，以确保那些传向影子域的变量总是值或者（反向地）包装过的函数。所以，这里显然不能写作：

```
transferHelper.define({x});
```

而必须在使用一个值类型（例如记录）的变量。简单地在对象与值之间转换，便成了现实需求。例如：

```
// 用与类似对象字面量类似风格来声明记录
transferHelper.define(#{x});

// 或者，使用对象展开
let obj = new MyObject();
transferHelper.define(#{...obj});

// 或者，使用 from/fromEntries
transferHelper.define(Record.fromEntries(obj.entries));
```

　　在这个过程中尤其要注意的是符号类型（以及将来可能支持的枚举类型）。如果它们以值类型的方式传递，就必须在多个域中共享一份已经创建过的符号列表；否则，就必须有方法在两个域之间实现符号等特殊值类型的比较。

32.5　小结

　　在 ES2018 之后，ECMAScript 加强了对宿主的规范，这种趋势在 ES2020 之后更加明显。从很大程度上讲，这是因为 JavaScript 已经开始向并发多线程编程、系统化编程和嵌入式编程等领域渗透[①]，而 TC39 也不得不在 ECMAScript 中对这些动向做出回应，例如"影子域""动态导入宿主调整""记录和元组"等提案。

　　符号值的特殊性决定了它在进程内与跨进程做数据交换时存在着很大的不同：在引擎的多个影子域之间，甚至是单进程的多个引擎实例之间使用共享符号列表的方式是可行的，但在跨进程或远程交换时必须要另外设计一种机制来传递符号（以及枚举值等）[②]。当然，也可以完全限制这些特殊值类型的传递，这取决于引擎与具体应用环境的设计。

---

　　① 这 3 个领域在跨域（Realm）的共享存储、复杂的包与组件规范，以及静态化、设备相关的数据类型这些方向上，分别提出了要求。
　　② 所以也会有"符号作为 WeakMap 键"这样的提案，就是试图用符号来把记录与对象关联起来，从而达到在记录/元组中隐式地引用到其他对象的目的。当然，在引擎、域或进程等远程交换场景下，这些策略同样是无效的。

影子域的设计中出现了"封包函数"的概念，它关注面向参数与结果值的类型限制，以及基于受限类型的数据交换。这也带来了另外的可能性，即将其他对象加以封包，以保证结果具有与深度不可变等类似的性质，从而避免通过记录作为中间类型来转换的损失。这涉及在对象上进行"膜操作"的一些实践[①]，这是在"SES（Secure EcmaScript）"提案中的另一个被深入讨论的话题，就目前来说并不成熟，应用也相对有限。

就实际应用而言，"记录/元组"并不比"对象/数组"更好用，在许多方面甚至与后者相去甚远。另外，如果缺乏引擎优化，它们也并没有性能和存储方面的优势，远远影响不到以关联数组为基础概念的对象的地位。因此，在值类型设计的方向上增加复合结构，除在复杂环境中用来交换数据之外，并无可取之处。但是，如果它将来能够与 SharedArrayBuffer、Atomics 等内建对象结合起来，提供更加便捷的运算符或 API，那么它可以为宿主在可移植性、跨平台、嵌入式、沙箱或容器化应用，以及微服务引擎等方面提供有足够吸引力的 JavaScript 语言特性，是值得期待的。

---

① 例如，#{ ...x }语法可以实现为在对象 x 加一层膜，只在写入操作发生时才创建真实的记录类型值（即所谓"写时复制"）。当然，这也可以是引擎优化的目标，只不过把它作为在语言层面的实现会是更激进的选项。

## 第 33 章

最后的屏障：顶层 **await**

```
> export default await 0;
```

> **await** 是上下文相关的关键字，它带来了顶层 **await** 设计上的逻辑怪圈：如果在顶层上使用 **await**，从而导致它成为异步上下文，那么 **await** 将成为上下文类型的决定者，而不是上下文相关。
>
> 所以，一种情况是 **import()** 的动态导入决定了某个模块是被异步地导入当前环境，另一种情况则是在模块中的顶层 **await** 决定了某个模块是异步的。两种情况在 JavaScript 中都存在合理的应用场景，且相互覆盖、互成干扰。
>
> 决策的关键在于执行引擎的设计过程，包括设计者如何理解环境、执行上下文，以及最重要的是如何处理引擎与语言的边界。

提案索引

已通过提案（Stage 4）

- tc39/proposal-top-level-await：ES2022 中加入的"顶层 **await**"（Top-level **await**）提案。

推进中提案（Stage 3）

- tc39/proposal-json-modules："JSON 模块"（JSON Modules）提案。
- tc39/proposal-explicit-resource-management："显式资源管理"（Explicit Resource Management）提案。为引入资源的变量添加 **using** 声明，确保它在生存周期结束时会被主动释放。
- tc39/proposal-import-assertions："导入断言"（Import Assertions）提案（参见第 28 章的"提案索引"）。
- tc39/proposal-atomics-wait-async："**Atomics.waitAsync**"提案，提供在异步环境下的无阻塞等待。

推进中提案（Stage 2）

- tc39/proposal-module-expressions：“模块表达式”（Module Expressions）提案（参见第 28 章的提案索引）。
- tc39/proposal-module-declarations：“模块声明”（Module Declarations ）提案，可视作支持命名的模块块，早期称为“模块片断”（Module Fragments）提案。

规范索引

概念或一般主题

- #sec-example-cyclic-module-record-graphs：循环模块记录图（模块依赖树）的示例。
- #sec-script-records：脚本记录（Script Record），引擎可处理对象，通常是全局脚本块。
- #table-cyclic-module-fields：循环模块记录（Cyclic Module Record）的附加字段表，用于实例化过程，包括处理循环依赖等。

实现

- #sec-abstract-module-records：抽象的模块记录（Module Record），由模块系统识别与处理。
- #sec-moduleevaluation：模块实现的 `Evaluate()` 抽象操作，用于每个模块在模块顶层代码的执行过程中的具体执行。
- #sec-hostresolveimportedmodule：`HostResolveImportedModule()` 抽象操作，交由宿主实现的模块发现过程。在 ES2023 中该操作更名为 `HostLoadImportedModule()`。
- #sec-source-text-module-record-initialize-environment：模块环境实现的 `Initialize Environment()` 抽象操作，即模块环境的初始化过程，但在 ES2019 之前它称为“模块声明环境设置”（Module Declaration Environment Setup）。

33.1   模块的状态

在用户看来，ESM 模块是静态加载的，所以在执行第一行用户代码之前，所有的模块都已经就绪了，这时候的模块称为**已实例化的**（instantiated）。

模块在实例化完成之后并不会立即执行它的顶层代码。顶层代码的执行过程与静态加载（或称为装配）过程直接相关，必须根据**模块图**（module graph）来重排那些模块的执行顺序，而并不是先解析先执行。早期的 ECMAScript 规范没有说明解析和排序的算法，但用模块的执行过程[①]描述了一个深度优先加载过程。这一状况直到在 ES2018 中才略有改观：为了解释**有环模块图**（module graph with cycle），规范引入了更复杂的描述。

引擎从语法分析器中得到一个模块的过程与宿主相关，因为“模块位于哪里”是只有宿主才知道的事情，所以 `HostResolveImportedModule()` 过程由宿主实现并根据“模块描述符”（*Module*

[①] 这里是指 `ModuleEvaluation()` 抽象操作，以及 `import` 或 `export` 语句的 `Evaluation()` 抽象操作。

Specifier），也就是 `import` 语句中指定模块的那个字符串，找到并解析它①。考虑到兼容宿主/引擎的内部模块，这一过程并不总是返回.js 文件的源代码文本。因此，这样得到的模块就存在两种可能的状态：一种是 `evaluated`，例如内部模块；另一种是 ES2018 中的 `uninstantiated`，例如源代码模块。考虑到存在循环依赖问题②，因此在 ES2018 中为源代码模块约定了以下 5 个状态③。

- `uninstantiated/unlinked`：未实例化的。模块刚刚从源代码文本中被解析出来，已经知道了它内部有哪些 `import/export` 语句。
- `instantiating/linking`：实例化中的。该模块在这个过程中将发现和实例化所有内部模块。
- `instantiated/linked`：已实例化的，且该模块的所有依赖都已从宿主获得，并完成各自的实例化。
- `evaluating`：执行中的。该模块正在执行中。
- `evaluated`：已执行的。该模块已经执行结束。

这 5 个状态中较少受人关注的是 `instantiating/linking`。严格来说，这个过程主要考虑的不是执行顺序问题，这有两个原因：一是，所有模块都会直接继承引擎顶层的环境，而相互之间没有环境依赖④；二是，这个实例化的过程只需要将模块从源代码加载（或映射）到内存，并不需要实际执行它。但 ECMAScript 要求引擎在这个阶段确定模块的连通性（并确保循环引用可以被正确处理），因此在深度优先搜索（Depth First Search，DFS）算法中为模块添加了 `[[DFSIndex]]` 和 `[[DFSAncestorIndex]]` 这样两个内部槽，以跟踪这个遍历过程。

然后，模块进入 `evaluating` 状态，引擎开始执行它和它所有依赖模块的顶层代码。当然，仍然是要优先执行那些被依赖的模块⑤。直到所有"模块的顶层代码"被执行之后，模块状态会标记为 `evaluated`，这才是用户代码看到的状态。

33.2　模块的顶层代码

引擎从第一个被加载的模块开始执行所有模块的顶层代码，考虑到深度优先的机制，所谓"第一个被加载的"并不等于引擎的入口模块。而每个模块的顶层代码都是独立的，并且会在那些被依赖模块的顶层代码执行之后运行，因此那些导入的名字，包括常量、函数，或者类名等，在它的顶层代码运行之前应当已经就绪。

---

① 这就是为什么 ECMAScript 规定模块描述符必须是一个字符串的原因：在处理到这个阶段时，引擎并不会处理任何用户代码中的变量、表达式等。当然，如果引擎和宿主支持的话，模块描述中可以包括环境变量、配置文件中的常值或者其他内建模块的处理结果等，因为这些是在宿主发现（HostResolve）过程中有能力处理的。

② 当深度优先遍历模块时，如果遇到一个实例化中的（`instantiating/evaluating`）模块，那么只需要忽略它就可以避免循环，而 ES2018 之前的旧状态集合并不适用于这一算法。

③ 前三个状态在 ES2020 及其之后使用的名字是 `unlinked/linking/linked`，以强调整个模块初始的过程是一个模块图连接（linking in module graph），但实际处理过程与之前并没有不同。

④ 这个过程很复杂，称为模块声明环境设置（Module Declaration Environment Setup），自 ES2019 开始称为初始化环境（Initialize Environment），其主要目的是将各个模块创建为全局环境的子级，并根据模块中的声明语句创建它们各自在环境中的名字，包括导入的名字、`var/let/const` 等。

⑤ 这里仍然是一次会利用到 `[[DFSIndex]]` 和 `[[DFSAncestorIndex]]` 内部槽的深度优先遍历。与之前 `instantiating/linking` 的区别在于这里并不关注连通性、模块加载和将环境或变量实例化等，而只是调用它们的 `module.ExecuteModule()` 方法以执行顶层代码。

既然所有的语句都会有运行期语义（Runtime Semantics）以及执行结果（result of evaluating）——这是一项很严格的 ECMAScript 约定，那么 import/export 这些声明也应如此，所以顶层代码也会包括它们。只不过完成记录中的值都是 empty，所以它们不影响整个模块顶层代码（它们在形式上构成的那个语句块）的执行结果。再次说明，语句块的执行结果是它最后一个不返回 empty 的语句的完成结果值（参见第 6 章）。

在 ES2020 的动态导入出现之前，模块都是执行在全局环境中的，对应执行上下文中的 [[ScriptOrModule]] 字段也就缺省指向初始加载与执行顶层代码的那个模块记录（应当是引擎的第一个入口模块）。但是，动态导入使得执行过程可以发生在任何位置，例如当前环境可能是函数也可能是一个语句块。因此，在动态导入调用（即 import()）的实现代码中最先开始做的就是找到当前环境中的 [[ScriptOrModule]]，并关联到它。如果这个模块已经在该环境中加载过，那么导入调用就只会返回它的当前实例，否则将会在 [[ScriptOrModule]] 所在的环境中加载和执行它。这意味着，动态模块的顶层代码有可能会执行在一个**脚本块**（script block）中[①]。在一些更极端的情况下，这个导入调用还会发生在未经初始化的执行环境中。例如[②]：

```
<button type="button" onclick="import('./foo.mjs')">Click me</button>
```

这样，在 Web 页面中按下按钮时，onclick 的回调实际发生在宿主为表达式创建的执行上下文中，这并不是某个全局块或模块（由于是异步回调，因此那些全局代码可能都已经执行结束了）。这时，[[ScriptOrModule]] 就会是 null，而宿主也必须要有能力在这种情况下为动态模块初始化一个环境，或者重新定向到某个缺省环境。总而言之，这是宿主的策略。

但是，在浏览器中可能并没有这么复杂。在第 28 章中专门讲过浏览器在 <script> 标签中使用特定属性来加载模块。因此，宿主可以将每个 <script type="module" ...> 创建为一个对应的模块，这样一来，在其中使用 import 调用来加载的模块顶层代码就可以指向它，并在以它为顶层的环境中执行。所有指向不同 [[ScriptOrModule]] 环境的模块之间是隔离的，因此同名、同路径的模块也就可以是多次加载、多次执行的[③]——如果它们被不同的 [[ScriptOrModule]] 环境加载的话。

顶层 await 就是专门为模块顶层代码设计的。

33.3　模块顶层代码中的 await

严格来说，最初大家并不想将顶层 await 限制在模块的顶层，放在全局脚本块（Global Script Block）的顶层也挺好的。但是，JavaScript 的引擎被设计为单线程的（单执行线程、单执行栈），因此这个脚本块对应的就是主线程以及全局环境，而如果在它的顶层使用 await，那么这个主线程挂起之后就没有人能再唤醒它了。尽管后来 ECMAScript 为执行栈设计了一个永不停止的 RunJobs() 循环，但是在这个循环中如果脚本块让渡出了执行权，同时又没有其他任务，那么（逻

[①] 这里指的是全局脚本块。这并不难理解，想象一下，如果在一个 .js 文件中使用 import()，那么自然会将这个 .js 初始化的脚本块作为动态加载模块中那些顶层代码的执行环境。

[②] 这个示例直接引自规范中的 HostResolveImportedModule()。

[③] 真实的状况取决于浏览器的实现，例如，在 Chrome 中，如果地址相同，那么模块只会载入一次。这与 ECMAScript 中的约定在表现上并不完全一致，尤其重要的是，在影子域以及 Web Workers 中它们还存在更多的可能，所以应该视具体情况予以甄别。

辑上）它仍然是无限挂起的。

　　所以，ECMAScript 至少在概念上不支持脚本块中的顶层 await。但是在现实中，这条 "只能在模块中使用顶层 await" 的规则可能与读者的实际观察并不一致。读者会发现，在浏览器的开发工具（DevTools）中，或者在 Node.js 中，都可以直接使用到顶层的 await，而无所谓 "必须是当前模块"。例如，下面的代码是在 Node.js 中进行的测试（应使用缺省方式启动 Node.js 交互环境）：

```
# 模块 x.js 中只有一行代码
> echo "console.log('module x');" > ./x.js

# 启动 Node.js 并在 REPL 中测试
> node
Welcome to Node.js v16.14.0.
Type ".help" for more information.
> let ns = await import('./x.js');
module x
[Module: null prototype] { default: {} }
```

　　这是一个典型的误解①。这是 Node.js 以及 Chrome 等浏览器的开发环境为了让用户快速上手而玩儿的一个小花招儿，它是不符合规范的（并且也是与规范无关的应用/工具特性）。下面的代码可以简单测试一下 Node.js 的真实表现：

```
> node -e "let ns = await import('./x.js');"
[eval]:1
let ns = await import('./x.js')
         ^^^^^
SyntaxError: await is only valid in async functions and the top level bodies of modules
   at new Script (node:vm:100:7)
   ...
```

　　这说明在真正的生产环境中，Node.js（以及 V8 或浏览器环境等）仍然是与 ECMAScript 保持严格一致的。

　　但是，浏览器是一个典型混合了脚本块和模块加载机制的环境。在浏览器环境中，缺省所有的<script>块总是运行一个全局脚本块中，它被称为是**传统脚本**（classic script），也就是 ECMAScript 中约定的脚本块入口；另一些情况下（在使用<script type="module" ...>加载的那些块中），引擎又会让这些代码运行在 ESM 模块的入口环境中。因此，只能（这里至少看起来是以遵循 ECMAScript 规范的方式）在<script type="module" ...>加载的外部模块或在内联模块中使用它们：

```
<!-- 外部模块 E.js 中可以使用顶层 await -->
<script type="module" src="E.js"></script>

<!-- 内联模块的顶层也可以使用 await -->
<script type="module">
  let x = await Promise.resolve(100);
  ...
</script>
```

　　但是这些模块缺省时都会按照 defer 属性的方式延迟到其他的全局代码之后、在 onload 之前执行。这表现起来就与引擎让它们在脚本块末尾加载一样：这些模块将紧随全局脚本块之后同步执行，并且如果其中使用了顶层 await，那么它也就挂起了当前任务，并将线程的执行权切换

---

　　① 参见 V8 网站的 "Doesn't this already work in DevTools？"。

到了其他异步的待处理任务，例如浏览器的渲染、事件的触发等。

在浏览器之外，通常的 JavaScript 引擎就只有一个入口来初始化全局，它加载的总是上述模块或脚本块两种目标对象之一，例如在 Node.js 中就必须在命令行上通过一个开关来切换[①]。

在浏览器中不像 Node.js 那样用显式的开关或文件扩展名来区别两种入口。浏览器可以处理每个<script>块的[[ScriptOrModule]]内部槽，以区分它们是否是全局块的一部分、模块、延迟的或异步的块等，并根据浏览器的规范来决定加载和执行的次序。这些复杂的混合状态对浏览器来说是既存的现实。也就是说，这些都是宿主决定的。

33.4　浏览器环境下的异步

当一个这样的块中有了 await import() 的时候，究竟是<script async type="module"...决定了这个块是异步的，还是在只要它其中的顶层代码有 await，就决定了它是异步的？

首先，答案是后者，也就是说，一旦某个代码块中有了顶层 await，那么这个块（首先它必须被解析为模块[②]）必然会是一个运行在异步上下文中的块。为此，ECMAScript 在模块记录中添加了一个新的[[HasTLA]]内部槽，存放源码解析期获的信息，以此指示引擎是否为该模块创建异步上下文，并异步加载和执行。

具体来说，当[[HasTLA]]内部槽中值为 true 时，引擎会为该模块创建一个 Promise 结果容器（p）和 onFulfilled()/onRejected() 回调，并将回调塞入 p 的 then 链。在模块的顶层代码的执行成功（或失败）时将调用 p 的 resolve()/reject() 置值器，并最终返回到引擎。

这些过程都完全是在 Promise 异步执行过程中处理的。同样，这里的所谓异步上下文也只是引擎中的一个执行上下文的状态（即引擎对模块的执行状态的理解[③]）。对宿主环境来说并没有什么特别，因为宿主环境只为这个引擎创建了一个工作线程，而在这个线程中所谓（引擎中的）同步/异步，不过是切换执行栈上的任务队列带来的效果罢了。

浏览器宿主（在<script>标签中）的 defer/async 决定的是模块加载的方式：要么在全局脚本之末尾（使用属性 defer），要么是一个异步的加载过程（使用属性 async）。但代码的执行权最终还是要回到主线程，在全局执行过程中或者引擎可接受的可被打断执行（最小微任务）的时候执行。

看起来在<script async type="module" ...>的模块中使用顶层 await 时可以得到额外的好处——完全不会阻塞当前浏览器引擎的主线程，但这个主线程本身就会被打断多次。这种打断是很正常的，并且与 ECMAScript 的机制本身没什么关系。因此，当每个异步模块的顶层代码需要在一个异步上下文中执行时，主线程就会被唤醒并执行，然后将结果模块的状态置为evaluated——这个状态非常重要。因为在多次引用相同的地址（模块描述符）来加载模块时，

---

① 较早版本的 Node.js 中必须在命令行上使用--experimental-modules 来支持 ESM 风格的模块，在晚一些的Node.js 版本中则通过文件扩展名（.mjs）来识别。另外，Node.js 14.8 之后才会支持本章中所讲的顶层 await 特性。

② 这里强调这一点是因为这是在网页中通过<script type="module" ...>显式指定的。因为存在内联的（不使用 src 属性的）模块，所以引擎或宿主在这里并不依赖模块文件（模块描述符等）的识别方式。

③ 为此 ECMAScript 为模块添加了一个新的状态标识，称为 evaluating-async。这表明模块在实例化（instantiated/linked）之后进入了异步执行的状态，而不是传统的 evaluating 状态。

所有被识别为相同模块的就只会执行一次顶层代码①，而在合适的时间将模块的状态置为 `evaluated`，是模块依赖树能正确工作的基础：既不能重复加载，也不能循环加载。就目前的情况来说，所谓"合适的时间"并不乐观，"顶层 `await`"提案提出了一些案例，并指出在这些极端情况下并不能避免死锁。

所以，尽管"顶层 `await`"提案已经在 ES2022 中加入了规范，但它也只是"可以一用"而已。在某些情况下"立即调用的异步函数表达式"（Immediately Invoked Async Function Expression, IIAFE）仍然是可行的替代技术。它很简单，也更传统，并且 IIAFE 不依赖顶层 `await`。类似于：

```
(async function() {
 await import(...);
 await import(...);
 ... // more asynchronous processes
})();
```

但问题在于，IIAFE 实际是将一个 `import()` 的结果或者其他的 `Promise` 对象推入了异步队列，而当前线程是一个并不阻塞的同步过程，IIAFE 的 `then` 链在何时触发以及调用结果是什么都是不确定、无法影响当前流程的。

33.5　最后一块落井石

在浏览器中使用`<script async ...>`触发了宿主环境本身的并行多线程，它与当前浏览器共享同一个 JavaScript 引擎（更加严重的是多个 IFRAME 之间亦是如此）。所以，尽管开发人员总是一厢情愿地认为 JavaScript 引擎是单线程的，但实际运行环境却往往稍有差池。

ECMAScript 对引擎的执行机制有着明确约定的，"一个实现"包括：

- 域（Realm）——关联到环境记录、全局对象、内建对象和其他**可用资源**；
- 代理（Agent）——关联到执行上下文、执行线程、执行栈和当前执行指针（活动的执行上下文）等执行组件的执行者；
- 已入队的任务队列（Enqueue Jobs）——引擎在执行栈上调度的**任务对象**（*xxx*Job）的队列；
- 脚本（Script）和模块/模块图（Modules/ModuleGraph）——引擎处理的**源代码对象**。

在这个执行机制中，引擎的核心逻辑就是：将**源代码对象映射到任务对象**，再让执行者在**可用资源**中运行这些任务。将源代码以及它的解析过程也纳入了规范的范畴是从 ES2015 开始的一项巨大变革。一方面，这使得规范中出现了模块记录和脚本记录两种根级别的记录类型，并且有着各自的解析过程，称为 `ParseScript()` 和 `ParseModule()`；另一方面，这意味着 ECMAScript 有能力围绕项目级别的代码组织做出规范②。

这只是问题看起来很好的一面。但是，引擎帮助用户管理脚本或模块管理顶层代码的尝试带来了前所未有的复杂性，成为最后一块落井之石，既进一步推升了它与浏览器等宿主环境整合的

---

① 这些灵活的、形式多样的加载方式带来了极大的复杂性（例如，动态导入的方式、使用`<script src=...>`的传统脚本方式，以及声明为模块类型`<script type="module" src=...`的方式），还要各自区分 defer/async 的差异，以及将一个一般文件作为 `type="module"` 来加载的特殊情况等。总之，这些不同加载方式和序列中，只要宿主认为它们的目标指向相同的模块，它们就应该只执行一次顶层代码。

② 模块化导入/导出是系统化编程的基础技术，是项目级代码组织的起点。只是 ECMAScript 在这个方向上并不激进，例如"JSON 模块"和"显式资源管理"这两个提案，都可以视为在这个方向上的轻微试探。

难度，又埋下了难于检测甚至无法应对的隐患。动态导入（import()）的加入，尤其是"模块块"提案[①]的提出，让模块进一步脱离了管理标识符与名字的工具属性，从外部资源变成了内部可编程的对象。例如：

```
const mod = module {
  // 在模块块中可以导入导出
  import ...
  export ...

  // 可以有自己的顶层执行代码
  console.log('in module block');
}

// 静态语法
import * as ns from mod;

// 动态导入
let x = await import(mod);

...
```

在这个例子中，几乎可以把所有与模块有关的特性全部塞入模块块。也就是说，一旦有了模块块，它就可以替代（几乎）所有静态 ESM 模块的语法、动态导入的特性，以及使用<script type="module" ...>方式在浏览器中的实现。在绝大多数情况下，它甚至工作得更好。尤其是考虑到这个规范提出的最初目的就是满足将多个.js 模块打包这样的需求，因此必然是在提供足够的兼容性的基础上，既享有单模块的便利，又能得到模块化带来的（包括名字空间规划、单元测试等在内的）种种助益。事实上，这还使得模块更像是一种更高级的函数，例如：

```
// 1. 模块声明
const mod = module {
  // 可以在 import.meta 中获取由"导入断言"传入的参数
  let {...opts} = import.meta.inband;
  ...

  // 用户逻辑
  ...

  // 可以返回 (default, or named)
  export default {};
}

// 2. 具有完全相似性的函数声明
const func = function() {
  // 处理参数 arguments，或使用剩余参数...args
  ...

  // 用户逻辑
  ...

  // 返回
  return {}
}
```

[①] 这是处于 Stage 2 阶段的相对成熟的提案。总的来说，它提出了非常好的应用方向以及实现，本书只是尝试在一些貌似细节实则关键的问题上略作讨论。

```
// 3. 使用示例
//　调用函数
let v = 模块();
//　导入模块①（执行顶层代码）
import x from mod assert {inband: {y: [1,2,3]} };
```

但是，既然模块块是可编程的对象，那么它究竟是什么样的数据呢？既然在上例中，它可以在代码上像这样使用：

```
const mod = module { }
```

那么它必然是一种可以用 let/const/var 声明的变量，也就必然具有某种数据类型。然而，细究起来，它是一个可以被 import 语句或 import() 引用的模块描述符，而模块描述从来就不是一个可以由用户代码（在引擎内）识别的数据。即便退一步考虑，如果将它解释为一个"可用户定义的模块"，那么它当前等义于宿主发现的结果，而这个结果在 ECMAScript 规范中被称为模块记录，是一个模块记录规范类型的数据。

因此，最直接的方式就是将模块块理解为模块记录的字面量表示，并最终变成一个模块记录的声明。这个模块记录有之前说的状态（[[Status]]），也有它的源代码块以及顶层代码（[[ECMAScriptCode]] 和 [[HasTLA]]），还有它的执行过程中生成的依赖树（[[CycleRoot]]），在异步执行时使用的容器（[[TopLevelCapability]]），等等。总而言之，它跟之前讨论过的 ESM 一模一样，只不过它是通过字面量风格的方式声明出来的，而之前的则是通过宿主来加载的模块。

将模块记录规范类型释放给开发人员并非不可取，只是需要慎重考虑它最终以何种数据类型来呈现在用户面前。这仍然有两个方向：一个是一个对象，另一个是一种新的值类型。可以使用 typeof 运算来区别这两个不同的方向：如果它是一个对象，则返回'object'；如果它是一种新的值类型，则返回一种新的类型名称，如'module'。

尽管并不明显，但"模块块"提案确实缺乏这方面的思考，并正在面临着这样的质疑。考虑到它可能是对象，有讨论者提出模块块也许需要一个自己的构造过程，与类中的构造器看起来相似，例如：

```
const mod = module {
  constructor() {
    ...
  }
}
```

这是将模块理解为类，并且在语法形式上也确实为此声明了 ModuleBlock 类。类似于

```
class ModuleBlock { }
```

因此，它也有原型和可继承的性质。这使得模块块在语义上更趋近于一种类的变体，对应的语法设计也可以考虑添加新的修饰符来支持它。例如：

```
module class MyModuleBlock {
  ...
}
```

但是有反对的声音认为：让模块块没有任何的可构造性，是让代码可复用的唯一方式，所以应当

---

① 这里使用的是"导入断言"提案的语法，这是一个处于 Stage 3 阶段的较成熟提案。该语法还受限于 import.meta 元属性是否支持传入数据（in-band data），该特性仍然是存在争议的。

直接干掉它的构造器[①]。

在另一个方向上，模块块也可以是一种新的值类型。列举一个更现实的场景，如果代码中声明了一些模块块，并且在它们内部有着各种 import/export 或者 import()，因为它们显然是在同一个引擎中，所以考虑到 ECMAScript 对执行环境的约定时，这些模块之间还需要共享模块树。但是，这种代码组织风格并不可取，并且在很多些场景下最终的运行环境会变得非常糟糕。

宿主是可以通过多线程或同引擎的多个实例来解决这个问题的，并且现实中浏览器的 <iframe> 和 Web Workers 就是如此。这也带来了新问题：有可能这些模块需要多次加载，并在不同引擎或实例中多次初始化，包括重建模块树，以及执行它们的顶层代码等。更有甚者，考虑到影子域（Shadow Realm）的应用[②]，在域与它所创建的影子域交换信息时，某些模块的初始化结果还必须具有（不可重现的）唯一性。因此，在"模块块"提案的需求清单中，还提出了所谓的"结构化克隆"（Structured Clone），希望有可行的方法将模块块的结果复制到其他工作线程、引擎或者影子域中。

然而，这不正是模块块作为一个值类型应该具备的全部性质吗？

33.6　小结

模块块为顶层 await 引入了最后一点障碍。因为模块块会在执行中引用当前所在环境的（更上层的）名字，所以块中就没有严格意义上的"顶层"了。这很大程度上限制了 await 在这种模块中的使用。

网页中的"内联模块"（没有 src 属性的<script type="module">脚本块）的行为，与这里的模块块是很近似的。在处理这种模块时，浏览器将它们作为"延迟的"脚本块放在了顶层的脚本块之后执行。类似地，那些外部引用的模块也延迟到这个阶段处理。因此，它带来了一种混合缺省脚本模式与 ESM 模块加载模式的体验，这一重要实践为 JavaScript 的应用方向打开了新的空间。

结合上述两种既有的实践与推进中的提案来看，将顶层 await 限制于"模块中"应是一时之选。异步执行迟早会突破这最后的屏障，成为全局性的、系统性的语言特性。因而，最终我们必然会面临全异步的 JavaScript 环境，我们的选择无非是从系统中抽去时间轴，让系统并行，或者是保留对时间的处理，用并发来解决时序问题。

await 的顶层执行是选择中的一道双向门，开合两便。

[①] 现有设计中 AsyncFunction、GeneratorFunction 和 AsyncGeneratorFunction 等都没有显式的构造器，但仍然可以获得它们的引用并派生子类。这并没有带来真正的"不可构造"的特性。

[②] 影子域要求它有一个自有的、不与主域共享执行过程的模块树。

22 道测试题

通过本套试题，读者可以在学习本书之后尝试对自己的提升程度做一个测试。

- 在所有题中，有且仅有一个题是多选的，其余均为单选；
- 每道题关注一个主题或一个关键的知识点。
- 推荐计分方法：每题 5 分，其中每个多选题 15 分；总共 22 题，总分 120 分。

（1）代码 delete x, y, z 相当于_____。

A: delete (x, y, z);

B: delete x, delete y, delete z;

C: (delete x), y, z;

D: delete eval(`var x, y, z;`);

（2）如果 x 变量未声明，且有 var y = {}，那么代码 delete(x = y) 相当于_____。

A: x = y; delete x; // true

B: x = y; delete (x, y); // true

C: delete {}; // true

D: delete x = y; // throw error

（3）当 a.x = 0 时，代码 a = a.x = 1;在语义上相当于_____。

A: a = {x: 1}

B: 0 = 1

C: a = 1

D: a = false

（4）代码 export var x = function f() { }相当于_____。

A: export default ... // 导出缺省名字

B: export x ... // 导出名字 x

```
C: export f ...  // 导出名字 f

D: export function (){ ... } // 导出匿名函数
```

（5）以下不会通过为语句设计（以及创建和管理）作用域来实现的特性有＿＿＿＿＿＿。

A：在代码文本中声明新的标识符　　　　　B：在单个语法概念中支持多行的语句

C：代码需要运行在一个闭包中　　　　　　D：语义上要求"块"风格的语法支持

（6）在如下代码中，结果（Result）不是通过完成状态来返回的有＿＿＿＿＿＿。

```
A: null.x()                    B: Object()

C: return 100                  D: continue
```

（7）如下代码不包含特殊可执行结构的有＿＿＿＿＿＿。

```
A: 1+2+3                       B: f(...x)

C: `${5}`                      D: super.x
```

（8）如下代码所对应的语义组件不会参与到函数的调用过程中的有＿＿＿＿＿＿。

```
A: new.target                  B: arguments

C: x => x                      D: return
```

（9）如下代码中使用的不是展开语法的有＿＿＿＿＿＿。

```
A: (...x) => x                 B: f(...x)

C: [...x]                      D: {...x}
```

（10）如下代码不成立的有＿＿＿＿＿＿。

```
A: yield (yield 1)             B: yield*yield[1]

C: return yield * 1;           D: yield new Object;
```

（11）如下代码中不能抛出异常的有＿＿＿＿＿＿。

```
A: throw undefined             B: null.x

C: new Error                   D: await Promise.reject()
```

（12）如下属性操作中不涉及原型访问的有＿＿＿＿＿＿。

A: delete a.x

B: 'x' in a

C: {x} = a

D: {...a}

（13）如下方式不能用于构造一个对象的有＿＿＿＿＿＿。

A: new X

B: super(...args)

C: Object.create(x)

D: Reflect.construct(X, args)

（14）假设有代码：

```
let x = {
  f() { super.foo() }
};
Object.setPrototypeOf(x, o);
```

如下方法所得到的 f 中，super 访问不到 `o.foo` 的有＿＿＿＿＿＿。

A: {f} = x

B: f = Object.create(x).f;

C: f = Object.setPrototypeOf(x, {}).f;

D: f = Function('return this.f').call(x);

（15）对于代码 new X，如下类声明将导致错误的有＿＿＿＿＿＿。

A: class X {}

B: class X extends null {}

C: class X extends Function {}

D: class X extends Function() {}

（16）假设有数组

```
a = [1,2,3,4,5,6,7,8,9,10]
```

下面的代码会使 x==10 的有＿＿＿＿＿＿。

A: let {x} = a

B: let [x] = {...a}

C: let {9:x} = {...a}

D: let {9:x} = a.pop()

（17）如下不是 "原子对象" 的有＿＿＿＿＿＿。

A: null

B: Object.prototype

C: arguments

D: import * as x from ...; // 这里的`x`

（18）如下数据不是原始值的有＿＿＿＿＿。

A: '123'　　　　　B: `123`　　　　　C: 123　　　　　D: NaN

（19）如下条件为真的有＿＿＿＿＿。

A: 0 === -0

B: 1/0 === 1/-0

C: NaN === NaN

D: '\0' === null

（20）如下代码真正进行了动态执行运算的有＿＿＿＿＿。

A: eval(null)

B: eval(`${null}`)

C: eval(null+null)

D: eval([null,null])

（21）如下代码中是直接调用的 eval() 的有＿＿＿＿＿。

A: with ({eval}) eval(x)

B: ({eval}).eval(x)

C: (0,eval)(x)

D: global.eval(x)

（22）如下用于动态执行的代码将执行在当前上下文中的有＿＿＿＿＿。

A: Function('let x = 100')()

B: Function('var x = 100')()

C: (0, eval)('var x = 100')

D: with ({eval}) eval('var x = 100')

测试题答案及解析

（1）C

解析

a. 代码 delete x, y, z 其实只会发生 delete x。

b. "," 在这里是连续运算符，且优先级低于 delete。

c. 其他：选项 A 在语义上相当于 delete z，但执行效果不同；选项 B 相当于 x、y 和 z 都删除；选项 D 相当于 delete undefined。

（2）B

解析

a. 显然会先发生一次"向未声明变量赋值，导致新变量创建"，即代码 x = y 的语义总是先执行，因此答案被限制在 A 和 B。

b. 选项 A 和选项 B 的区别在于：选项 A 指删除 x，选项 B 指删除 y。而赋值表达式的结果值是右操作数，也就是说 x = y 的结果值等于 y，因此答案是 B。

c. 其他：从 x = y 的求值效果上来看，选项 C 也是对的，但这个选项中没有说明 x = y 这个语义过程。

（3）C

解析

a. 先排除选项 B。其他 3 个都是 a = ... 的意思，所以题目是在考察 a 的终值是什么。

b. 当使用等号（=）连续赋值时，从右向左计算，而 `a.x = 1` 的结果值是 1，所以最终计算的是 `a = 1`，选项 C 正确。

c. 其他：当相同优先级的运算符连续运算时，先算左还是先算右的问题称为"关联性（结合性）"。参见 MDN 中的 Operator Precedence 关键词。

（4）B

解析

a. `export` 是导出一个声明的名字，这里的声明是 `var x`，所以答案是 B。

b. 对于选项 A，`export ...` 和 `export default` 是两个不同的语法，不可替用。

c. 选项 D 语法错误，本身就不可行。

（5）C

解析

这是一个概念题，闭包是表达式级别的特性，因此不会通过为语句设计（以及创建和管理）作用域来实现。

（6）B

解析

a. "完成记录"（Completion Record）与它的完成状态主要是为语句执行而设计的，所以只有选项 A 和选项 B 是候选答案。

b. 选项 A 会直接导致异常，而异常也是通过完成状态来返回的。所以答案只能是 B。

（7）A

解析

a. 选项 A 中只有一般表达式计算，所以答案是 A。

b. "特殊可执行结构"指除 ECMAScript 规范约定的 4 种（模块、函数、全局/Script，以及 eval）之外的其他可以表达执行行为的结构。

c. 其他：选项 B 中的展开语法，选项 C 中的模板，选项 D 中的 `super` 都是特殊可执行结构。

（8）A

解析

a. 选项 A 可能发生在函数的调用过程中（用作构造器的话），但选项 A 不是语义组件。所以答案是 A。

b. "函数的语义组件"指参数、函数体和返回，例如候选答案中的选项 B、选项 C、选项 D。

c. 其他：事实上 new.target 是作为附加参数在 new 运算过程以及继承链的构造器中传递的，但这是它的实现方法，并不能说明 new.target 就是函数的语义组件。

（9）A

解析

a. 选项 A 是剩余参数，而不是展开语法，所以答案是 A。

b. 展开语法可以用于函数（调用时的）参数展开、数组展开和对象展开，例如答案中的选项 B、选项 C、选项 D。

（10）C

解析

a. 该题主要考察的是混淆"乘法运算"和"生成器委托（yield*）"的用法。

b. yield 运算符可以在生成器中"返回"任何数据，所以选项 A 和选项 D 都是成立的；其中选项 A 会有两次 yield 运算。

c. 在选项 B 中，不会将 yield[1] 理解为 yield 数组，而是先对数组[1]做 yield 运算，返回数组[1]，因此后续将会发生运算 yield* [1]；与之对比的是选项 C，它并不会将 yield * 1 作为乘法运算，而是理解为 yield* 1。在这两个 yield*运算中，该生成器委托运算符会要求操作数为迭代器——而数值 1 显然不是，因此选项 B 是正确的，而选项 C 将导致一个异常。答案是 C。

（11）C

解析

a. 选项 C 只创建了错误对象，并没有抛出异常。

b. 其他：选项 A 和选项 B 分别会显式、隐式地抛出异常；在选项 D 中，await 运算会把 rejected 的 promise 值作为异常抛出。

（12）A、D

解析

a. delete 运算和展开语法都不会遍历操作数（对象 a）的原型链，所以答案是 A 和 D。

b. 其他：选项 B 和选项 C 分别是 in 运算和模板赋值，它们是会访问原型链来得到属性的，例如 a.x。

（13）C

解析

a. 选项 C 基于原型得到一个对象 x，而不是构造（一个对象），所以答案是 C。

b. 其他：选项 A 和选项 D 是两种典型的构造过程，选项 B 调用父类来构造实例。

（14）C

解析

a. 本题先设定了"o 是 x 的原型"，那么调用方法 f()，就将总会通过 super 访问到 o.foo，这是 super 的机制决定的。因此，反过来说，本题表面上是在考 super 的机制，其实是在考察"如何使 o 不再是 x 的原型"。

b. 只有选项 C 中重置了 x 的原型，所以答案是 C。

（15）B

解析

a. 当 extends 置为 null 时，类 `X` 是不能直接使用 new 来创建的，因此答案是 B。

b. 其他：选项 A 中的声明的结果类似于将一个一般函数作为构造器。另外，在 class 语句的 extends 子句中可以声明一个表达式（的结果值），所以选项 C 和选项 D 的做法都是正确的。

（16）C

解析

a. 在选项 C 中，{...a} 将数组展开到对象（例如 o），这些数组成员将变成对象 o 的属性，因此代码相当于 let x = o[9]，使 x == 10。

b. 其他：选项 A 和选项 D 中的 x 为 undefined，选项 B 中的 x 将是 1。

（17）C

解析

a. 原子对象指"它是一个对象，但原型/原型链不是 `Object.prototype`"的对象，而 `arguments` 是一个标准的、创建自 `Object()` 的对象，所以答案是 C。

b. 其他：选项 D 得到的 x 是名字空间对象，这是 ECMAScript 规范中为数不多的向 JavaScript 用户暴露的原子对象之一。

（18）B

解析

a. 这是一个需要在 ECMAScript 规范层面回答的问题，其中原始值限制为 ECMAScript 的专有概念。

b. `typeof` 值为 `string`、`number`、`boolean` 和 `undefined` 的，都一定是原始值。因此选项 A、选项 C、选项 D 被排除，答案是 B。

c. 其他：选项 B 得到的其实是一个"模板"（而不是模板的字符串结果值），在 ECMAScript 层面，它是一个内部结构，而不是原始值。

（19）A

解析

a. "正值零"和"负值零"在 JavaScript 中是真实存在的，它们是等值的。所以答案是 A。

b. 其他：选项 B 中 `===` 左右两边得到的运算结果分别为"正无限"（+Infinity）和"负无限"（-Infinity），它们是不等的；选项 C 被约定为不等的；选项 D 中 `===` 左边是字符串，右边是对象，也是不等的。

（20）B

解析

`eval()` 只有当它的参数为字符串时才会执行，否则将直接返回该参数，所以答案是 B。

（21）A

解析

a. 选项 C 和选项 D 是典型的 `eval` 的间接调用，而选项 B 也将 `eval` 作为属性存取，类似于选项 D，所以也是间接调用的，答案只能是 A。

b. 其他：选项 A 与选项 B 有相似之处，它们都将 eval 作为某个对象字面量的属性。但是，选项 A 中调用 eval 时候使用的是 eval 这个标识符名字，而不是属性存取。——ECMAScript 约定，使用 eval 标识符名，且指定环境（这里是 with 对象环境）中存在该名字的 eval 函数，那么就是直接调用。强调一下：尽管选项 A 中的 eval 也是对属性访问的结果，但它与选项 B 是不同的。

（22）D

解析

a. 本题中的选项 D 与测试题 21 中的选项 A 是类似的，因此这里的 eval 也是直接调用的。直接调用的 eval() 将代码执行在当前上下文中，因此答案是 D。

b. 其他：所有 eval 间接调用，以及通过 Function('...') 产生的动态函数，都会将代码在全局执行，并且总是在非严格模式下执行。